普通高等教育“十四五”规划教材

# 机械设计学习指导

李威　边新孝　俞必强　主编

北京
冶金工业出版社
2022

## 内容提要

本书是《机械设计》（李威等主编）教材的配套教学辅导书，主要内容包括机械设计总论，机械零件的强度，摩擦、磨损和润滑，螺纹连接，带传动，链传动，齿轮传动，蜗杆传动，轴，轴毂连接，滑动轴承和滚动轴承。为了便于学习，各章均给出了主要内容与学习要点、思考题与参考答案、习题与参考答案、自测题与参考答案。

本书可作为高等院校机械类专业学生学习“机械设计”课程的参考教材，也可作为机械类各专业本科生考研辅导教材。

**图书在版编目(CIP)数据**

机械设计学习指导/李威，边新孝，俞必强主编 .—北京：冶金工业出版社，2021.5（2022.5 重印）
普通高等教育“十四五”规划教材
ISBN 978-7-5024-8722-5

Ⅰ.①机…　Ⅱ.①李…　②边…　③俞…　Ⅲ.①机械设计—高等学校—教学参考资料　Ⅳ.①TH122

中国版本图书馆 CIP 数据核字（2021）第 019242 号

**机械设计学习指导**

**出版发行**　冶金工业出版社　　**电　　话**　(010)64027926
**地　　址**　北京市东城区嵩祝院北巷 39 号　　**邮　　编**　100009
**网　　址**　www.mip1953.com　　**电子信箱**　service@mip1953.com

责任编辑　杨　敏　美术编辑　吕欣童　版式设计　禹　蕊
责任校对　郑　娟　责任印制　禹　蕊
三河市双峰印刷装订有限公司印刷
2021 年 5 月第 1 版，2022 年 5 月第 2 次印刷
787mm×1092mm　1/16；11.25 印张；269 千字；169 页
**定价 35.00 元**

**投稿电话　(010)64027932　投稿信箱　tougao@cnmip.com.cn**
**营销中心电话　(010)64044283**
**冶金工业出版社天猫旗舰店　yjgycbs.tmall.com**
（本书如有印装质量问题，本社营销中心负责退换）

# 前　言

为了适应我国现代化建设高速发展和培养适应21世纪发展需要的高质量人才，根据“机械设计”课程教学改革的实际需要，结合我们多年来课堂教学和教学改革的实践经验，参照国家教育部颁发的“机械设计”课程教学基本要求及有关教改精神，以“加强创造性思维能力和设计能力的综合培养，重视工程应用”为宗旨，为了能够让学生更好地理解“机械设计”课程各章节内容，在较短时间内牢固地掌握“机械设计”课程的基本理论和计算方法，我们编写了《机械设计学习指导》这本学习用书。

本书的编写以李威、边新孝、俞必强主编的《机械设计》为主要参考书，同时也参考了其他《机械设计》教材。为了便于学生课前预习和课后复习，每章都给出了主要内容与学习要点、思考题与参考答案、习题与参考答案。而且为了检验学生的学习效果，每章都精选了自测题，并且给出了相应的参考答案，可以供学生在期末复习或考研复习时参考。

参加本书编写工作的有北京科技大学李威、边新孝、俞必强、林宇、陈键、李启超及三亚学院贯志成。本书由李威、边新孝、俞必强担任主编。

本书由北京邮电大学杨福兴教授和北京科技大学贯志新教授主审，他们对本书初稿进行了仔细的审阅，提出了许多有助于提高本书质量的宝贵意见，编者对此深表感谢。本书在编写过程中得到了兄弟院校同行的支持并参考了有关文献，编者在此向同行及文献作者一并表示衷心感谢。

鉴于编者水平所限，书中不足之处，希望读者给予指正。

编　者

2020年12月

# 目　录

# 1 机械设计总论

## 1.1 主要内容与学习要点

本章论述了“机械设计”课程教学内容总纲、设计基本知识和一些共性问题。

### 1.1.1 机械的组成

现以洗衣机为例说明机械的组成，图 1-1 给出了洗衣机机构示意图，图 1-2 给出了按功能划分机械（机器）的组成。按照功能来划分，一台完整的机器包括原动机、传动机和工作机，以上是机器最基本的组成部分，此外，还可能包括控制系统和辅助系统等。

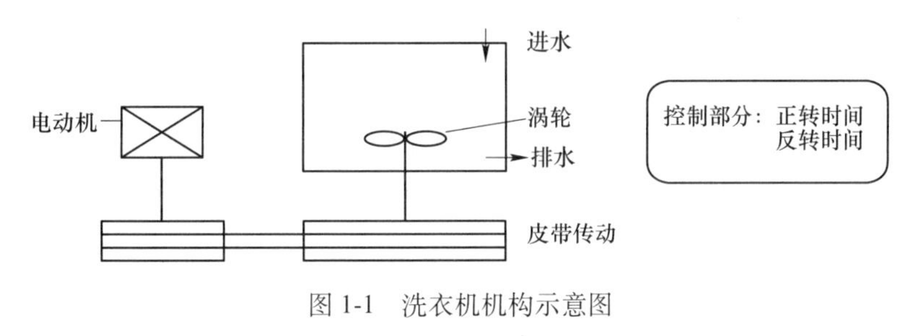


图 1-1 洗衣机机构示意图

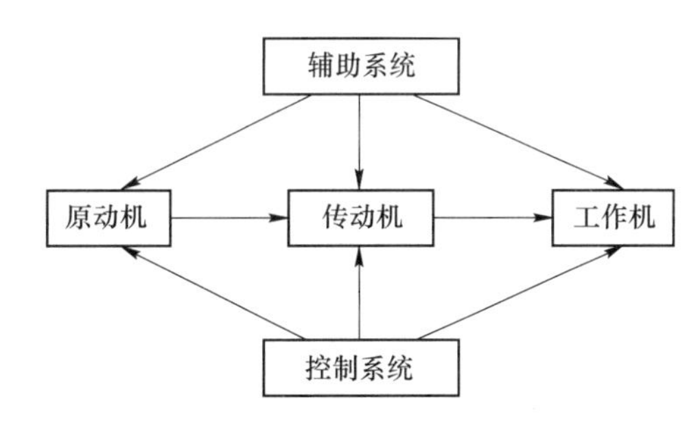


图 1-2 机械（机器）的组成（按功能分）

原动机部分：是驱动整部机器以完成预定功能的动力源。

执行部分：是用来完成机器预定功能的组成部分。

传动部分：是把原动机的运动形式、运动及动力参数转变为执行部分所需的运动形式、运动及动力参数。

以上是从功能上分析机械的组成，下面从结构上看：

零件：是机械的制造单元，机器的基本组成要素就是机械零件。

部件：按共同的用途组合起来的独立制造或独立装配的组合体。如减速器、离合器等。

按结构大小来划分，一台完整的机器总是由一些部件所构成，每个部件又是由一些零件所构成，图 1-3 给出了按结构大小划分机械（机器）的组成。

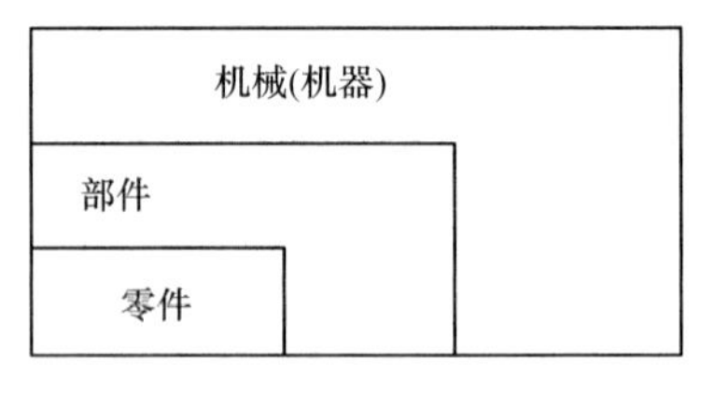


图 1-3　机械（机器）的组成（按大小分）

### 1.1.2　机械设计步骤

机械设计过程共计分为 4 个阶段，包括计划阶段、方案设计阶段、技术设计阶段和技术文件编制阶段，其具体设计流程为：

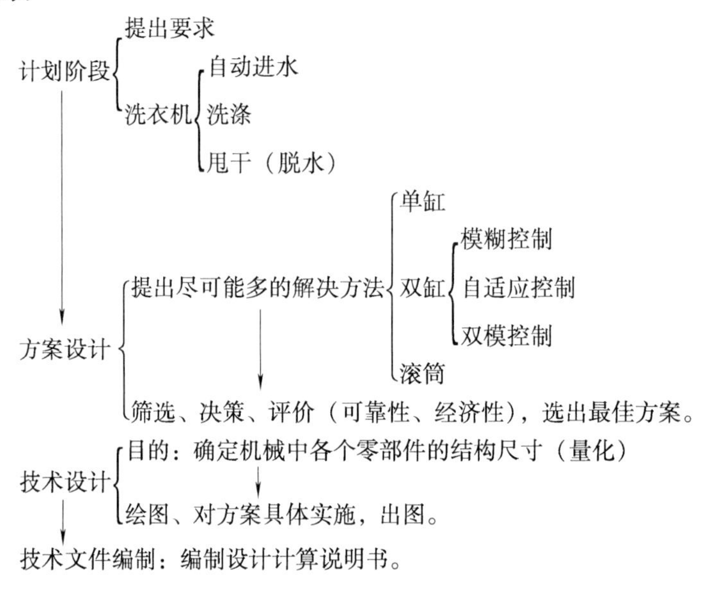


### 1.1.3　机械零件的设计步骤

失效的定义：在正常的工作条件下，机械零件丧失工作能力或达不到工作性能要求时，就称为零件失效。

机械零件的失效形式：
- 整体断裂
- 过大的残余变形
- 腐蚀、磨损和接触疲劳

机械零件的工作能力：
- 强度
- 刚度
- 寿命（耐腐性、耐腐蚀性）

机械零件计算准则：
- 强度准则：$\sigma \leqslant [\sigma] = \frac{\sigma_{min}}{S_{min}}$
- 刚度准则：$y \leqslant [y]$
- 寿命准则：（表示耐磨程度）

下面以设计千斤顶立柱为例，来说明机械零件的设计步骤，千斤顶立柱受力分析如图 1-4 所示。

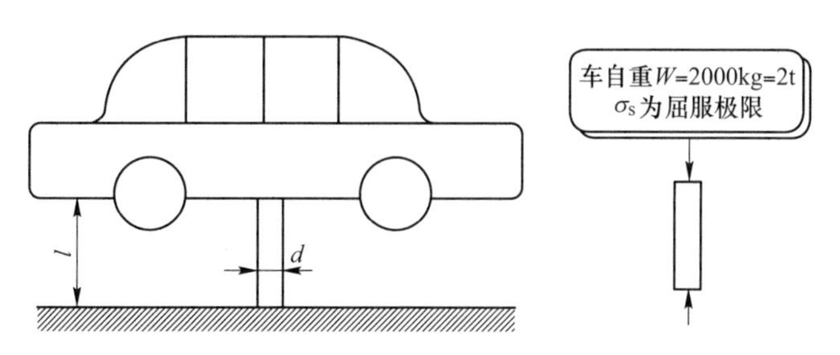


图 1-4　千斤顶立柱受力分析

为了保证千斤顶立柱不产生失效破坏，其危险截面所受的最大应力必须要小于等于许用应力，其表达式如下：

$$\sigma = \frac{4W}{\pi d^2} \leqslant \frac{\sigma_s}{S_{min}}$$

从中可以求出千斤顶立柱直径 $d$，其中最小安全系数 $S_{min}$ 需要根据工作环境来选定，由此可见，机械零件的设计需要经过以下几个步骤：

（1）载荷分析（受力分析）：$W$；

（2）应力分析：$\sigma = \dfrac{4W}{\pi d^2}$；

（3）失效分析：断裂 $\sigma > \sigma_s$；

（4）材料的选择：45 钢、40Cr$>\sigma_s$（手册查到）；

（5）确定计算准则：（依据防止断裂失效）$\sigma \leqslant [\sigma]$；

（6）计算零件的主要尺寸：$d \geqslant \sqrt{\dfrac{4W}{\pi[\sigma]}}$；

（7）结构设计 $l$：（根据人体的情况、操作情况）其他尺寸；

（8）制图：设计最后都是用图纸来表达，然后拿到工厂去加工。

### 1.1.4　机械设计课程的主要内容

概括地说，机械零件可以分为两大类，即通用零件和专用零件。

零件
- 通用零件（如螺钉、齿轮、链轮等）
  - 传动件
  - 连接件
  - 轴系件
  - 其他
- 专用零件

本书讨论的具体内容是机械设计方法、设计步骤和设计原理。

（1）传动部分：带传动、链传动、齿轮传动、蜗杆传动以及螺旋传动等；

（2）联接部分：螺纹联接，键、花键及无键联接，销钉联接，铆接、焊接、胶接与过盈配合联接等；

（3）轴系部分：滑动轴承、滚动轴承、联轴器与离合器以及轴等；

（4）其他部分：弹簧、机座与箱体、减速器等。

此外，还包括两个基本理论，即疲劳强度理论和摩擦磨损与润滑理论，如图 1-5 所示，将分别在第 2 章和第 3 章讲述。

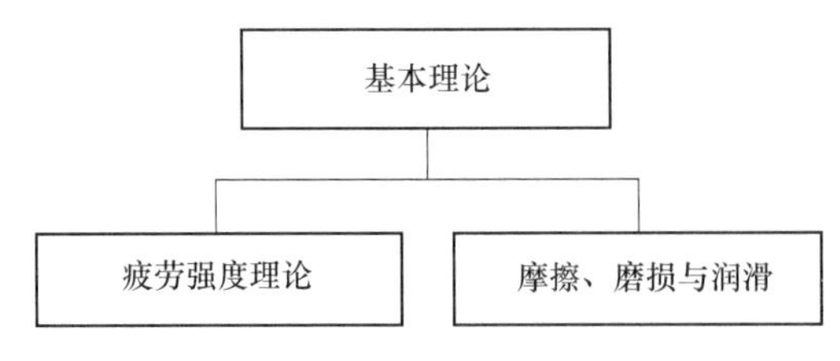


图 1-5 本课程包括两个基本理论

## 1.2 思考题与参考答案

1-1 机械及零件设计的一般步骤有哪些？

答：机械设计的一般步骤如下：（1）编制设计任务书；（2）初步设计；（3）结构设计；（4）技术文件编制。

机械零件设计的一般步骤如下：（1）载荷分析；（2）应力分析；（3）失效分析；（4）材料的选择；（5）确定计算准则；（6）计算零件的主要尺寸；（7）结构设计；（8）绘制零件工作图。

1-2 设计机械及机械零件应满足那些基本要求？

答：（1）设计机器应满足使用功能要求、经济性要求、劳动保护要求、可靠性要求及其他专用要求；（2）设计机械零件应满足避免在预定寿命期内失效的要求、结构工艺性要求、经济性要求、质量小的要求和可靠性要求。

1-3 机械零件的理论设计与经验设计有何差别？各用于什么情况？

答：理论设计是根据设计理论和实验数据所进行的设计。它又可分为设计计算和校核计算两类。设计计算是根据零件的工作情况，选定计算准则，按其所规定的要求计算出零件的主要几何尺寸和参数。校核计算是先按其他办法初步拟定出零件的主要尺寸和参数，然后根据计算准则所规定的要求校核零件是否安全。由于校核计算时，已知零件的有关尺寸，因此能计入影响强度的结构因素和尺寸因素，计算结果比较精确。

经验设计是根据已有的经验公式或设计者本人的工作经验，或借助类比方法所进行的设计。这主要适用于使用要求变动不大而结构形状已典型化的零件，如箱体、机架、传动零件的结构要素等。

1-4 零件的失效形式及特征。

答：失效形式：整体断裂、过大的残余变形、零件的表面破坏以及破坏正常工作条件引起的失效等。

失效特征：（1）整体断裂：零件在受压、拉、剪、弯、扭等外载荷作用的时候，由于某一危险截面上的的应力超过零件的强度极限而发生的断裂或者零件在受变应力作用时，危险截面上发生的疲劳断裂；（2）过大的残余变形：作用在零件上的应力超过材料屈服极限，零件将产生残余变形；（3）表面破坏：主要是腐蚀、磨损和接触疲劳；（4）破坏正常工作条件引起的失效：零件不在正常工作条件下引起的失效。

1-5 什么叫做工作能力（承载能力）计算准则？机械零件有哪些计算准则？

答：机械零件抵抗失效的能力叫做工作能力，衡量零件工作能力的指标称为零件的工作能力准则。

机械零件计算准则包括强度准则、刚度准则、寿命准则、耐磨性准则。

1-6 机械零件材料的选择原则。

答：(1) 使用要求：1) 零件的工况；2) 对零件尺寸和质量的限制；3) 零件的重要程度。

(2) 工艺要求：1) 毛坯制造；2) 机械加工；3) 热处理；4) 表面处理。

(3) 经济要求：材料价格；2) 加工费用；3) 材料利用率；4) 是否可替代。

1-7 机械设计方法的最新发展有哪些？

答：(1) 优化设计；(2) 可靠性设计；(3) 稳健设计；(4) 并行设计；(5) 虚拟设计；(6) 智能设计；(7) 绿色设计。

1-8 什么叫标准化？有何意义？

答：(1) 标准化：对于零件的尺寸、结构要素、材料性能、检验方法、制图要求等制定出的各种各样大家共同遵守的标准。

(2) 意义：为了大批量生产零件的互换性，可以降低成本，提高劳动生产率。

# 2 机械零件的强度

## 2.1 主要内容与学习要点

本章需要掌握机械零件的接触强度、变应力的类型和特性、影响机械零件疲劳强度的因素及机械零件的极限应力线图，并同时了解稳定循环变应力和不稳定循环变应力时的疲劳强度计算方法等。

### 2.1.1 变应力的分类

变应力分为周期循环变应力和非周期循环变应力（即随机变应力），周期循环变应力分为稳定循环变应力和不稳定循环变应力，稳定循环变应力分为简单变应力和复合变应力，简单变应力又分为对称循环变应力、脉动循环变应力和非对称循环变应力，变应力的分类及定义如下：

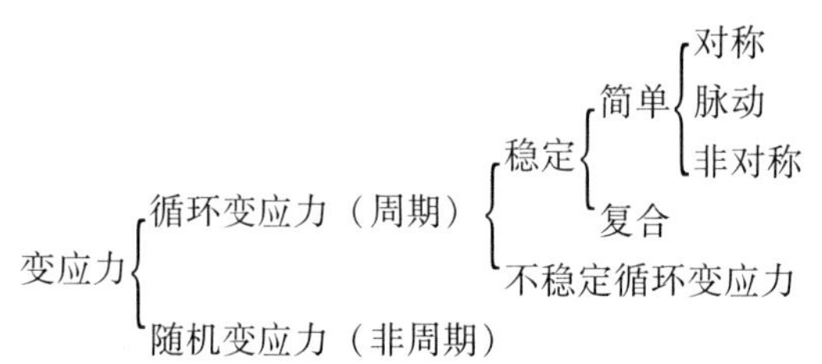


（1）稳定循环变应力。应力随时间按一定规律周期性变化，而且变化幅度保持为常数的变应力称为稳定循环变应力。其应力谱图如图 2-1 所示。

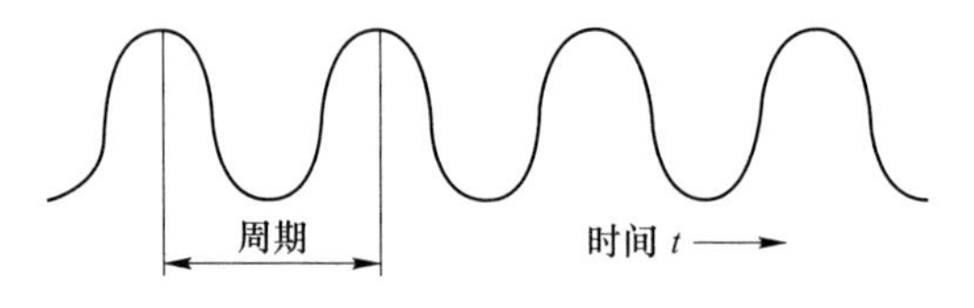


图 2-1　稳定循环变应力

（2）不稳定循环变应力。若变化幅度也是按一定规律周期性变化，但是，在每一个循环周期内变化幅值不为常值的变应力，则称为不稳定循环变应力。其应力谱图如图 2-2 所示。

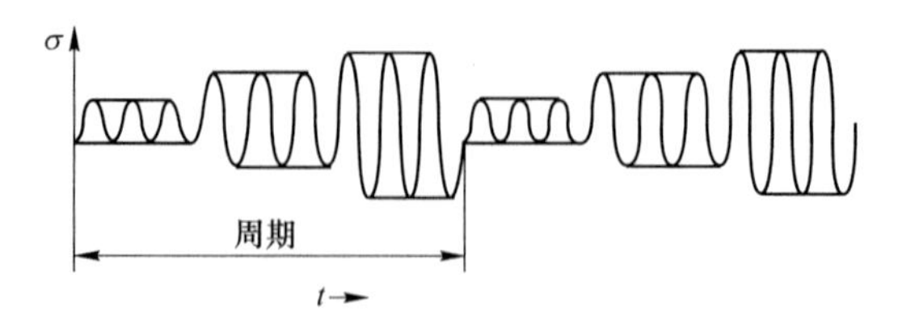


图 2-2　不稳定循环变应力

（3）随机变应力。如果应力随时间变化不呈周期性，而带有偶然性，则称为随机变应力。其应力谱图如图 2-3 所示。

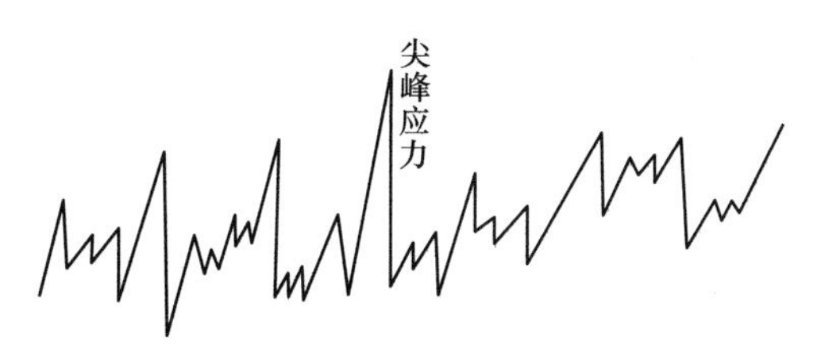


图 2-3　随机变应力

### 2.1.2　变应力参数

图 2-4 给出了一般情况下稳定循环变应力谱的应力变化规律，其中包括平均应力大于零和平均应力小于零两种情况。

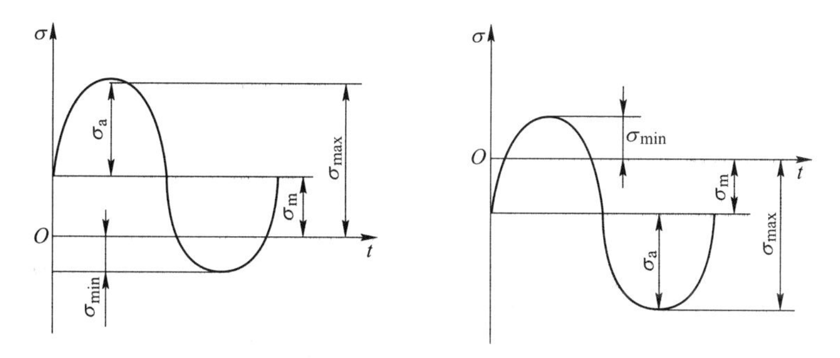


图 2-4　稳定循环变应力

零件受周期性的最大应力 $\sigma_{max}$ 及最小应力 $\sigma_{min}$ 作用，其应力幅为 $\sigma_a$，平均应力为 $\sigma_m$，它们之间的关系为：

$$\begin{cases} \sigma_{max} = \sigma_m + \sigma_a \\ \sigma_{min} = \sigma_m - \sigma_a \\ \sigma_m = \dfrac{\sigma_{max} + \sigma_{min}}{2} \\ \sigma_a = \dfrac{\sigma_{max} - \sigma_{min}}{2} \\ r = \dfrac{\sigma_{min}}{\sigma_{max}} \end{cases}$$

规定：（1）$\sigma_a$ 总为正值；（2）$\sigma_a$ 的符号要与 $\sigma_m$ 的符号保持一致。其中：$\sigma_{max}$ 为变应力的最大值；$\sigma_{min}$ 为变应力的最小值；$\sigma_m$ 为变应力的平均应力；$\sigma_a$ 为变应力的应力幅；$r$ 为变应力的应力循环特性，通常情况下，机械零件的应力循环特性在 $-1 \leqslant r \leqslant +1$ 之间。

由此可见，一种变应力的状况，一般地可由 $\sigma_{max}$、$\sigma_{min}$、$\sigma_m$、$\sigma_a$ 及 $r$ 五个参数中的任意两个来确定。

### 2.1.3 几种特殊的变应力

有三种特殊的变应力，包括静应力、对称循环变应力和脉动循环变应力，其应力谱图如图 2-5～图 2-7 所示。

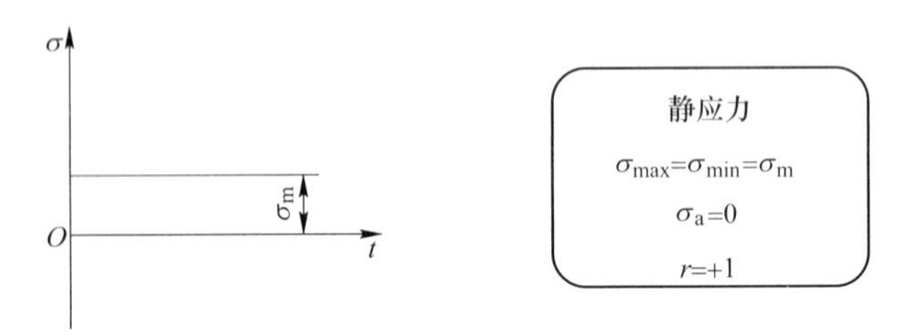


图 2-5　静应力的应力谱图及特点

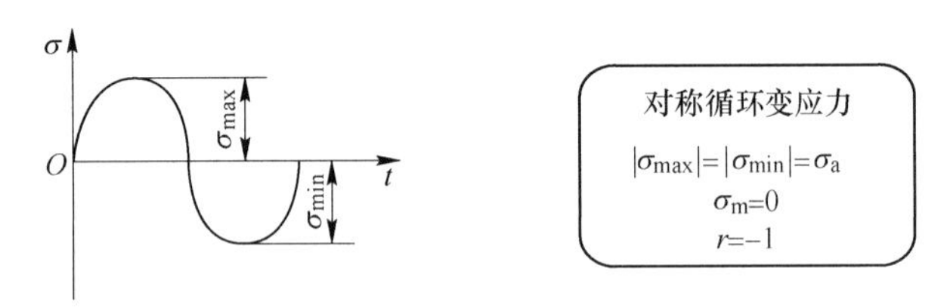


图 2-6　对称循环变应力的应力谱图及特点

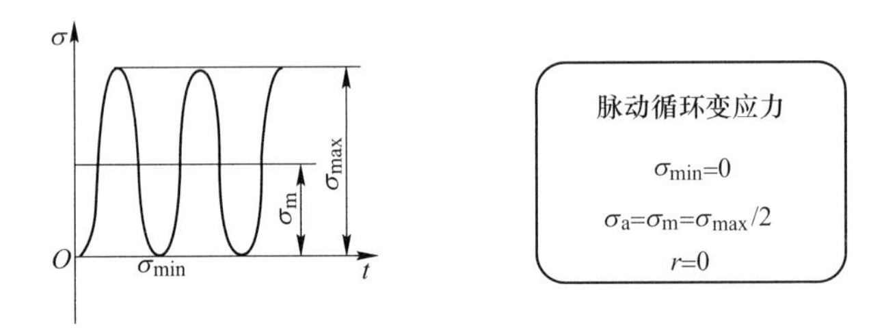


图 2-7　脉动循环变应力的应力谱图及特点

不属于上述三类的应力称为非对称循环应力，其 $r$ 在+1 与−1 之间，它可看作是由第一类（静应力）和第二类（对称循环应力）叠加而成。

**例 2-1**　已知稳定循环变应力的最大应力 $\sigma_{max}=200\text{N/mm}^2$，循环特性 $r=-0.5$，求最小应力 $\sigma_{min}$、应力幅 $\sigma_a$、平均应力 $\sigma_m$。

**解：**

$$\sigma_{min} = r \cdot \sigma_{max} = -0.5 \times 200 = -100$$

$$\sigma_m = \frac{\sigma_{max} + \sigma_{min}}{2} = \frac{200 - 100}{2} = 50$$

$$\sigma_a = \frac{\sigma_{max} - \sigma_{min}}{2} = \frac{200 + 100}{2} = 150$$

**例 2-2**　已知稳定循环变应力的应力幅 $\sigma_a=80\text{N/mm}^2$，平均应力 $\sigma_m=-40\text{N/mm}^2$。求最大应力 $\sigma_{max}$、最小应力 $\sigma_{min}$、循环特性 $r$。

**解：**

$$\sigma_{max} = \sigma_m + \sigma_a = -40 + (-80) = -120$$

$$\sigma_{min} = \sigma_m - \sigma_a = -40 - (-80) = 40$$

$$r = \frac{\sigma_{min}}{\sigma_{max}} = \frac{40}{-120} = -\frac{1}{3}$$

**例 2-3**　如图 2-8 所示，已知 A 截面产生稳定循环变应力的最大应力 $\sigma_{max} = -400\text{N/mm}^2$，最小应力 $\sigma_{min} = 100\text{N/mm}^2$，求应力幅 $\sigma_a$、平均应力 $\sigma_m$，循环特性 $r$。

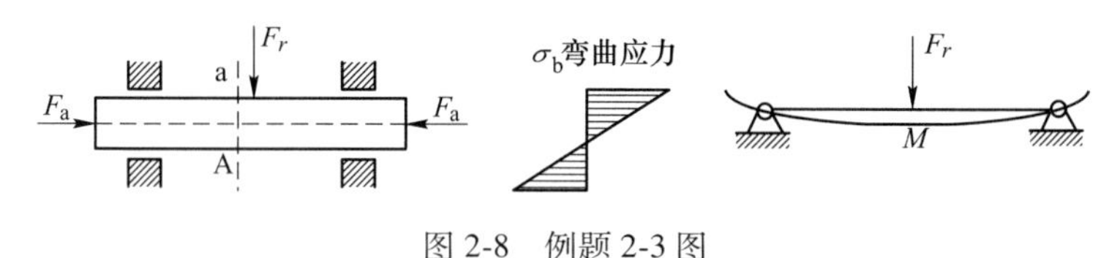


图 2-8　例题 2-3 图

**解：**

$$\sigma_a = \frac{\sigma_{max} - \sigma_{min}}{2} = \frac{-400 - 100}{2} = |-250| = 250$$

$$\sigma_m = \frac{\sigma_{max} + \sigma_{min}}{2} = \frac{-400 + 100}{2} = -150$$

$$r = \frac{\sigma_{min}}{\sigma_{max}} = \frac{100}{-400} = -\frac{1}{4} = -0.25$$

**例 2-4**　如图 2-9 所示旋转轴，求截面 A 上稳定循环变应力的最大应力 $\sigma_{max}$、最小应力 $\sigma_{min}$、应力幅 $\sigma_a$、平均应力 $\sigma_m$ 及循环特性 $r$。

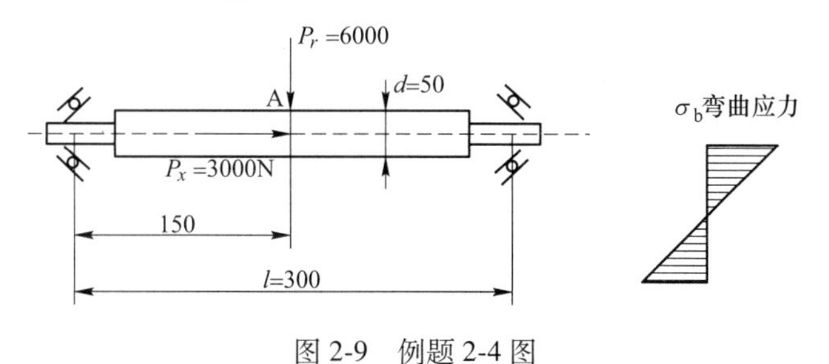


图 2-9　例题 2-4 图

**解：** 径向载荷 $P_r$ 在 A 截面上产生对称循环变应力，其应力幅为

$$\sigma_b = \frac{M}{W} = \frac{\frac{P_r}{2} \times \frac{l}{2}}{\frac{\pi}{32} \times d^3} = \frac{6000 \times 300}{0.4 \times 50^3} = 36\text{N/mm}^2$$

轴向载荷 $P_x$ 在 A 截面上产生静应力，其平均应力为

$$\sigma_c = \frac{P_x}{\frac{1}{4} \cdot \pi d^2} = \frac{-3000}{\frac{1}{4} \cdot \pi \times 50^2} = -1.528\text{N/mm}^2$$

$$\sigma_{max} = -\sigma_b + \sigma_c = -(|\sigma_b| + |\sigma_c|) = -37.528$$

$$\sigma_{\min} = \sigma_b + \sigma_c = |\sigma_b| - |\sigma_c| = 34.472$$
$$\sigma_a = \sigma_b = 36$$
$$\sigma_m = \sigma_c = -1.528$$
$$r = -0.919$$

### 2.1.4 疲劳曲线

疲劳曲线的定义：表示应力循环次数 $N$ 与疲劳极限的关系曲线，如图 2-10 和图 2-11 所示。

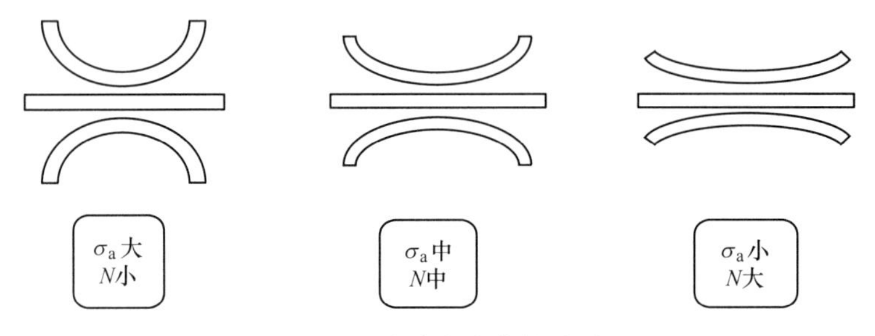


图 2-10 应力与寿命的关系

当载荷从大到小时，即：$F_{r1} > F_{r2} > F_{r3} > \cdots > F_{rn}$

则应力也是从大到小，即：$\sigma_{r1} > \sigma_{r2} > \sigma_{r3} > \cdots > \sigma_{rn}$

而寿命却是从小到大，即：$N_1 < N_2 < N_3 < \cdots < N \to \infty$

由此可见，当机械零件所受的载荷越大，那么应力也越大，而寿命则越小，反之亦然。

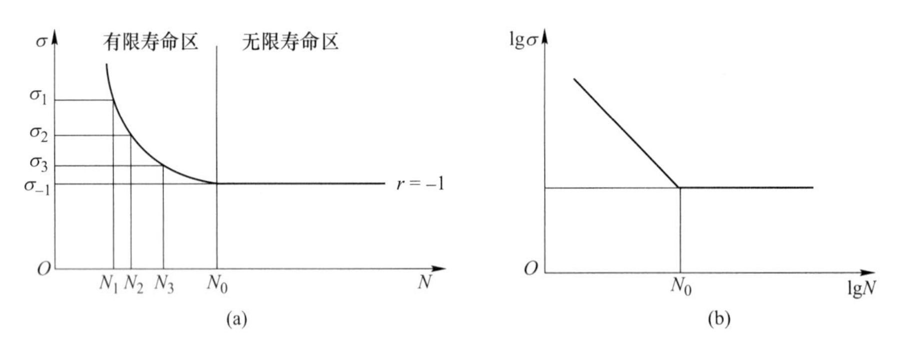


图 2-11 疲劳曲线（$\sigma$—$N$ 曲线）

（a）线性坐标上的疲劳曲线；（b）对数坐标上的疲劳曲线

从图 2-11 中可以看出，曲线上各点表示在相应的循环次数下，不产生疲劳失效的最大应力值，即疲劳极限应力。从图上可以看出，应力愈高，则产生疲劳失效的循环次数愈少。

在作材料试验时，常取一规定的应力循环次数 $N_0$，称为循环基数，把相应于这一循环次数的疲劳极限，称为材料的持久疲劳极限，记为 $\sigma_{-1}$（或 $\sigma_r$）。

疲劳曲线可分成两个区域：有限寿命区和无限寿命区。所谓“无限”寿命，是指零件承受的变应力水平低于或等于材料的疲劳极限 $\sigma_{-1}$，工作应力总循环次数可大于 $N_0$，零件将永远不会产生破坏。

在有限寿命区的疲劳曲线上，$N<N_0$ 所对应的各点的应力值，为有限寿命条件下的疲劳极限。

对低碳钢而言，循环基数 $N_0=10^6\sim10^7$；

对合金钢及有色金属，循环基数 $N_0=10^8$（或 $5\times10^8$）；

变应力 $\sigma$ 与在此应力作用下断裂时的循环次数 N 之间有以下关系式：

$$\sigma_{-1N}^{m}\cdot N=C$$

此式称为疲劳曲线方程（或 $S$—$N$ 曲线方程）。式中，$\sigma_{-1N}$ 为 $r=-1$ 时有限寿命疲劳极限应力；$N$ 为与 $\sigma_{-1N}$ 对应的循环次数；$m$ 为与材料有关的指数，根据实验数据通过数理统计得到；$C$ 为实验常数，根据实验数据通过数理统计得到；$\sigma_{-1}$ 为 $r=-1$ 时持久疲劳极限应力；$N_0$ 为循环基数。

由上式可知，对于不同的应力水平，可写出下式：

$$\sigma_{-1N}^{m}\cdot N=\sigma_{-1}^{m}\cdot N_0$$

因而材料的有限寿命（即寿命为 $N$ 时）的疲劳极限 $\sigma_{-1N}$ 则为：

$$\sigma_{-1N}=\sigma_{-1}\cdot\sqrt[m]{N_0/N}=k_N\cdot\sigma_{-1}$$

利用上式，可求得不同循环次数 $N$ 时的疲劳极限值 $\sigma_{-1N}$，$k_N$ 称为寿命系数。

$$k_N=\sqrt[m]{N_0/N}$$

$$S=\frac{\sigma_{-1N}}{\sigma_a}\geqslant S_{min}$$

**例 2-5** 某零件采用塑性材料，$\sigma_{-1}=268\text{N/mm}^2$（$N_0=10^7$，$m=9$），当工作应力 $\sigma_{max}=240$（或 300）$\text{N/mm}^2$ 时，$r=-1$，试按下述条件求材料的疲劳极限应力，并在 $\sigma$-$N$ 曲线上定性标出极限应力点和工作应力点，计算安全系数 $S_{ca}$。

（1）$N=N_0$；

（2）$N=10^6$。

**解**

$$\sigma_{-1N}=\sigma_{-1}\cdot m\sqrt{N_0/N}=k_N\cdot\sigma_{-1}$$

$$\begin{cases}N=N_0 & \sigma_{max}=\sigma_{-1}=268\text{N/mm}^2\\ N=10^6 & \sigma_{max}=268\cdot\sqrt[9]{10^7/10^6}=346\text{N/mm}^2\end{cases}$$

当 $\sigma_{max}=240$ 时 $N=10^6$ $\quad S_{ca}=\dfrac{\sigma_{-1N}}{\sigma_a}=\dfrac{\sigma_{-1}}{240}=\dfrac{268}{240}=1.12$

$$N=N_0\qquad S_{sa}=\frac{346}{240}=1.44$$

当 $\sigma_{max}=300$ 时：

$$N=10^6\qquad S_{ca}=\frac{346}{300}=1.15$$

$$N=N_0\qquad S_{ca}=\frac{268}{300}=0.89$$ 将会失效。

其极限应力点和工作应力点如图 2-12 所示。

### 2.1.5　极限应力图

以上所讨论的 $\sigma$-$N$ 曲线，是指对称应力时的失效规律。对于非对称的变应力，必须考虑循环特性 $r$ 对疲劳失效的影响。

在作材料试验时，通常是求出对称循环及脉动循环的疲劳极限 $\sigma_{-1}$ 及 $\sigma_0$，把这两个极限应力标在 $\sigma_m$-$\sigma_a$ 坐标上（图 2-13）。

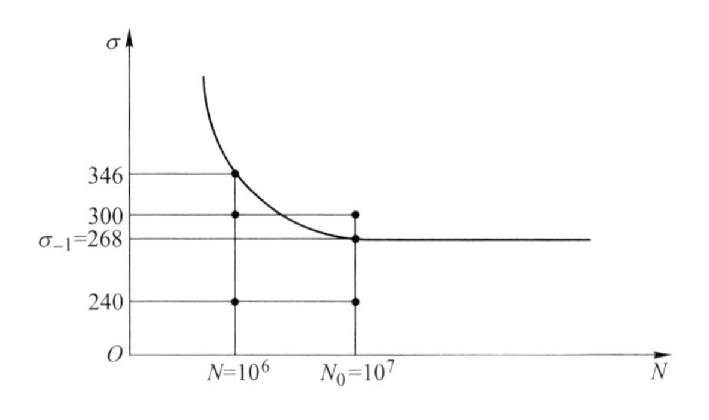


图 2-12　极限应力点和工作应力点

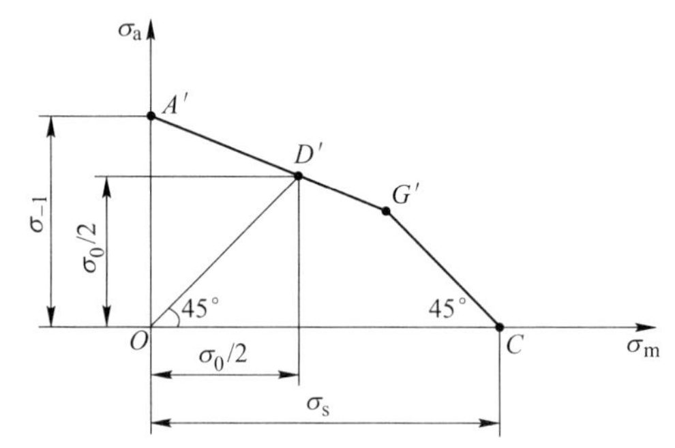


图 2-13　材料的极限应力线图

图 2-14 给出了材料的极限应力线图，图 2-15 给出了零件的极限应力线图。从图中可以看出，由于对称循环变应力的平均应力 $\sigma_m=0$，最大应力等于应力幅，所以对称循环疲劳极限在图中以纵坐标轴上的 $A'$点来表示。由于脉动循环变应力的平均应力及应力幅均为 $\sigma_m=\sigma_a=\sigma_0/2$，所以脉动循环疲劳极限以由原点 $O$ 所作 45°射线上的 $D'$点来表示。

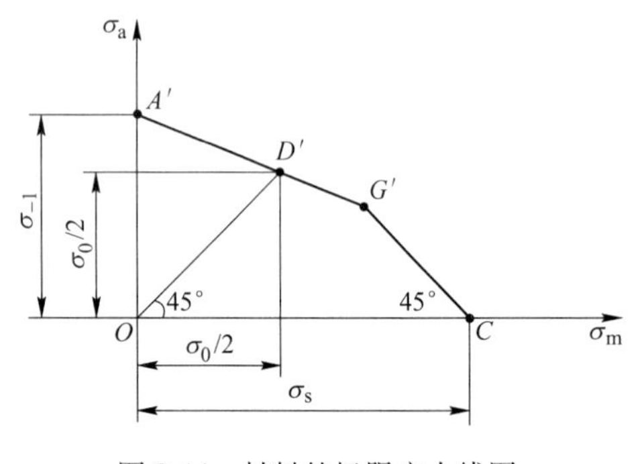


图 2-14　材料的极限应力线图

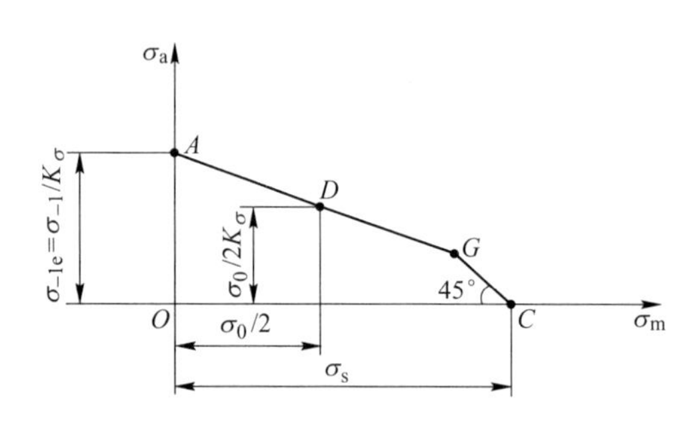


图 2-15　零件的极限应力线图

连接 $A'$、$D'$得直线 $A'D'$，由于这条直线与不同循环特性时进行试验所求得的疲劳极限应力曲线非常接近，所以直线 $A'D'$上任何一点都代表了一定循环特性时的疲劳极限。

横轴上任何一点都代表应力幅等于零的应力，即静应力。取 $C$ 点的坐标值等于材料的屈服极限 $\sigma_s$，并自 $C$ 点作一直线与直线 $CO$ 成 45°夹角，交 $A'D'$延长线于 $G'$，则 $CG'$上任何一点均代表 $\sigma_{max}=\sigma_m+\sigma_a=\sigma_s$ 的变应力状况。

于是，零件材料（试件）的极限应力曲线即为折线 $A'G'C$。材料中发生的应力如处于 $OA'G'C$ 区域以内，则表示不发生破坏。

直线 $A'G'$的方程，由已知两点坐标 $A'(0,\ \sigma_{-1})$ 及 $D'(\sigma_0/2,\ \sigma_0/2)$ 求得为（疲劳区）：

$$\sigma_{-1} = \sigma'_a + \frac{2\sigma_{-1} - \sigma_0}{\sigma_0}\sigma'_m$$

令：

$$\psi_\sigma = \frac{2\sigma_{-1} - \sigma_0}{\sigma_0}$$ $\psi_\sigma$ 为试件的材料特性（等效系数、折算系数）

则：
$$\sigma_{-1} = \sigma'_a + \psi_\sigma \cdot \sigma'_m$$

非对称循环变应力等效成对称循环变应力如图 2-16 所示。

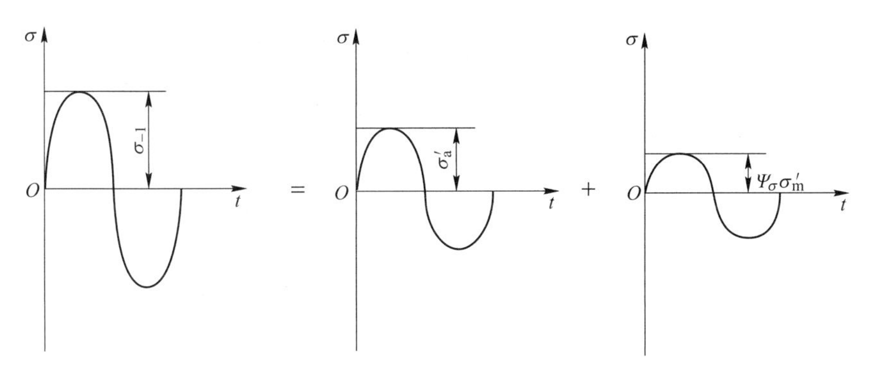


图 2-16　非对称循环变应力等效成对称循环变应力

直线 $G'C$ 方程为（静强度区）：

$$\sigma'_m + \sigma'_a = \sigma_s$$

下面推导非对称循环变应力时机械零件的疲劳强度计算式：

在极限应力线图的坐标上即可标示出相应于 $\sigma_m$ 及 $\sigma_a$ 的一个工作应力点 $M$（或者 $N$）见图 2-17。

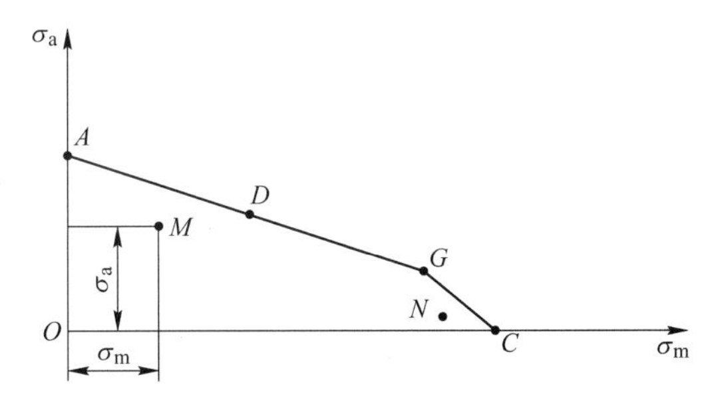


图 2-17　零件的工作应力在极限应力线图坐标上的位置

显然，强度计算时所用的极限应力应是零件的极限应力曲线（$AGC$）上的某一个点所代表的应力。到底用哪一个点来表示极限应力才算合适，这要根据应力的变化规律来决定。

可能发生的典型应力变化规律通常有下述三种：

（1）变应力的循环特性保持不变，即 $r=C$（例如绝大多数转轴中的应力状态），如图 2-18 所示。

（2）变应力的平均应力保持不变，即 $\sigma_m=C$（例如振动着的受载弹簧中的应力状态），如图 2-19 所示。

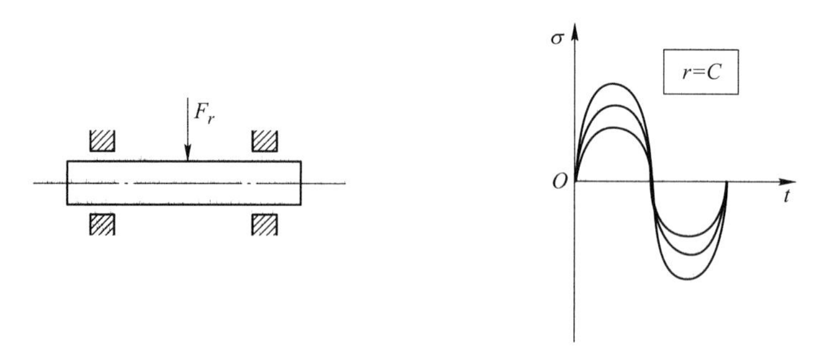


图 2-18　变应力的循环特性保持不变

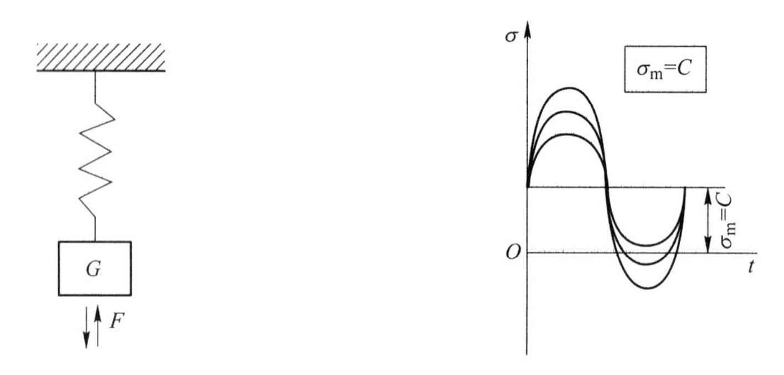


图 2-19　变应力的平均应力保持不变

（3）变应力的最小应力保持不变，即 $\sigma_{\min}=C$（例如紧螺栓联接中螺栓受轴向变载时的应力状态），如图 2-20 所示。

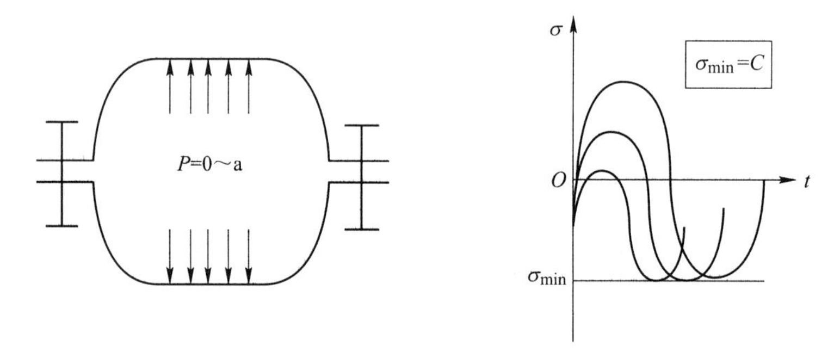


图 2-20　变应力的最小应力保持不变

以下分别讨论这三种情况：

（1）应力循环特性 $r=C=$常数。

当 $r=C$ 时，需找到一个循环特性与工作应力点的循环特性相同的极限应力值。因为：

$$\tan\beta=\frac{\sigma_{a}}{\sigma_{m}}=\frac{(\sigma_{\max}-\sigma_{\min})/2}{(\sigma_{\max}+\sigma_{\min})/2}=\frac{\sigma_{\max}-\sigma_{\min}/\sigma_{\max}}{\sigma_{\max}+\sigma_{\min}/\sigma_{\max}}=\frac{1-r}{1+r}=C$$

因此，在图 2-21 中，从坐标原点引射线通过工作应力点 $M$（或 $N$），与极限应力曲线交于 $M_1'$（或 $N_1'$），得到 $OM_1'$（或 $ON_1'$），则在此射线上任何一个点所代表的应力循环都具有相同的循环特性。

联解 $OM$ 及 $A'G'$两直线的方程式，可以求出 $M_1'$点的坐标值 $\sigma_m'$及 $\sigma_a'$，把它们加起来，就可以求出对应于 $M$ 点的试件的极限应力 $\sigma'_{max}$：

$$\sigma'_{max}=\sigma_a'+\sigma_m'=\frac{\sigma_{-1}(\sigma_m+\sigma_a)}{\sigma_a+\psi_\sigma\sigma_m}$$

于是，安全系数计算值 $S_{ca}$及强度条件为：

$$S_{ca}=\frac{\sigma'_{max}}{\sigma_{max}}=\frac{\sigma'_{max}}{\sigma_m+\sigma_a}=\frac{\sigma_{-1}}{\sigma_a+\psi_\sigma\sigma_m}\geqslant S_{min}$$

对应于 $N$ 点的极限应力点 $N_1'$位于直线 $C'G'$上。此时的极限应力即为屈服极限 $\sigma_s$。这就是说，工作应力为 $N$ 点时，首先可能发生的是屈服失效，故只需进行静强度计算，其强度计算式为：

$$S_{ca}=\frac{\sigma_{lim}}{\sigma}=\frac{\sigma_s}{\sigma_{max}}=\frac{\sigma_s}{\sigma_a+\sigma_m}\geqslant S_{min}$$

分析图 2-21 得知，凡是工作应力点位于 $OG'C'$区域内时，在循环特性等于常数的条件下，极限应力统为屈服极限，都只需进行静强度计算。

（2）平均应力 $\sigma_m=C=$常数。

当 $\sigma_m=C$ 时，需找到一个其平均应力与工作应力的平均应力相同的极限应力。在图 2-22 中，通过 $M$(或 $N$) 点作纵轴的平行线 $MM_2'$(或 $NN_2'$)，则此线上任何一点代表的应力循环都具有相同的平均应力值。

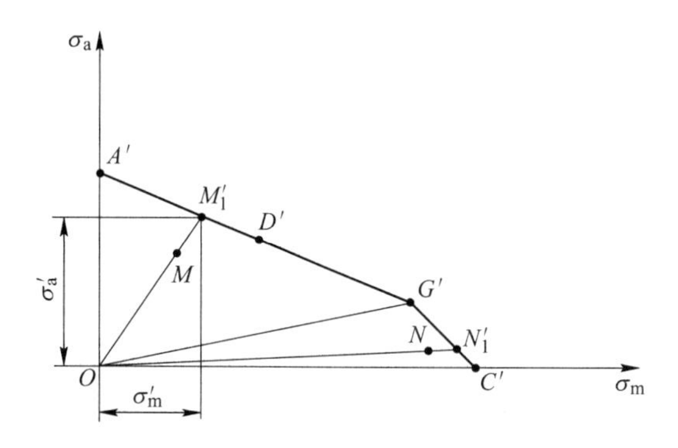


图 2-21 应力循环特性 $r=C=$常数时的极限应力

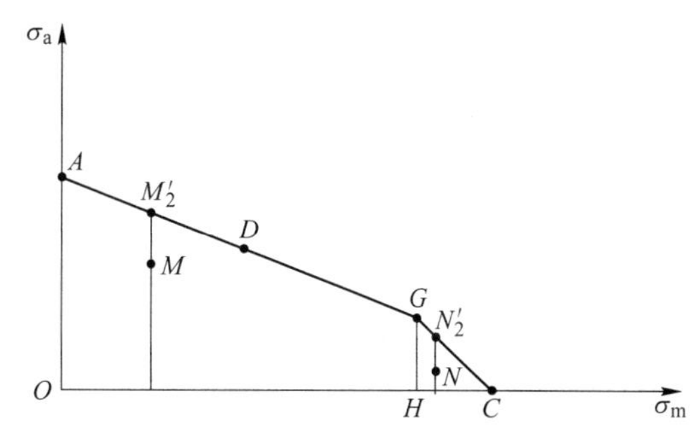


图 2-22 平均应力 $\sigma_m=C=$常数时的极限应力

（3）变应力的最小值 $\sigma_{min}=C=$常数。

当 $\sigma_{min}=C$ 时，需找到一个其最小应力与工作应力的最小应力相同的极限应力。

$$\sigma_{min}=\sigma_m-\sigma_a=C$$

因此，在图 2-23 中，通过 $M$(或 $N$) 点，作与横坐标轴夹角为 45°的直线，则此直线上任何一个点所代表的应力均具有相同的最小应力。

### 2.1.6 影响疲劳强度的因素

（1）应力集中的影响。定义：几何形状突然变化产生的应力。零件上的应力集中源如键槽、过渡圆角、小孔等以及刀口划痕存在，使疲劳强度降低。计算时用应力集中系数

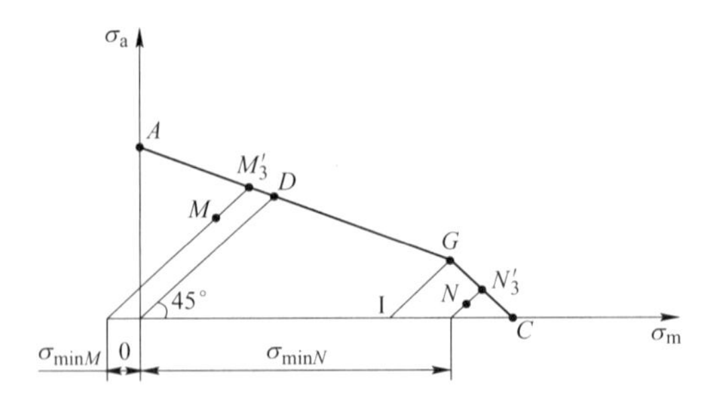


图 2-23　变应力的最小值 $\sigma_{\min}=C=$常数时的极限应力

$k_\sigma$（见教材《机械设计》[1]中的表 2-2、表 2-3、表 2-4）。

（2）尺寸与形状的影响。尺寸效应对疲劳强度的影响，用尺寸系数 $\varepsilon_\sigma$ 来考虑。$\varepsilon_\sigma$ 为尺寸与形状系数，见教材《机械设计》中的表 2-5。

（3）表面质量的影响。表面粗糙度越低，应力集中越小，疲劳强度也越高。$\beta_\sigma$ 为表面质量系数，见教材《机械设计》中的表 2-6。

以上三个系数都是对极限应力有所削弱的。

（4）表面强化的影响。表面经过强化处理，可以大幅度地提高零件的疲劳强度，延长零件的疲劳寿命，计算时用强化系数 $\beta_q$ 考虑其影响。$\beta_q$ 为强化系数，可以加大极限应力，见教材《机械设计》中的表 2-7。

由于零件的几何形状的变化、尺寸大小、加工质量及强化因素等的影响，使得零件的疲劳强度极限要小于材料试件的疲劳极限。我们用疲劳强度的综合影响系数 $K_\sigma$ 来考虑其影响。

$$K_\sigma=\frac{k_\sigma}{\varepsilon_\sigma\beta}$$

$K_\sigma$ 只对变应力有影响，对静应力无影响，和疲劳强度有关，与静强度无关。

对于对称循环变应力，其材料试件和零件的疲劳强度安全系数计算公式如下：

$$\begin{cases}S_{ca}=\dfrac{k_N\cdot\sigma_{-1}}{\sigma_a}\geqslant S_{\min} & \rightarrow \text{试件}\\[2ex] S_{ca}=\dfrac{k_N\cdot\sigma_{-1}}{K_\sigma\sigma_a}\geqslant S_{\min} & \rightarrow \text{零件}\end{cases}$$

对于非对称循环变应力，当应力循环特性 $r=C=$常数时，其材料试件和零件的疲劳强度安全系数计算公式如下：

$$\begin{cases}S_{ca}=\dfrac{\sigma_{-1}}{\sigma_a+\psi_\sigma\sigma_m}\geqslant S_{\min} & \rightarrow \text{试件}\\[2ex] S_{ca}=\dfrac{\sigma_{-1}}{K_\sigma\cdot\sigma_a+\psi_\sigma\cdot\sigma_m}\geqslant S_{\min} & \rightarrow \text{零件}\end{cases}$$

**例 2-6**　一铬镍合金钢，$\sigma_{-1}=460\text{N/mm}^2$，$\sigma_s=920\text{N/mm}^2$。试绘制此材料试件的简化的 $\sigma_m$-$\sigma_a$ 极限应力图。

**解**：按合金钢，$\psi_\sigma=0.2\sim0.3$，取 $\psi_\sigma=0.2$，由教材《机械设计》中的式（2-17）得：

[1] 书中《机械设计》是指由李威、边新孝、俞必强主编的教材（2017 年 1 月由冶金工业出版社出版）。

$$\psi_\sigma = \frac{2\sigma_{-1} - \sigma_0}{\sigma_0}$$

$$\sigma_0 = \frac{2\sigma_{-1}}{1+\psi_\sigma} = \frac{2\times 460}{1+0.2} = 766\text{N/mm}^2$$

如图 2-24 所示，取 $D$ 点坐标为（$\sigma_0/2=383$，$\sigma_0/2=383$），$A$ 点坐标为（0，$\sigma_{-1}=460$）。过 $C$ 点（$\sigma_s=920$，0）与横坐标成 135°作直线，与 $AD$ 的延长线相交于 $G$，则直线化的极限应力图为 $ADGC$。

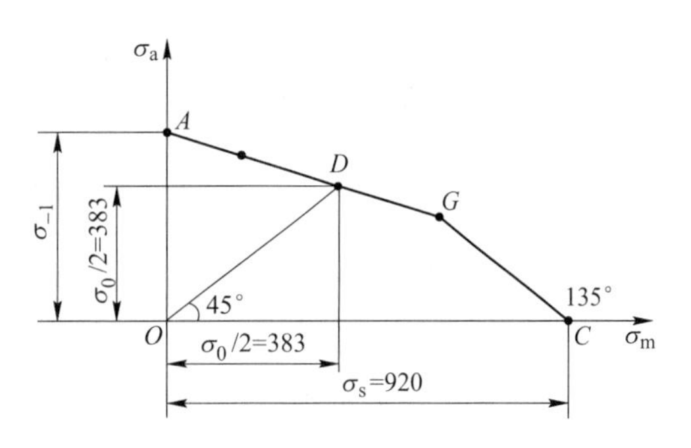


图 2-24 一铬镍合金钢的 $\sigma_m$-$\sigma_a$ 极限应力图

**例 2-7** 在图 2-24 的极限应力图中，求 $r=-0.4$ 时的 $\sigma'_a$ 和 $\sigma'_m$ 值。

**解**：由图 2-21 得：

$$\tan\beta = \frac{\sigma'_a}{\sigma'_m} = \frac{1-r}{1+r} = \frac{1+0.4}{1-0.4} = 2.33$$

$$\beta = 66°40'$$

从而得

$$\sigma'_a = \sigma'_m \tan\beta = 2.33\sigma'_m$$

又由教材《机械设计》中的式（2-18）：

$$\sigma_{-1} = \sigma'_a + \psi_\sigma \sigma'_m$$

得

$$\sigma'_a = \sigma_{-1} - \psi_\sigma \sigma'_m = 460 - 0.2\sigma'_m$$

通过联立以上两式，可以解得：

$$\sigma'_a = 424\text{N/mm}^2,\ \sigma'_m = 182\text{N/mm}^2$$

即图 2-25 上的 $M$ 点。

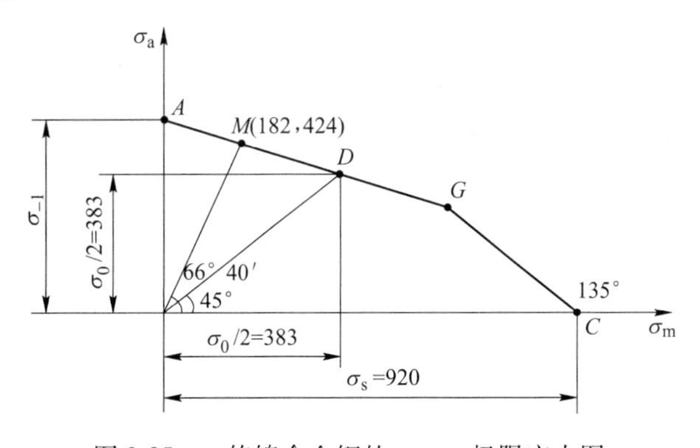


图 2-25 一铬镍合金钢的 $\sigma_m$-$\sigma_a$ 极限应力图

### 2.1.7 不稳定循环变应力的强度计算

（1）应力谱。图 2-26 为一不稳定循环变应力的示意图。其物理意义是变应力 $\sigma_1$（对称循环变应力的最大应力，或不对称循环变应力的等效对称循环变应力的应力幅）作用了

$n_1$次，$\sigma_2$作用了$n_2$次，……。

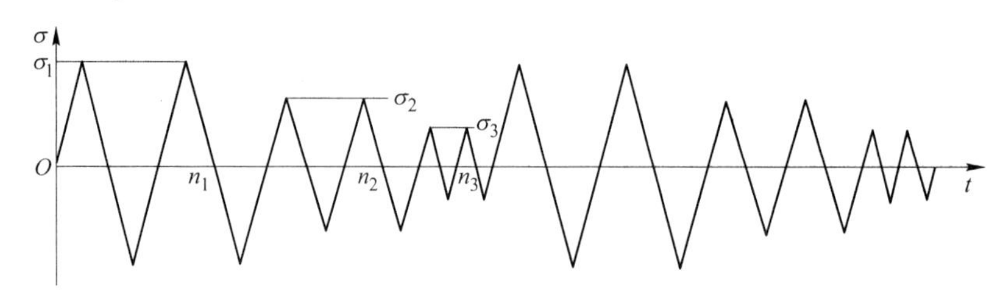


图 2-26 不稳定变应力示意图

（2）疲劳损伤累积假说—曼耐尔法则（Miner's rule）。

1）金属材料在一定变应力作用下都有一定寿命；

2）每增加一次过载的应力（超过材料的持久疲劳极限），就对材料造成一定的损伤，当这些损伤逐渐积累其总和达到其寿命相当的寿命时，材料即造成破坏；

3）小于持久疲劳极限，不会对材料造成损伤；

4）变应力大小作用的次序对损伤没有多大影响。

把图 2-26 中所示的应力图放在材料的 $\sigma$-$N$ 坐标上，如图 2-27 所示。根据 $\sigma$-$N$ 曲线，

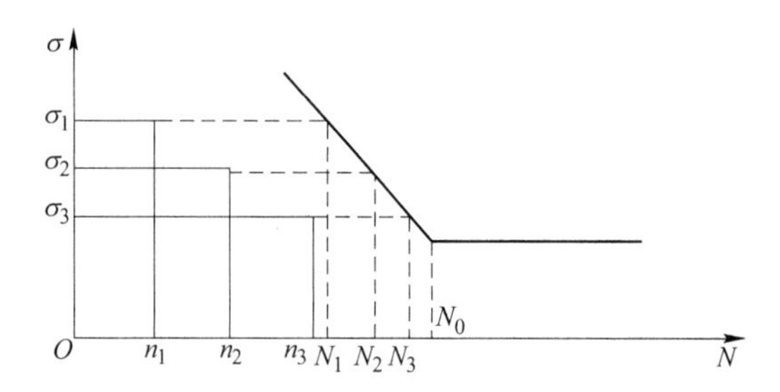


图 2-27 不稳定变应力在 $\sigma$-$N$ 坐标上

可以找出仅有 $\sigma_1$作用时使材料发生疲劳破坏的应力循环次数 $N_1$。假使应力每循环一次都对材料的破坏起相同的作用，则应力 $\sigma_1$每循环一次对材料的损伤率即为 $1/N_1$，而循环了$n_1$次的 $\sigma_1$对材料的损伤率即为 $n_1/N_1$。如此类推，循环 $n_2$次的 $\sigma_2$对材料的损伤率为 $n_2/N_2$，……。

因为当损伤率达到 100%时，材料即发生疲劳破坏，故对应于极限状况有：

$$\frac{n_1}{N_1} \times 100\% + \frac{n_2}{N_2} \times 100\% + \frac{n_3}{N_3} \times 100\% + \cdots = 100\%$$

是极限状态。

$$\frac{n_1}{N_1} + \frac{n_2}{N_2} + \frac{n_3}{N_3} + \cdots = 1$$

一般地写成：

$$\sum_{i=1}^{z} \frac{n_i}{N_i} = 1$$

上式是疲劳损伤线性累积假说的数学表达式。自从此假说提出后，曾作了大量的试验研究，以验证此假说的正确性。试验表明，当各个作用的应力幅无巨大的差别时，这个规

律是正确的。

当各级应力是先作用最大的，然后依次降低时，上式中的等号右边将不等于1，而小于1（起断裂作用）。当各级应力是先作用最小的，然后依次升高时，则式中等号右边要大于1（起强化作用）。通过大量的试验，可以有以下的关系：

$$\sum_{i=1}^{z} \frac{n_i}{N_i} = 0.7 \leftrightarrow 2.2$$

说明 Miner 法则有一定的局限性。

（3）疲劳强度计算。对于不稳定循环应力，寻找相当应力，即等效稳定循环应力。

$$\left.\begin{matrix} \sigma_1 & n_1 \\ \sigma_2 & n_2 \\ \sigma_3 & n_3 \end{matrix}\right\} \Rightarrow \sigma_e \qquad N_e \begin{cases} \sigma_e & N_0 \rightarrow \text{一般是已知的，我们只讲这种情况} \\ \sigma_1 & N_e \rightarrow \text{感兴趣，回去自己推导} \end{cases}$$

当寿命 $N_0$ 已知时，可以求等效应力 $\sigma_e$，其疲劳强度安全系数计算公式如下：

$$\sigma_e \quad N_0 \begin{cases} S_{ca} = \dfrac{\sigma_{-1}}{\sigma_e} \rightarrow \text{试件} \\ S_{ca} = \dfrac{\sigma_{-1}}{K_\sigma \sigma_e} \geqslant S_{min} \rightarrow \text{零件} \end{cases}$$

当应力 $\sigma_1$ 已知时，可以求等效寿命 $N_e$，其疲劳强度安全系数计算公式如下：

$$\sigma_1 \quad N_e \begin{cases} S_{ca} = \dfrac{k_{N1} \cdot \sigma_{-1}}{\sigma_1} \rightarrow \text{试件} \\ S_{ca} = \dfrac{k_{N1} \cdot \sigma_{-1}}{K_\sigma \sigma_1} \geqslant S_{min} \rightarrow \text{零件} \end{cases}$$

如果材料在上述应力作用下还未达到破坏，则上式变为：

$$\sum \frac{n_i}{N_i} < 1$$

将上式的分子、分母同乘以 $\sigma_i^m$，则：

$$\sum \frac{\sigma_i^m \cdot n_i}{\sigma_i^m \cdot N_i} < 1$$

又根据疲劳曲线方程 $\sigma_i^m \cdot N_i = C$，所以：

$$\sigma_i^m \cdot N_i = \sigma_{-1}^m \cdot N_0$$

将上式代入得：

$$\sum \frac{\sigma_i^m \cdot n_i}{\sigma_{-1}^m \cdot N_0} < 1$$

上式又可变形为：

$$\sqrt[m]{\frac{1}{N_0} \sum \sigma_i^m \cdot n_i} < \sigma_{-1}$$

所以

$$\sigma_e = \sqrt[m]{\frac{1}{N_0} \sum \sigma_i^m \cdot n_i} = \sigma_1 \sqrt[m]{\frac{1}{N_0} \sum n_i \left(\frac{\sigma_i}{\sigma_1}\right)^m} = k_s \cdot \sigma_1$$

上式右边根号部分表示了变应力参数的变化情况。令：

$$k_s = \sqrt[m]{\frac{1}{N_0}\sum n_i\left(\frac{\sigma_i}{\sigma_1}\right)^m}$$

式中，$k_s$为应力折算系数；$\sigma_1$为任选，一般取最大工作应力或循环次数最多的应力作为计算的基本应力。引入$k_s$后，则安全系数计算值$S_{ca}$及强度条件为：

$$S_{ca} = \frac{\sigma_{-1}}{K_\sigma \cdot \sigma_e} = \frac{\sigma_{-1}}{K_\sigma k_s \cdot \sigma_i} \geqslant S_{min} \to \sigma_e,\ N_0$$

**例 2-8** 45 钢经过调质后的性能为：$\sigma_{-1}=307\text{MPa}$，$m=9$，$N_0=5\times10^6$。现以此材料作试件进行试验，以对称循环变应力$\sigma_1=500\text{MPa}$作用$10^4$次，$\sigma_2=400\text{MPa}$作用$10^5$次，试计算该试件在此条件下的安全系数计算值。若以后再以$\sigma_3=350\text{MPa}$作用于试件，还能再循环多少次才会使试件破坏？

**解**：根据教材《机械设计》中的式（2-51）：

$$k_s = \sqrt[m]{\frac{1}{N_0}\sum n_i\left(\frac{\sigma_i}{\sigma_1}\right)^m} = \sqrt[9]{\frac{1}{5\times10^6}\left[10^4\times\left(\frac{500}{500}\right)^9 + 10^5\times\left(\frac{400}{500}\right)^9\right]} \approx 0.54$$

根据教材《机械设计》中的式（2-52），试件的安全系数计算值为：

$$S_{ca} = \frac{\sigma_{-1}}{k_s \cdot \sigma_1} = \frac{307}{0.54\times500} = 1.14$$

又根据教材《机械设计》中的式（2-13）：

$$N_1 = N_0\left(\frac{\sigma_{-1}}{\sigma_1}\right)^m = 5\times10^6\times\left(\frac{307}{500}\right)^9 = 0.0625\times10^6$$

$$N_2 = N_0\left(\frac{\sigma_{-1}}{\sigma_2}\right)^m = 5\times10^6\times\left(\frac{307}{400}\right)^9 = 0.47\times10^6$$

$$N_3 = N_0\left(\frac{\sigma_{-1}}{\sigma_3}\right)^m = 5\times10^6\times\left(\frac{307}{350}\right)^9 = 1.55\times10^6$$

若要使试件破坏，则由教材《机械设计》中的式（2-43）得：

$$\frac{10^4}{0.0625\times10^6} + \frac{10^5}{0.47\times10^6} + \frac{n_3}{1.55\times10^6} = 1$$

$$n_3 = 1.55\times10^6\times\left(1 - \frac{10^4}{0.0625\times10^6} - \frac{10^5}{0.47\times10^6}\right) = 0.97\times10^6$$

即该试件在$\sigma_3=350\text{MPa}$的对称循环变应力的作用下，估计尚可再承受$0.97\times10^6$次应力循环。

### 2.1.8 复合应力状态下的强度计算

对于试件在弯曲-扭转联合作用的交变应力下进行疲劳试验时，其数据基本上符合图2-28中椭圆弧的规律。

其疲劳破坏条件可近似地直接用椭圆方程表示，对于钢材，经过试验得出的极限应力关系式为：

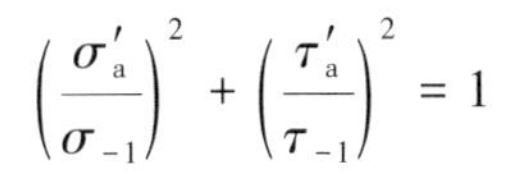

$$\left(\frac{\sigma'_a}{\sigma_{-1}}\right)^2 + \left(\frac{\tau'_a}{\tau_{-1}}\right)^2 = 1$$

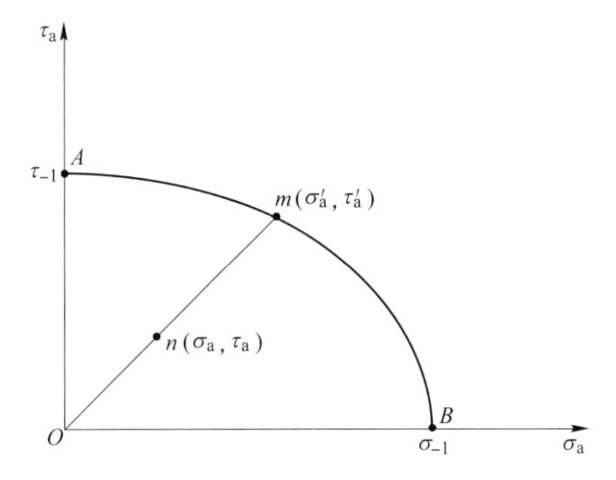


图 2-28 复合应力时的极限应力线图

由于是对称循环变应力，故应力幅即为最大应力。圆弧 $AmB$ 上任何一个点即代表一对极限应力 $\sigma'_a$及 $\tau'_a$。如果作用于零件上的应力幅 $\sigma_a$及 $\tau_a$在坐标上用 $n$ 表示，引直线 $on$ 与 $AB$ 交于 $m$ 点，则安全系数计算值 $S$ 为：

$$S = \frac{om}{on} = \frac{\sigma'_a}{\sigma_a} = \frac{\tau'_a}{\tau_a}$$

这样可将上面的椭圆方程变形为：

$$\left[\frac{\left(\dfrac{\sigma'_a}{\sigma_a}\right)}{\dfrac{\sigma_{-1}}{\sigma_a}}\right]^2 + \left[\frac{\left(\dfrac{\tau'_a}{\tau_a}\right)}{\dfrac{\tau_{-1}}{\tau_a}}\right]^2 = 1$$

则：

$$\left[\frac{S}{S_\sigma}\right]^2 + \left[\frac{S}{S_\tau}\right]^2 = 1$$

式中，$S_\sigma$ 为只有正应力作用下的安全系数计算值；$S_\tau$ 为只有剪应力作用下的安全系数计算值；$S$ 为复合应力作用下的安全系数计算值；亦即

$$S = \frac{S_\sigma \cdot S_\tau}{\sqrt{S_\sigma^2 + S_\tau^2}} \geqslant S_{min}$$

从而解决了复合应力和简单应力之间的关系问题。

**例 2-9** 一零件采用塑性材料 $\sigma_{-1} = 275\text{MPa}$（$N_0 = 10^6$，$m = 9$），疲劳强度综合影响系数 $K_\sigma = 1$，

（1）当作用一工作应力 $\sigma_1$，$n_1 = 4\times10^3$（$N_1 = 8\times10^3$）后，又作用一工作应力 $\sigma_2 = 275\text{MPa}$，试求其工作寿命 $n_2 = ?$

（2）当作用 $\sigma_1 = 410\text{MPa}$，$n_1 = 4\times10^3$后，若使 $n_2 = 10^6$，则工作应力 $\sigma_2 = ?$

（3）若工作应力 $\sigma_1 = 410\text{MPa}$，$n_1 = 4\times10^3$，$\sigma_2 = 275\text{MPa}$，$n_2 = 5\times10^5$，求：安全系数 $S$。

**解**：（1）这属于不稳定变应力下的强度计算问题，应用疲劳损伤累积假说的数学表达式：

$$\sum \frac{n_i}{N_i} = 1$$

将上式写成展开形式：

$$\frac{n_1}{N_1} + \frac{n_2}{N_2} = 1$$

将已知条件代入上式，可得：

$$N_2 = N_0,\ \frac{4 \times 10^3}{8 \times 10^3} + \frac{n_2}{10^6} = 1$$

由此可以解出：

$$n_2 = 5 \times 10^5$$

2）当作用 $\sigma_1 = 410\text{MPa}$，$n_1 = 4\times10^3$ 后，若使 $n_2 = 10^6$，则工作应力 $\sigma_2$ 的计算过程如下，根据疲劳损伤线性累积假说表达式：

$$\sum \frac{n_i}{N_i} = 1$$

将上式分子分母同时乘以 $\sigma_i^m$，并将分母用疲劳曲线方程代入，可得：

$$\sum \frac{\sigma_i^m \cdot n_i}{\sigma_i^m \cdot N_i} = 1,\ \sum \frac{\sigma_i^m \cdot n_i}{\sigma_{-1}^m \cdot N_0} = 1$$

将已知条件代入上式，可得：

$$\frac{410^9 \times (4 \times 10^3)}{275^9 \times 10^6} + \frac{\sigma_2^9 \cdot 10^6}{275^9 \times 10^6} = 1$$

由此可以解出

$$\sigma_2 = 270.2\text{MPa}$$

3）若工作应力 $\sigma_1 = 410\text{MPa}$，$n_1 = 4\times10^3$，$\sigma_2 = 275\text{MPa}$，$n_2 = 5\times10^5$，则疲劳强度安全系数 $S$ 求解过程如下，首先将已知条件代入应力折算系数公式，可得

$$k_s = \sqrt[m]{\frac{1}{N_0}\sum_{i=1}^{2}\left(\frac{\sigma_i}{\sigma_1}\right)^m \cdot n_i} = \sqrt[9]{\frac{1}{10^6}\left[4 \times 10^3 + \left(\frac{275}{410}\right)^9 \times (5 \times 10^5)\right]} = 0.639$$

然后再将已知条件及应力折算系数代入疲劳强度安全系数计算公式，可得

$$S = \frac{\sigma_{-1}}{K_\sigma \cdot k_s \cdot \sigma_1} = \frac{275}{1 \times 0.639 \times 410} = 1.05$$

## 2.2 思考题与参考答案

2-1 稳定循环应力的特性参数有哪些？写出它们的关系式。

答：$r$ 为循环特性；$\sigma_{max}$，$\sigma_{min}$，$\sigma_m$，$\sigma_a$，$r$ 为稳定循环变应力的特性参数，它们的关系式如下：

$$\sigma_{max}=\sigma_m+\sigma_a$$

$$\sigma_{min}=\sigma_m-\sigma_a$$

$$\sigma_m=\frac{\sigma_{max}+\sigma_{min}}{2}$$

$$\sigma_a=\frac{\sigma_{max}-\sigma_{min}}{2}$$

$$r=\frac{\sigma_{min}}{\sigma_{max}}$$

2-2　变应力是怎样分类的？各有何特点？

答：变应力可分为稳定循环变应力和不稳定循环变应力。不稳定循环变应力又可分为规律性的不稳定循环变应力和无规律性的不稳定循环变应力。

稳定循环变应力：随时间按一定规律周期性变化，且变化幅度保持恒定。

规律性的不稳定循环变应力：凡大小和变化幅度都按一定规律周期性变化。

无规律性的不稳定循环变应力：凡大小和变化幅度都不呈周期性而带有偶然性。

2-3　变应力的循环特性 $r$ 在什么范围内变化？$r$ 值的大小反映了变应力的什么情况？

答：$r$ 的变化范围为$-1\leqslant r\leqslant 1$。

当$0<r<1$、$-1<r<0$ 时，为非对称循环变应力；当 $r=0$ 时，为脉动循环应变力；

当 $r=-1$ 时，为对称循环应变力；当 $r=1$ 时，为静应力。

2-4　寿命系数 $k_N$ 的意义是什么？如何应用？

答：寿命系数：有限寿命及静强度时所允许的比较高的疲劳极限与循环基数的疲劳极限的比值。主要应用于公式 $\sigma_{rN}=k_N\sigma_r$，利用该公式可求得材料在任意寿命时的疲劳极限。

2-5　稳定循环应力的极限应力线图有什么用途？为什么要简化？

答：有了极限应力线图，就可以根据循环特性 $r$ 的值，在线图上得到对应的疲劳极限 $\sigma_r$ 值。曲线以上的任何点，所代表的变应力最大应力值均超过材料的疲劳极限，曲线区域内的各点，所代表的变应力最大应力值均低于材料的疲劳极限。

由于各种金属及其合金的材料牌号繁多，如果都用试验方法来求得极限应力曲线，那将非常费时费力，并且很不经济；为了设计工作的需要，可以根据用试验方法求得的一些材料疲劳极限应力曲线所显示的规律性，对其他类似材料作出近似的简化极限应力曲线，以代替用试验方法求极限应力曲线。

2-6　非对称循环应力如何转化为对称循环应力？等效系数 $\varphi_\sigma$、$\varphi_\tau$ 的意义是什么？

答：将非对称循环变应力的最大应力 $\sigma_{max}=\sigma_a+\sigma_m$ 折合成一个效果相当的对称性循环应力幅 $\sigma_{a(eq)}=\sigma'_a+\psi_\sigma\cdot\sigma'_m$。

等效系数 $\psi_\sigma$、$\psi_t$是将平均应力 $\sigma'_m$ 折合为效果相当的应力幅的折算系数。

2-7　影响机械零件疲劳强度的因素有哪些？这些因素如何反映到机械零件的疲劳强度计算中去？

答：影响因素：（1）应力集中的影响（应力集中系数 $k_\sigma$）；（2）尺寸与形状的影响（尺寸与形状系数 $\varepsilon_\sigma$）；（3）表面质量的影响（表面质量系数 $\beta_\sigma$）。（4）表面强化的影响（强化系数 $\beta_q$）。

疲劳度综合影响系数 $K_\sigma = \dfrac{k_\sigma}{\varepsilon_\sigma \beta}$。

2-8　稳定循环应力下的机械零件疲劳强度是如何计算的？

答：单向稳定循环变应力下的零件疲劳强度的计算：

（1）$r$=常数：

$$\sigma'_{\max e} = \sigma'_{ae} + \sigma'_{me} = \frac{\sigma_{-1}\sigma_{\max}}{(K_\sigma)_e\sigma_a + \psi_\sigma\sigma_m}$$

$$S_\sigma = \frac{\sigma'_{\max e}}{\sigma_{\max}} = \frac{\sigma_{-1}}{(K_\sigma)_e\sigma_a + \psi_\sigma\sigma_m} \geqslant [S_\sigma]$$

$$S_{\sigma_s} = \frac{\sigma_s}{\sigma_{\max}} = \frac{\sigma_s}{\sigma_a + \sigma_m} \geqslant [s_{\sigma_s}]$$

（2）$\sigma_{\max}$常数：

$$\sigma'_{\max e} = \frac{\sigma_{-1} + [(K_\sigma)_e - \psi_\sigma]\sigma_m}{(K_\sigma)_e}$$

$$S_\sigma = \frac{\sigma'_{\max e}}{\sigma_{\max}} = \frac{\sigma_{-1} + [(K_\sigma)_e - \psi_\sigma]\sigma_m}{(K_\sigma)_e(\sigma_a + \sigma_m)} \geqslant [S_\sigma]$$

（3）$\sigma_{\min}$常数：

$$S_\sigma = \frac{\sigma'_{\max e}}{\sigma_{\max}} = \frac{2\sigma_{-1} + [(K_\sigma)_e - \psi_\sigma]\sigma_{\min}}{[(K_\sigma)_e + p_\sigma](2\sigma_a + \sigma_{\min})} \geqslant [S_\sigma]$$

复合稳定变应力时的疲劳强度计算：

$$\left(\frac{\sigma'_a}{\sigma_{-1}}\right)^2 + \left(\frac{\tau'_a}{\tau_{-1}}\right)^2 = 1$$

2-9　复合稳定循环应力下的机械零件疲劳强度是怎样计算的？

答：$S = \dfrac{S_\sigma S_\tau}{\sqrt{S_\sigma^2 + S_\tau^2}} \geqslant [S]$　　$S_\sigma = \dfrac{\sigma_{-1}}{(K_\sigma)_e\sigma_a + \psi_\sigma\sigma_m}$　　$S_\tau = \dfrac{\tau_{-1}}{(K_\tau)_e\tau_a + \psi_\tau\tau_m}$

2-10　单向规律性的不稳定循环应力下的机械零件疲劳强度是怎样计算的？

答：（1）转化成当量应力 $\sigma_{eq}$进行计算。

（2）转化成当量循环次数进行计算。

2-11　疲劳损伤累积假说的内容是什么？写出它的表达式。

答：在变应力下的材料（或零件），其内部的损伤是逐步累积的，累积到一定程度就发生疲劳破坏，而不论其应力谱如何。

其表达式为：$\dfrac{n_1}{N_1} + \dfrac{n_2}{N_2} + \cdots + \dfrac{n_n}{N_n} = \sum\limits_{i=1}^{n} \dfrac{n_i}{N_i} \leqslant 1$。

# 2.3　习题与参考答案

2-1　已知稳定循环应力的 $r=0.125$、$\sigma_m=-225\text{N/mm}^2$，求 $\sigma_{max}$、$\sigma_{min}$ 及 $\sigma_a$。

解：$r=\dfrac{\sigma_{min}}{\sigma_{max}}=0.125$，$\sigma_m=\dfrac{\sigma_{max}+\sigma_{min}}{2}=-225\text{N/mm}^2$

由以上两式得 $\sigma_{max}=-400\text{N/mm}^2$，$\sigma_{min}=-50\text{N/mm}^2$，

$$\sigma_a=\frac{\sigma_{max}-\sigma_{min}}{2}=\frac{-400-(-50)}{2}=|-175|=175\text{N/mm}^2$$

2-2　已知稳定循环应力的 $\sigma_{max}=500\text{N/mm}^2$、$\sigma_a=300\text{N/mm}^2$，求 $\sigma_{min}$、$\sigma_m$ 和 $r$。

解：

$$\sigma_{min}=\sigma_{max}-2\sigma_a=-100\text{N/mm}^2$$

$$\sigma_m=\frac{\sigma_{max}+\sigma_{min}}{2}=200\text{N/mm}^2$$

$$r=\frac{\sigma_{min}}{\sigma_{max}}=-0.2$$

2-3　图 2-29 所示为一旋转轴，在轴上截面 A 处作用有径向力 $P_r=6000\text{N}$，轴向力 $P_x=3000\text{N}$，轴的直径 $d=50\text{mm}$，轴的支点距离 $l=300\text{mm}$。求截面 $A$ 上的 $\sigma_{max}$、$\sigma_{min}$、$\sigma_a$、$\sigma_m$ 和 $r$。

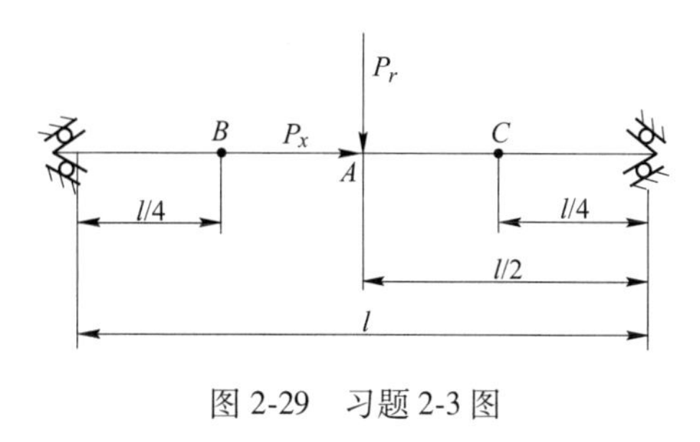


图 2-29　习题 2-3 图

解：$$\sigma_a=\frac{M}{W}=\frac{\frac{F_r}{4}}{\frac{\pi d^3}{32}}=\frac{110}{3}\text{N/mm}^2$$

$$\sigma_m=\frac{p_x}{\frac{\pi d^3}{4}}=-1.53\text{N/mm}^2$$

$$\sigma_{max}=\sigma_a+\sigma_m=-38.2\text{N/mm}^2$$

$$\sigma_{min}=\sigma_{max}-2\sigma_a=-35.14\text{N/mm}^2$$

$$r=\frac{\sigma_{min}}{\sigma_{max}}=-0.92$$

2-4　已知某材料的 $\sigma_B=800\text{N/mm}^2$，$\sigma_s=520\text{N/mm}^2$，$\sigma_{-1}=400\text{N/mm}^2$，$\psi_\sigma=0.1$。试绘出此材料简化极限应力线图。

解：$$\sigma_o=\frac{2\sigma_{-1}}{1+\psi_\sigma}=\frac{2\times400}{1+0.1}=727.27\text{N/mm}^2$$

$$\frac{\sigma_a}{2}=363.64\text{N/mm}^2$$

如图 2-30 所示，取 $A(0,\ 400)$ 和 $C(520,\ 0)$，连接 $A(0,\ 400)$ 和 $B(363.64,$

363.64)，再过点 $C$(520，0）作与坐标轴正方向成135°的直线，两直线交于一点 $D$(133.33，386.66)，则折线 $ADC$ 为简化的极限应力线。

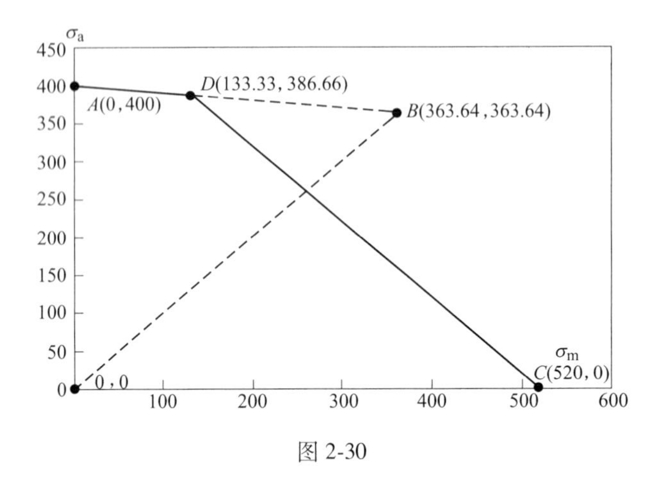


图 2-30

2-5　用某合金钢制成的零件，其工作应力为循环应力，$\sigma_{max}=280\text{N/mm}^2$，$\sigma_{min}=-80\text{N/mm}^2$。该零件危险截面处的应力集中系数 $K_\sigma=1.2$，尺寸系数 $\varepsilon_\sigma=0.785$，表面状况系数 $\beta_\sigma=1$。$\sigma_s=800\text{N/mm}^2$，$\sigma_B=900\text{N/mm}^2$，$\sigma_{-1}=440\text{N/mm}^2$。要求：(1) 绘制该零件的简化极限应力线图；(2) 设 $r$=常数，求零件的极限应力 $\sigma'_{max,e}$；(3) 校核此零件是否安全（取许用安全系数 $[S_\sigma]=1.6$)。

解：

(1) 零件疲劳强度综合影响系数：

$$(K_\sigma)_e=\frac{K_\sigma}{\varepsilon_\sigma\cdot\beta_\sigma}=\frac{1.2}{0.785\times1}=1.53$$

则：

$$\sigma_{-1e}=\frac{\sigma_{-1}}{(K_\sigma)_e}=\frac{440}{1.53}=287.58\text{N/mm}^2$$

由 $\sigma_B=900\text{N/mm}^2$，查表可得：$\psi_\sigma=0.1$。

则：

$$\sigma_0=\frac{2\sigma_{-1}}{1+\psi_\sigma}=\frac{2\times440}{1+0.1}=800\text{N/mm}^2,\ \frac{1}{2}\sigma_0=400\text{N/mm}^2$$

$$\sigma_{0e}=\frac{\sigma_0}{(K_\sigma)_e}=\frac{800}{1.53}=522.48\text{N/mm}^2,\ \frac{1}{2}\sigma_{0e}=261.44\text{N/mm}^2$$

零件的简化极限应力线图如图 2-31 所示。

(2) 由：

$$\sigma_a=\frac{1}{2}(\sigma_{max}-\sigma_{min})=\frac{1}{2}(280+80)=180\text{N/mm}^2$$

$$\sigma_m=\frac{1}{2}(\sigma_{max}+\sigma_{min})=\frac{1}{2}(280-80)=100\text{N/mm}^2$$

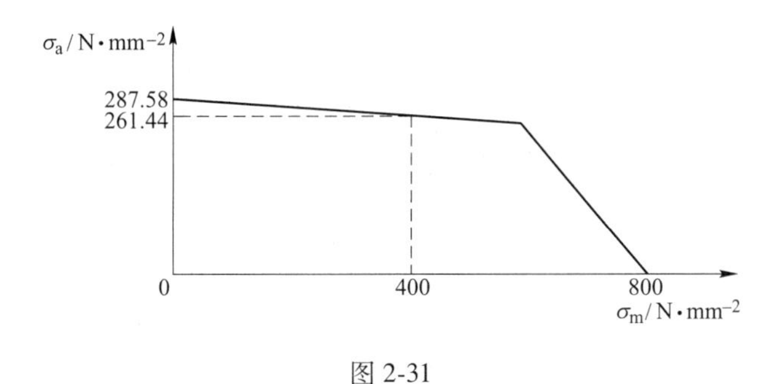


图 2-31

得：$\sigma'_{maxe}=\dfrac{\sigma_{-1}\cdot\sigma_{max}}{(K_\sigma)_e\cdot\sigma_a+\psi_\sigma\cdot\sigma_m}=\dfrac{440\times280}{1.53\times180+0.1\times100}=431.67\text{N/mm}^2$

（3）由 $S_\sigma=\dfrac{\sigma'_{maxe}}{\sigma_{max}}=\dfrac{431.67}{280}=1.54<[S_\sigma]$，则该零件不安全。

2-6　已知某轴的弯矩工作图谱如图 2-32 所示，轴的转速 $n=41\text{r/min}$。要求该轴工作 10 年（每年工作 330d，每天工作 19.5h）。若以 $M_i$ 为基本弯矩，其当量循环次数为多少？对应的零件疲劳极限应力为多大？轴的材料为 45 钢，其特性为 $\sigma_B=600\text{N/mm}^2$、$\sigma_s=300\text{N/mm}^2$、$\sigma_{-1}=275\text{N/mm}^2$、$N_0=N_c=10^7$、$m=9$，$\psi_\sigma=0.05$。该轴危险截面处的应力集中系数 $K_\sigma=1.2$，尺寸系数 $\varepsilon_\sigma=0.85$，表面状况系数 $\beta=1$。

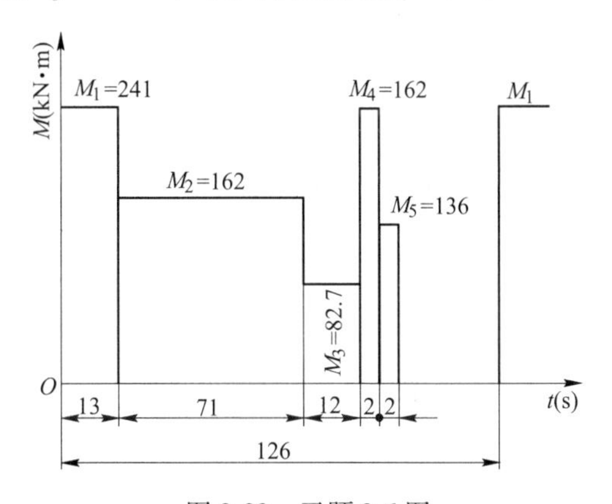


图 2-32　习题 2-6 图

解：由疲劳损伤累积假说：

$$\sum\frac{\sigma_i^m n_i}{\sigma_i^m N_i}\leqslant 1 \qquad ①$$

$$\sigma_i=\frac{M_i}{W} \qquad ②$$

将②式代入①中整理可得：

$$N_v=\sum_{i=1}^{n}\left(\frac{M_i}{M_v}\right)^m n_i \text{（}N_v\text{ 即为以 }M_v\text{ 为基本弯矩时的当量循环次数）}$$

求各变应力的循环次数：

$$n_1 = 60nt_{h1} = 60 \times 41 \times \frac{13}{126} \times 10 \times 330 \times 19.5 = 16332642$$

$$n_2 = 60nt_{h2} = 60 \times 41 \times \frac{71}{126} \times 10 \times 330 \times 19.5 = 89201357$$

$$n_3 = 60nt_{h3} = 60 \times 41 \times \frac{12}{126} \times 10 \times 330 \times 19.5 = 15076285$$

$$n_4 = 60nt_{h4} = 60 \times 41 \times \frac{2}{126} \times 10 \times 330 \times 19.5 = 2512714$$

$$n_5 = 60nt_{h5} = 60 \times 41 \times \frac{2}{126} \times 10 \times 330 \times 19.5 = 2512714$$

以 $M_1$ 为基本弯矩时，当量循环次数：

$$N_{1v} = \sum_{i=1}^{5}\left(\frac{M_i}{M_v}\right)^m n_i = \left(\frac{241}{241}\right)^9 \times 16332642 + \left(\frac{162}{241}\right)^9 \times 89201357 + \left(\frac{82.7}{241}\right)^9 \times 15076285 + \left(\frac{162}{241}\right)^9 \times 2512714 + \left(\frac{136}{241}\right)^9 \times 2512714 = 18918128$$

由：$\sigma_i^m N_i = \sigma_{-1}^m N_0$

可得：$\sigma_{1v} = \sqrt[m]{\frac{N_0}{N_{1v}}}\sigma_{-1} = \sqrt[9]{\frac{10^7}{18918128}} \times 275 = 256.19\text{N/mm}^2$

零件的疲劳强度综合影响因数：

$$(k_\sigma)_e = \frac{K_\sigma}{\varepsilon_\sigma \beta_\sigma} = \frac{1.2}{0.85 \times 1} = 1.41$$

则 $N_{1v}$ 对应的零件疲劳极限应力即为：

$$\sigma_{1ve} = \frac{\sigma_{1v}}{(k_\sigma)_e} = \frac{256.19}{1.41} = 181.70\text{N/mm}^2$$

## 2.4 自 测 题

2-1 机械设计课程研究的内容只限于________。

A. 专用零件和部件

B. 在高速、高压、环境温度过高或过低等特殊条件下工作的以及尺寸特大或特小的通用零件和部件

C. 在普通工作条件下工作的一般参数的通用零件和部件

D. 标准化的零件和部件

2-2 下列四种叙述中________是正确的。

A. 变应力只能由变载荷产生

B. 静载荷不能产生变应力

C. 变应力是由静载荷产生

D. 变应力是由变载荷产生，也可能由静载荷产生

2-3 发动机连杆横截面上的应力变化规律如图 2-33 所示，则该变应力的应力比 $r$

为________。

A. 0.24　　B. -0.24　　C. -4.17　　D. 4.17

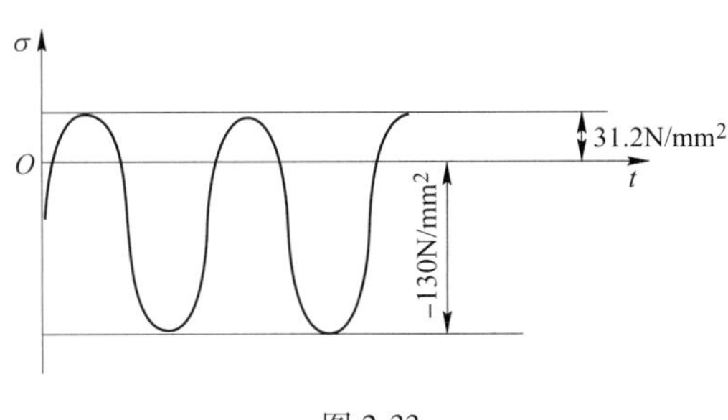


图 2-33

2-4　发动机连杆横截面上的应力变化规律如图 2-33 所示，则其应力幅 $\sigma_a$ 和平均应力 $\sigma_m$ 分别为________。

A. $\sigma_a=-80.6\text{MPa}$，$\sigma_m=49.5\text{MPa}$

B. $\sigma_a=80.6\text{MPa}$，$\sigma_m=-49.4\text{MPa}$

C. $\sigma_a=49.4\text{MPa}$，$\sigma_m=-80.6\text{MPa}$

D. $\sigma_a=-49.4\text{MPa}$，$\sigma_m=-80.6\text{MPa}$

2-5　变应力特性由 $\sigma_{max}$、$\sigma_{min}$、$\sigma_m$、$\sigma_a$ 及 $r$ 等五个参数中的任意________来描述。

A. 一个　　B. 两个　　C. 三个　　D. 四个

2-6　机械零件的强度条件可以写成________。

A. $\sigma \leqslant [\sigma]$，$\tau \leqslant [\tau]$ 或 $S_\sigma \leqslant [S]_\sigma$，$S_\tau \leqslant [S]_\tau$

B. $\sigma \geqslant [\sigma]$，$\tau \geqslant [\tau]$ 或 $S_\sigma \geqslant [S]_\sigma$，$S_\tau \geqslant [S]_\tau$

C. $\sigma \leqslant [\sigma]$，$\tau \leqslant [\tau]$ 或 $S_\sigma \geqslant [S]_\sigma$，$S_\tau \geqslant [S]_\tau$

D. $\sigma \geqslant [\sigma]$，$\tau \geqslant [\tau]$ 或 $S_\sigma \leqslant [S]_\sigma$，$S_\tau \leqslant [S]_\tau$

2-7　一直径 $d=18\text{mm}$ 的等截面直杆，杆长为 800mm，受静拉力 $F=36\text{kN}$，杆材料的屈服点 $\sigma_s=270\text{MPa}$，取许用安全系数 $[S]_\sigma=1.8$，则该杆的强度________。

A. 不足　　B. 刚好满足要求　　C. 足够　　D. 以上答案都不对

2-8　在进行疲劳强度计算时，其极限应力应为材料的________。

A. 屈服点　B. 疲劳极限　　C. 强度极限　D. 弹性极限

2-9　45 钢的持久疲劳极限 $\sigma_{-1}=270\text{MPa}$，设疲劳曲线方程的幂指数 $m=9$，应力循环基数 $N_0=5\times10^6$ 次，当实际应力循环次数 $N=10^4$ 次时，有限寿命疲劳极限为________MPa。

A. 539　　B. 135　　C. 175　　D. 417

2-10　零件表面经淬火、渗氮、喷丸、滚子碾压等处理后，其疲劳强度________。

A. 增高　　B. 降低　　C. 不变　　D. 增高或降低视处理方法而定

2-11　影响零件疲劳强度的综合影响系数 $K_\sigma$ 与________等因素有关。

A. 零件的应力集中、加工方法、过载

B. 零件的应力循环特性、应力集中、加载状态

C. 零件的表面状态、绝对尺寸、应力集中

D. 零件的材料、热处理方法、绝对尺寸

2-12 绘制设计零件的 $\sigma_m$-$\sigma_a$ 极限应力简图时，所必须的已知数据是________。

A. $\sigma_{-1}$，$\sigma_0$，$\sigma_s$，$k_\sigma$　　B. $\sigma_{-1}$，$\sigma_0$，$\sigma_s$，$K_\sigma$

C. $\sigma_{-1}$，$\sigma_s$，$\psi_\sigma$，$K_\sigma$　　D. $\sigma_{-1}$，$\sigma_0$，$\psi_\sigma$，$K_\sigma$

2-13 在图 2-34 所示设计零件的 $\sigma_m$-$\sigma_a$ 极限应力简图中，如工作应力点 $M$ 所在的 $ON$ 线与横轴间夹角 $\theta=45°$，则该零件受的是________。

A. 不变号的不对称循环变应力

B. 变号的不对称循环变应力

C. 脉动循环变应力

D. 对称循环变应力

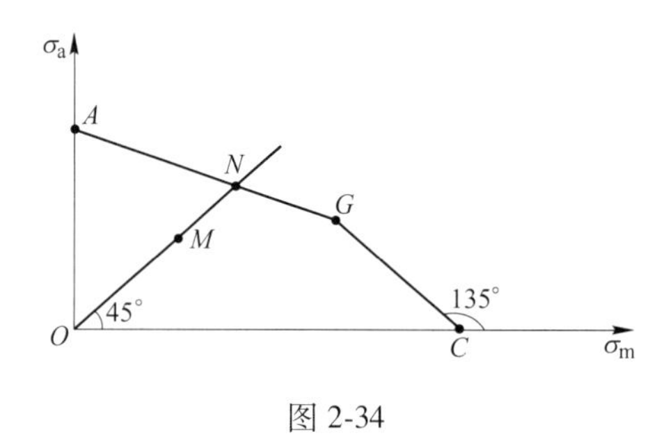


图 2-34

2-14 在图 2-34 所示零件的极限应力简图中，如工作应力点 $M$ 所在的 $ON$ 线与横轴之间的夹角 $\theta=90°$时，则该零件受的是________。

A. 脉动循环变应力

B. 对称循环变应力

C. 变号的不对称循环变应力

D. 不变号的不对称循环变应力

2-15 已知一零件的最大工作应力 $\sigma_{max}=180\text{MPa}$，最小工作应力 $\sigma_{min}=-80\text{MPa}$。则在图 2-35 所示的极限应力简图中，该应力点 $M$ 与原点的连接 $OM$ 与横轴间的夹角 $\theta$ 为________。

A. 68°57′44″　　B. 21°2′15″　　C. 66°2′15″　　D. 74°28′33″

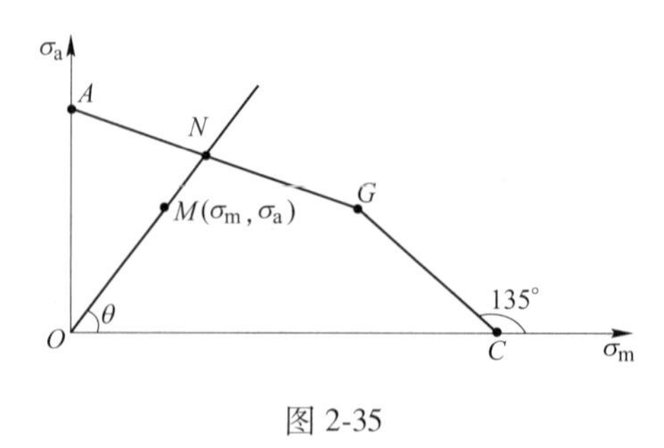


图 2-35

2-16 在图 2-36 所示零件的极限应力简图上，$M$ 为零件的工作应力点，若加载于零件的过程中保持最小应力 $\sigma_{min}$ 为常数。则该零件的极限应力点应为________。

A. $M_1$　　B. $M_2$　　C. $M_3$　　D. $M_4$

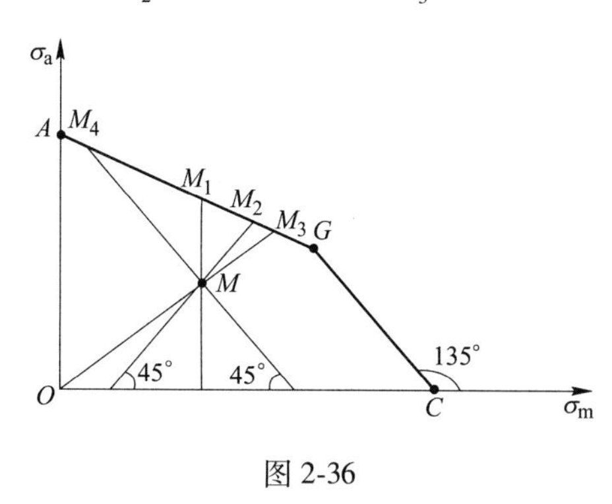


图 2-36

2-17　在图 2-36 中若对零件加载的过程中保持应力比 $r$ 等于常数。则该零件的极限应力点应为________。

A. $M_1$　　B. $M_2$　　C. $M_3$　　D. $M_4$

2-18　在图 2-36 中若对零件加载的过程中保持平均应力 $\sigma_m$ 等于常数。则该零件的极限应力点应为________。

A. $M_1$　　B. $M_2$　　C. $M_3$　　D. $M_4$

2-19　零件的材料为 45 钢，$\sigma_b=600\text{MPa}$，$\sigma_s=355\text{MPa}$，$\sigma_{-1}=270\text{MPa}$，$\psi_\sigma=0.2$，零件的疲劳强度综合影响系统 $K_\sigma=1.4$。则在图 2-37 所示的零件极限应力简图中 $\theta$ 角为________。

A. 36°55′35″　　B. 41°14′22″　　C. 48°45′38″　　D. 67°8′6″

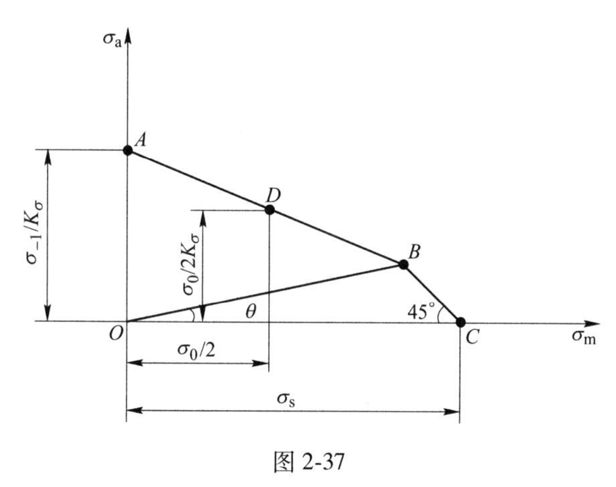


图 2-37

2-20　在图 2-34 所示零件的极限应力简图中，如工作应力点 $M$ 所在的 $ON$ 线与横轴间夹角 $\theta=50°$，则该零件受的是________。

A. 脉动循环变应力

B. 对称循环变应力

C. 变号的不对称循环变应力

D. 不变号的不对称循环变应力

2-21　一零件由 40Cr 制成，已知材料的 $\sigma_b=980\text{MPa}$，$\sigma_s=785\text{MPa}$，$\sigma_{-1}=440\text{MPa}$，$\psi_\sigma=0.3$。零件的最大工作应力 $\sigma_{max}=240\text{MPa}$，最小工作应力 $\sigma_{min}=-80\text{MPa}$，疲劳强度综合影响系数 $K_\sigma=1.44$。则当应力比 $r=$ 常数时，该零件的疲劳强度工作安全系数 $S$ 为________。

A. 3. 27　　B. 1. 73　　C. 1. 83　　D. 1. 27

2-22　若材料疲劳曲线方程的幂指数 $m=9$，则以对称循环应力 $\sigma_1=500\text{MPa}$ 作用于零件 $n_1=10^4$ 次以后，它所造成的疲劳损伤，相当于应力 $\sigma_2=450\text{MPa}$ 作用于零件________。

A. $0.39\times10^4$　　B. $1.46\times10^4$　　C. $2.58\times10^4$　　D. $7.45\times10^4$

2-23　若材料疲劳曲线方程的幂指数 $m=9$，则以对称循环应力 $\sigma_1=400\text{MPa}$ 作用于零件 $n_1=10^5$ 次所造成的疲劳损伤，相当于 $\sigma_2=$________MPa 作用于零件 $n_2=10^4$ 次所造成的疲劳损伤。

A. 517　　B. 546　　C. 583　　D. 615

2-24　45 钢经调质后的疲劳极限 $\sigma_{-1}=300\text{MPa}$，应力循环基数 $N_0=5\times10^6$ 次，疲劳曲线方程的幂指数 $m=9$，若用此材料做成的试件进行试验，以对称循环应力 $\sigma_1=450\text{MPa}$ 作用 $10^4$ 次，$\sigma_2=400\text{MPa}$ 作用 $2\times10^4$ 次。则工作安全系数为________。

A. 1. 14　　B. 1. 25　　C. 1. 47　　D. 1. 65

2-25　45 钢经调质后的疲劳极限 $\sigma_{-1}=300\text{MPa}$，应力循环基数 $N_0=5\times10^6$ 次，疲劳曲线方程的幂指数 $m=9$，若用此材料做成的试件进行试验，以对称循环应力 $\sigma_1=450\text{MPa}$ 作用 $10^4$ 次，$\sigma_2=400\text{MPa}$ 作用 $2\times10^4$ 次，再以 $\sigma_3=350\text{MPa}$ 作用于此试件，直到它破坏为止，试件还能承受的应力循环次数为________次。

A. $6.25\times10^5$　　B. $9.34\times10^5$　　C. $1.09\times10^6$　　D. $4.52\times10^6$

## 2.5　自测题参考答案

2-1　C　2-2　D　2-3　B　2-4　B　2-5　B　2-6　C　2-7　C　2-8　B　2-9　A　2-10　A　2-11　C　2-12　B　2-13　C　2-14　B　2-15　A　2-16　B　2-17　C　2-18　A　2-19　B　2-20　C　2-21　B　2-22　C　2-23　A　2-24　B　2-25　C

# 3 摩擦、磨损和润滑

## 3.1 主要内容与学习要点

本章需要掌握摩擦的分类及影响因素，摩擦特性曲线、磨损类型、磨损过程曲线、减少磨损的措施、润滑剂的种类及其主要物理指标，并同时了解添加剂的作用和常用润滑方法等。

### 3.1.1 摩擦、磨损及润滑三者关系

当在正压力作用下相互接触的两个物体受切向外力的影响而发生相对滑动，或有相对滑动趋势时，在接触表面上就会产生抵抗滑动的阻力，这一自然现象叫做摩擦。其结果必然有能量损耗和摩擦表面物质的丧失或转移，即磨损。

据估计，世界上在工业方面约有30%的能量消耗于摩擦过程中。所以人们为了防止零件在摩擦中损坏，在摩擦面间加入润滑剂来降低摩擦，减小磨损的产生，所以说三者互为因果关系。

### 3.1.2 摩擦的种类

滑动摩擦包括干摩擦、边界摩擦、混合摩擦和液体摩擦，图3-1给出了滑动摩擦状态，各种摩擦类型的区别如下：

摩擦（滑动）
- 干摩擦：黏着、犁刨
- 边界摩擦（润滑）：很薄的油膜，$\lambda<0.4$
- 混合摩擦（润滑）：膜厚比 $0.4\leqslant\lambda\leqslant3.0$
- 液体摩擦（润滑）：被厚的油膜完全隔开，$\lambda>3\sim5$

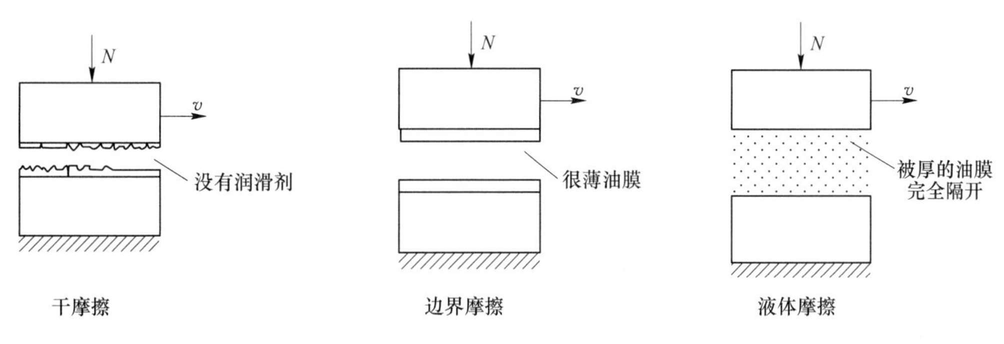


图3-1 滑动摩擦状态

两个无润滑物体之间的摩擦，主要是由两种因素所构成：一是摩擦面的实际接触区内出现的黏着；二是较硬表面上的微凸体在较软表面上所起的犁刨作用。

那么，怎么样来区别边界摩擦、混合摩擦和液体摩擦的界限呢？可用膜厚比来划分：

$$\lambda = h_{\min}/R_{a\sum}$$

式中，$h_{\min}$为两粗糙面间的最小公称油膜厚度，μm；$R_{a\sum}$为两表面的综合粗糙度，μm；$R_{a1}$、$R_{a2}$分别为两表面的轮廓算术平均偏差，μm；当 $\lambda<0.4$ 时为边界摩擦；当 $0.4\leqslant\lambda\leqslant 3.0$ 时为混合摩擦；当 $\lambda>3\sim5$ 时则为液体摩擦。

### 3.1.3　牛顿流体定律

如图 3-2 所示，在两个平行的平板间充满具有一定粘度的润滑油，若平板 A 以速度 $v$ 移动，另一平板 B 静止不动，则由于油分子与平板表面的吸附作用，将使贴近板 A 的油层以同样的速度 $v$ 随板移动；而贴近板 B 的油层则静止不动。由于层与层之间速度不同，于是形成各油层间的相对滑移，在各层的界面上就存在有相应的剪应力。

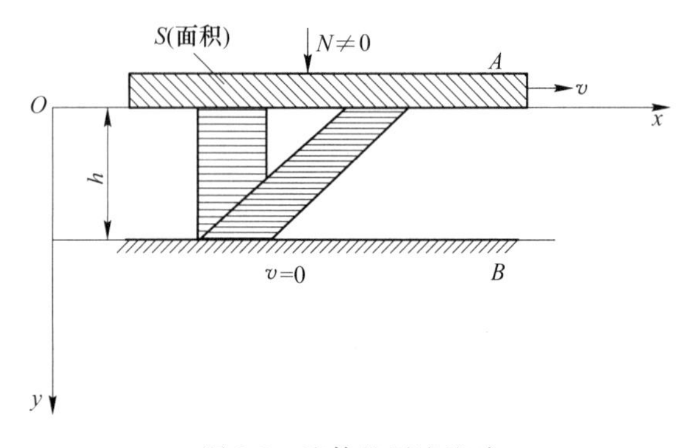


图 3-2　流体的层流流动

牛顿在 1687 年提出一个黏性液的摩擦定律（简称黏性定律），即在流体中任意点处的剪应力均与其剪切率（或速度梯度）成正比。若用数学形式表示这一定律，即为：

$$\tau = -\eta \frac{dv}{dy}$$

式中，$\tau$ 为流体单位面积上的剪切阻力，即剪应力；$dv/dy$ 为流体沿垂直于运动方向（即沿图 3-2 中 $y$ 轴方向或流体膜厚度方向）的速度梯度；式中的“-”号表示 $v$ 随 $y$ 的增大而减小；$\eta$ 为比例常数，即流体的动力黏度。

摩擦学中把凡是服从这个黏性定律的液体都叫牛顿液体。

### 3.1.4　液体动压润滑的条件（楔形承载机理）

（1）两个运动的表面要有楔形间隙；

（2）被油膜分开的两表面有一定相对滑动速度，且大口向小口；

（3）润滑油必须有一定的黏度；

（4）有足够充足的供油量。

流体动压润滑是依靠摩擦副的两滑动表面作相对运动时把油带入两表面之间，形成具有足够压力的油膜，从而将两表面隔开。然而动压油膜的形成必须满足一定的条件。为此，首先讨论图 3-3 中相对运动的平板完全被一层油膜分开的情形。

设板 A 沿 $x$ 轴方向以速度 $v$ 移动；另一板 B 为静止。现从层流运动的油膜中取一微单

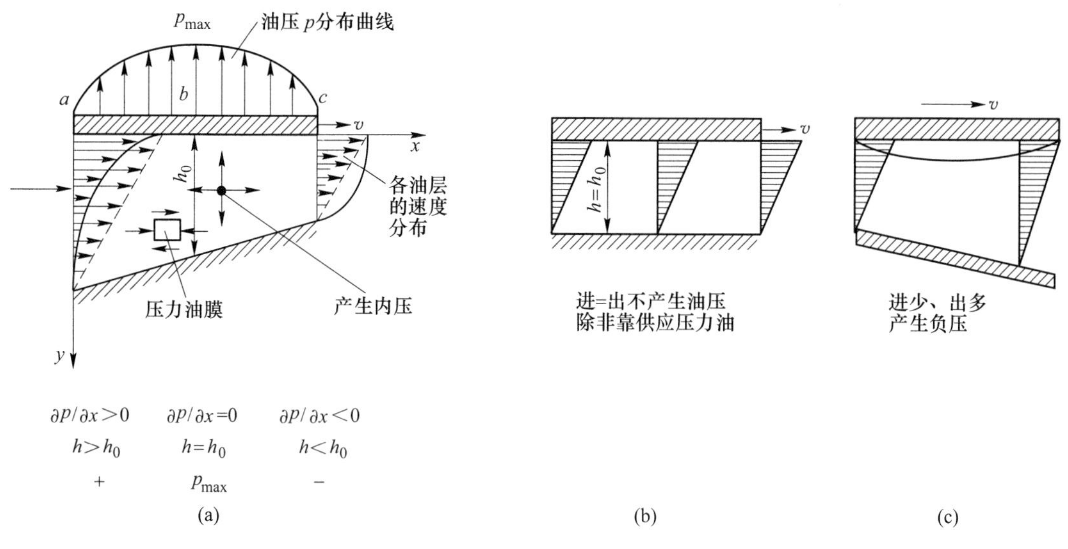


图 3-3　两相对运动平板间油层中的速度分布和压力分布

(a) 由大口→小口；(b) 两平板平行；(c) 由小口→大口

元体进行分析。由图可见，作用在此微单元体右面和左面的压力分别为 $p$ 及 $(p+\partial p/\partial x\cdot \mathrm{d}x)$，作用在单元体上、下两面的剪切力分别为 $\tau$ 及 $(\tau+\partial\tau/\partial y\cdot \mathrm{d}y)$。根据 $x$ 方向的平衡条件，得：

$$p\mathrm{d}y\mathrm{d}z+\tau\mathrm{d}x\mathrm{d}z-\left(p+\frac{\partial p}{\partial x}\mathrm{d}x\right)\mathrm{d}y\mathrm{d}z-\left(\tau+\frac{\partial \tau}{\partial y}\mathrm{d}y\right)\mathrm{d}x\mathrm{d}z=0$$

上式经过整理后，可得：

$$\frac{\partial p}{\partial x}=\frac{6\eta v}{h^3}(h-h_0)$$

该式为一维雷诺方程的一般表达式。根据上面分析可知，相对滑动的两平板间形成的压力油膜能够承受外载荷的基本条件是：

(1) 相对运动表面间必须形成油楔。由上式可见，若两平板平行时，任何截面处的油膜厚度 $h=h_0$，亦即 $\partial p/\partial x=0$，这表示油压沿 $x$ 轴方向无变化。如果不提供压力油，则油膜对外载荷无承载能力。

若各油层的速度分布规律如图 3-3 中的虚线所示，那么进入间隙的油量必然大于流出间隙的油量。则进入此楔形空间的过剩油量，必将由进口 $a$ 及出口 $c$ 两处截面被挤出，即产生一种因压力而引起的流动，结果便形成如图中实线所示的速度分布规律。

在 $ab(h>h_0)$ 段，$\partial p/\partial x>0$，即压力沿 $x$ 方向逐渐增大；而在 $bc(h<h_0)$ 段，即 $\partial p/\partial x<0$，这表明压力沿 $x$ 方向逐渐降低。在 $a$ 和 $c$ 之间必有一处（$b$ 点）的油流速度变化规律不变，即 $\partial p/\partial x=0$，因而压力 $p$ 达到最大值。由于油膜沿着 $x$ 方向各处的油压都大于入口和出口的油压，且压力形成如图 3-3（a）上部曲线所示的分布，因而能承受一定的外载荷。

(2) 被油膜分开的两表面必须有一定的相对滑动速度。由上式可知，若将速度 $v$ 降低，则 $\partial p/\partial x$ 亦将降低，此时油膜各点的压力强度也会随之降低。如 $v$ 降低过多，油膜将无法支持外载荷，而使两表面直接接触，致使油膜破裂，液体摩擦也就消失。

（3）为了能够形成液体动压油膜，润滑油必须要有一定的黏性。

（4）为了能够形成液体动压油膜，还需要提供足够充足的供油量。

## 3.2　思考题与参考答案

3-1　根据摩擦状态，摩擦的分类及其特点如何？

答：（1）干摩擦：两接触表面间无任何润滑介质存在时的摩擦。

（2）流体摩擦：两接触表面被一层连续不断的流体润滑膜完全隔开时的摩擦。

（3）边界摩擦：两接触表面上有一层极薄的边界膜（吸附膜或反应膜）存在时的摩擦。

（4）混合摩擦：两接触表面同时存在着流体摩擦、边界摩擦和干摩擦的混合状态时的摩擦。

混合摩擦一般是以半干摩擦和半流体摩擦的形式出现：

1）半干摩擦：两接触表面同时存在着干摩擦和边界摩擦的混合摩擦。

2）半流体摩擦：两接触表面同时存在着边界摩擦和流体摩擦的混合摩擦。

3-2　简述黏附理论关于摩擦力产生的原因。

答：黏附理论认为两个金属表面在法向载荷作用下的接触面积，并非两个金属表面互相覆盖的公称接触面积（或叫表观接触面积）$A_0$，而是由一些表面轮廓峰相接触所形成的接触斑点的微面积的总和，即真实接触面积$A_r$。由于真实接触面积很小，因此可以认为轮廓峰接触区所受的压力很高。当接触区受到高压而产生塑性变形后，这些微小接触面便发生黏附现象，形成冷焊结点。当接触面相对滑动时，这些冷焊结点就被切开。摩擦力产生的原因即表面凸峰之间的“焊-剪-刨”作用。

3-3　什么叫磨损？磨损主要有几种？如何防止和减轻磨损？

答：运动副表面的摩擦导致表面材料的逐渐消失或转移，称为磨损。

（1）按破坏机理主要分为四种，即黏着磨损，接触疲劳磨损，磨料磨损和腐蚀磨损。

（2）1）在摩擦面间加入润滑剂；2）正确选择合适组合的材料；3）进行表面处理；4）合理设计结构；5）改善工作条件。

3-4　试述润滑的作用。

答：润滑在机械设备的正常运转、维护保养中起重要作用。它可以控制摩擦、减少磨损、降温冷却、防止摩擦面生锈腐蚀、密封、传递动力和减少振动等作用。

3-5　润滑剂有哪几类？添加剂的作用是什么？

答：润滑剂有液体润滑剂、气体润滑剂、润滑脂和固体润滑剂。在润滑油之中加入添加剂可以大幅提高其工作性能，常用的润滑油添加剂有硫系、磷系、氯系和复合添加剂。

3-6　简述流体动压润滑的机理。

答：利用摩擦副表面相对运动，将流体带入摩擦面楔形间隙，自行产生足够厚的压力油膜把摩擦面分开并平衡外载荷的流体润滑。

## 3.3 自 测 题

3-1 现在把研究有关摩擦、磨损与润滑的科学与技术统称为________。

A. 摩擦理论　　B. 磨损理论　　C. 润滑理论　　D. 摩擦学

3-2 两相对滑动的接触表面，依靠吸附的油膜进行润滑的摩擦状态称为________。

A. 液体摩擦　　B. 干摩擦　　C. 混合摩擦　　D. 边界摩擦

3-3 两摩擦表面间的膜厚比 $\lambda=0.4\sim3$ 时，其摩擦状态为________；

两摩擦表面间的膜厚比 $\lambda<0.4$ 时，其摩擦状态为________；

两摩擦表面间的膜厚比 $\lambda>3\sim5$ 时，其摩擦状态为________。

A. 液体摩擦　　B. 干摩擦　　C. 混合摩擦　　D. 边界摩擦

3-4 采用含有油性和极压添加剂的润滑剂，主要是为了减小________。

A. 黏着磨损　　B. 表面疲劳磨损　　C. 磨粒磨损　　D. 腐蚀磨损

3-5 通过大量试验，得出摩擦副的磨损过程图（磨损量 $q$ 与时间 $t$ 的关系曲线），图 3-4 中________是正确的。

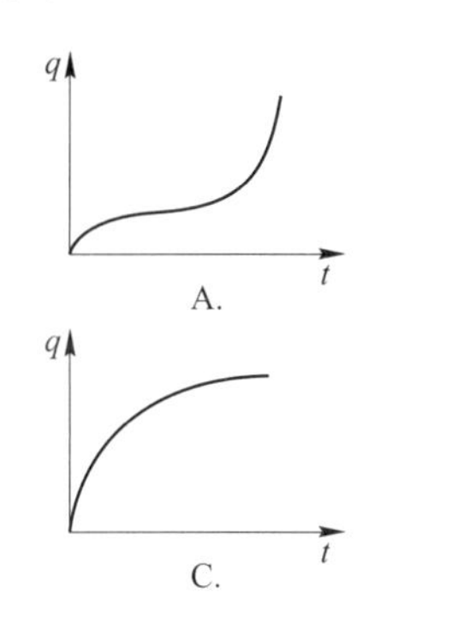

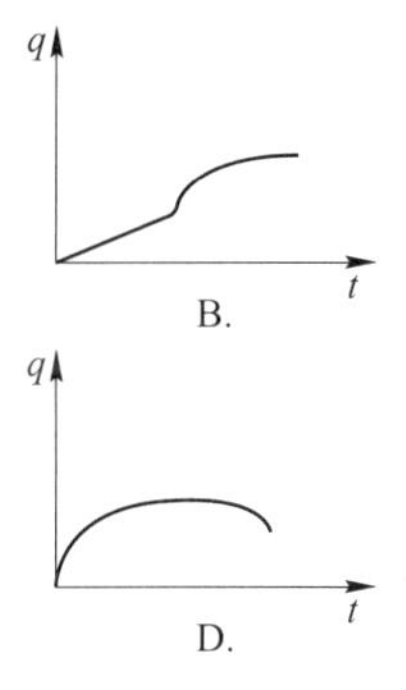


图 3-4　自测题 3-5 图

3-6 根据牛顿液体黏性定律，大多数润滑油油层间相对滑动时所产生的切应力 $\tau$ 与偏导数 $\partial v/\partial y$ 之间的关系是________。

A. $\tau=-\eta\dfrac{\partial v}{\partial y}$　　B. $\tau=-\eta\left(\dfrac{\partial v}{\partial y}\right)^2$　　C. $\tau=-\eta\Big/\dfrac{\partial v}{\partial y}$　　D. $\tau=-\eta\Big/\left(\dfrac{\partial v}{\partial y}\right)^2$

3-7 动力黏度 $\eta$ 的国际单位制（SI）单位为________。

A. 泊（p）　　B. 厘斯（cst）　　C. 恩氏度（°E）　　D. 帕・秒（Pa・s）

3-8 运动黏度 $\nu$ 是动力黏度 $\eta$ 与同温下润滑油________的比值。

A. 密度 $\rho$　　B. 质量 $m$　　C. 相对密度 $d$　　D. 速度 $v$

3-9 运动黏度 $\nu$ 的国际单位制（SI）单位为________。

A. $m^2/s$　　B. 厘斯（cst）　　C. 厘泊（cp）　　D. 帕・秒（Pa・s）

3-10 当压力加大时，润滑油的黏度________。

A. 随之加大　　B. 保持不变

C. 随之减小　　D. 增大还有减小或不变，视润滑油性质而定

3-11 当温度升高时，润滑油的黏度________。

A. 随之升高　　　　B. 随之降低
C. 保持不变　　　　D. 升高或降低视润滑油性质而定

## 3.4　自测题参考答案

3-1　D　3-2　D　3-3　C、D、A　3-4　A　3-5　A　3-6　A　3-7　D　3-8　A
3-9　A　3-10　A　3-11　B

# 4 螺 纹 连 接

## 4.1 主要内容及学习要点

本章需要熟悉螺纹及螺纹连接的基本知识，重点掌握螺栓组联接的设计计算方法（包括单个螺栓联接的预紧、强度计算、螺栓组结构设计和受力分析），了解提高螺栓连接强度的措施等方面的内容。

### 4.1.1 概述

（1）作用。螺纹起连接和传动的作用，起连接作用的螺纹称为连接螺纹；起传动作用的螺纹称为传动螺纹。

（2）螺纹的形成。

螺纹：是由刀具做直线运动和工件做旋转运动形成的。

螺纹线：是由转动与直线运动复合而成。

螺纹牙：是由某一个形状小面积沿螺旋线运动而形成。

（3）螺纹的种类。螺纹的母体形状有圆柱和圆锥两种类型，并且有外螺纹和内螺纹。

牙型形状：包括三角形、矩形、梯形和锯齿形等，常见牙型形状如图 4-1 所示。

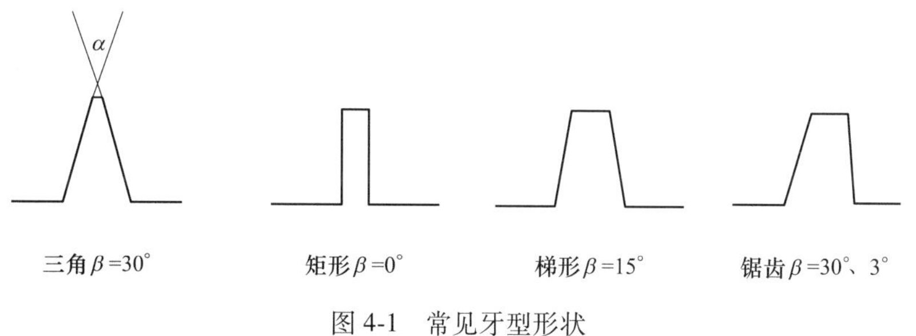


图 4-1　常见牙型形状

旋向：有右旋和左旋，多数用右旋。

线数：包括单线螺纹、双线螺纹和多线螺纹，沿一根螺旋线形成的螺纹称为单线螺纹；沿二根螺旋线形成的螺纹称为双线螺纹；沿三根以上螺旋线形成的螺纹称为多线螺纹。

常用的联接螺纹要求自锁性，故多用单线螺纹；传动螺纹要求传动效率高，故多用双线或三线螺纹。

标准制：包括米制和英制。我国多采用米制螺纹，而管螺纹采用英制。

（4）主要尺寸、参数。

1）外径 $d$：螺纹的最大直径，在标准中定为公称直径。

2）内径 $d_1$：螺纹的最小直径，在强度计算中常作为螺杆危险截面的计算直径。

3）中径 $d_2$：近似等于螺纹的平均直径。

4）螺距 $t$：相邻两牙中径线上对应轴线间的距离。

5）导程 $S$：沿着同一条螺旋线相邻两牙的轴向距离；对于单线螺纹，导程等于螺距，即 $S=t$；对于双线螺纹，导程等于 2 倍螺距，即 $S=2t$，如图 4-2 所示；对于多线螺纹，导程等于 $n$ 倍螺距，即 $S=nt$，其中 $n$ 为头数。

6）螺旋线升角 $\lambda$：是指螺旋线与水平线的夹角，如图 4-3 所示，其计算公式如下：

$$\tan\lambda = \frac{S}{\pi d_2}$$

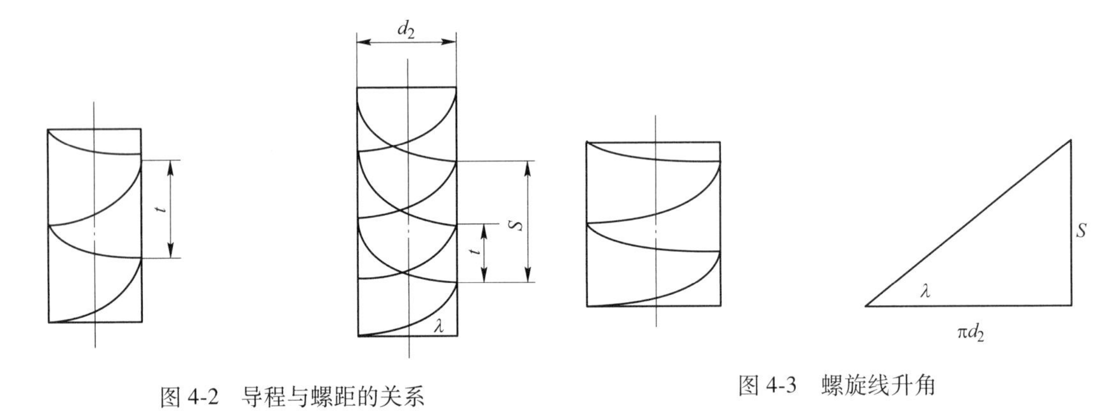


图 4-2　导程与螺距的关系

图 4-3　螺旋线升角

7）牙型角 $\alpha$：是指牙型两侧边之间的夹角。

8）牙型斜角 $\beta$：是指牙型侧边与垂直于轴线之间的夹角。

9）牙的工作高度 $h$：是指内外螺纹旋合后配合面的径向高度。

### 4.1.2　各种螺纹的特点及应用

表 4-1 比较了各种螺纹的自锁性、传递效率、加工难易程度和牙根强度。

当螺旋线升角小于当量摩擦角时，便具有自锁性，即 $\lambda<\psi_v$，根据综合摩擦系数计算公式：

$$f' = \frac{f}{\cos\beta}$$

**表 4-1　各种螺纹的特点**

| 类型 | 牙型斜角 $\beta$ | 自锁 | 传递效率 $\eta$ | 加工难度 | 牙根强度 |
|---|---|---|---|---|---|
| 三角 | 30° | 1 | 4 | 4 | 1 |
| 矩形 | 0° | 4 | 1 | 1 | 4 |
| 梯形 | 15° | 2 | 3 | 3 | 2 |
| 锯齿 | 3°<br>30° | 3 | 2 | 2 | 3 |

可知牙型斜角$\beta$越大，$\cos\beta$越小，综合摩擦系数$f'$越大，当量摩擦角$\psi_v$就越大，自锁性越好，因此，三角形牙型自锁性最好；牙型斜角$\beta$越小越不容易加工，因此，矩形螺纹最不容易加工。

根据传动效率计算公式：

$$\eta = \frac{\tan\lambda}{\tan(\lambda + \psi_v)}$$

可知当量摩擦角$\psi_v$越大，传动效率$\eta$越低，三角形螺纹通常用于联接，矩形螺纹和梯形螺纹主要用于传动。

### 4.1.3　螺纹联接

（1）类型。

图4-4给出了普通螺栓联接的结构简图，从图中可以看出，螺杆与孔之间有一定的间隙。

图4-5给出了铰制孔螺栓联接的结构简图，从图中可以看出，螺杆与孔之间无间隙，有配合。

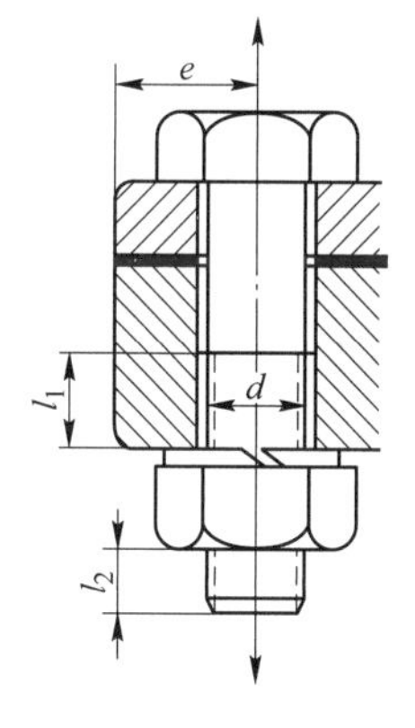

图4-4　普通螺栓联接

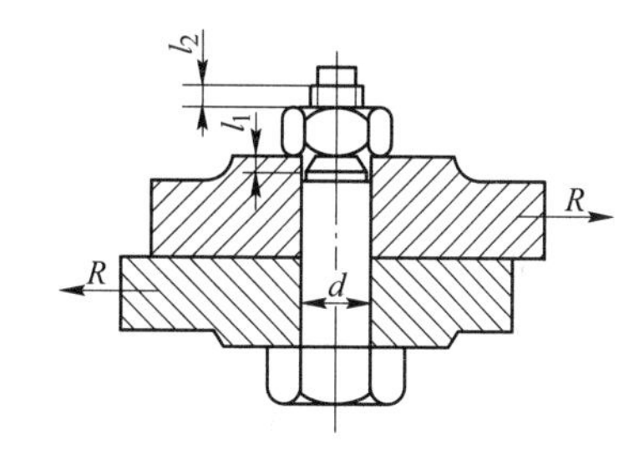

图4-5　铰制孔螺栓联接

图4-6给出了双头螺柱联接的结构简图，从图中可以看出，这种联接适用于结构上不能采用螺栓联接的场合，例如被联接件之一太厚不宜制成通孔，且需要经常拆装时，往往采用双头螺柱联接。

图4-7给出了螺钉联接的结构简图，从图中可以看出，这种联接在结构上比双头螺柱联接简单、紧凑。其用途和双头螺柱联接相似，但如经常拆装时，易使螺纹孔磨损，故多用于受力不大，或不需要经常拆装的场合。

图4-8和图4-9给出了紧定螺钉联接的结构简图，当需要把轴上零件与轴联接在一起，联接强度不大时，可以采用紧定螺钉联接。带平底的紧定螺钉联接拧紧后与轴紧贴，则与轴表面有摩擦力，联接力不大，其结构如图4-8所示。

带顶尖的紧定螺钉联接需要在轴上挖一凹槽，头部有顶尖，比第一个联接力要大一些，不会转动，也不会轴向移动，其结构如图4-9所示。

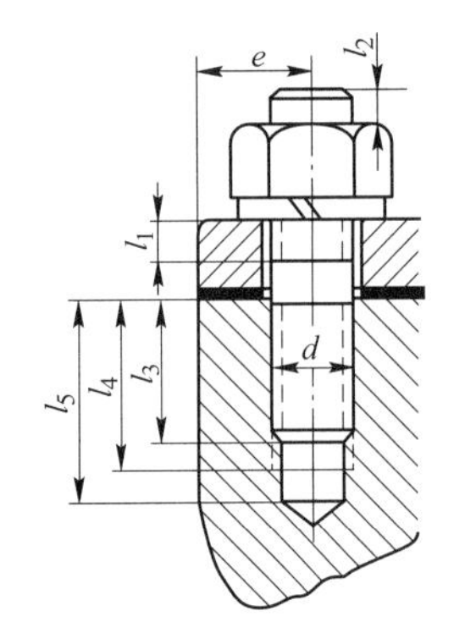


图 4-6 双头螺柱联接

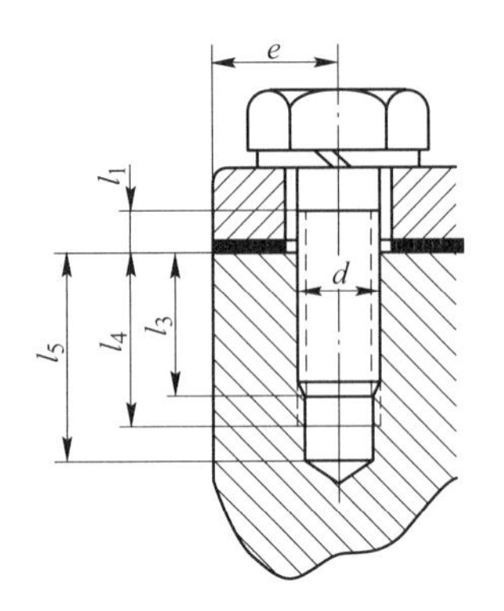


图 4-7 螺钉联接

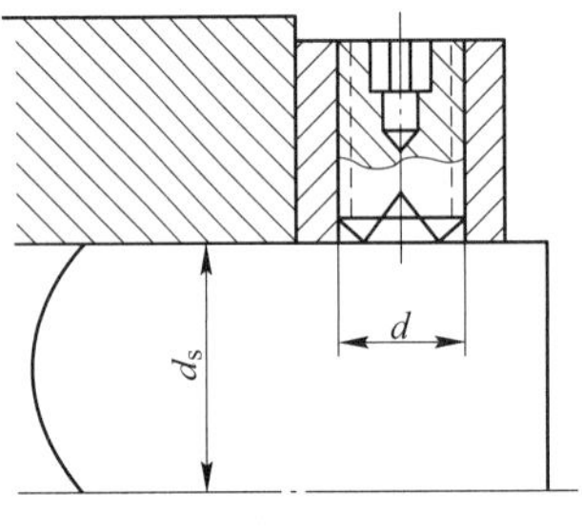


图 4-8 平底的紧定螺钉联接

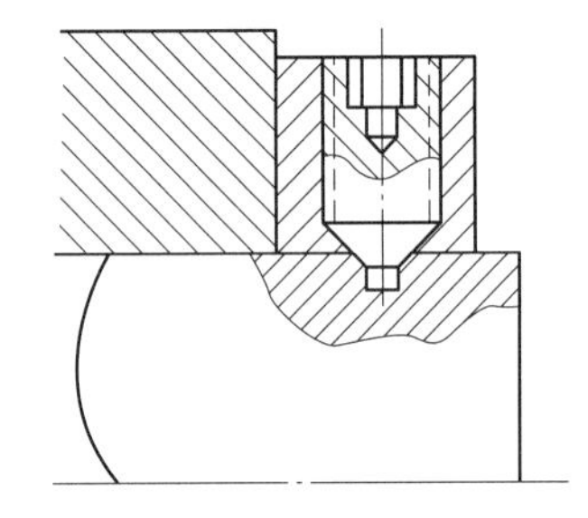

图 4-9 带顶尖的紧定螺钉联接

（2）装配形式。普通螺栓联接是孔的尺寸>轴的尺寸，属于松配，受拉应力作用。铰制孔螺栓联接是孔的尺寸=轴的尺寸，属于紧配，受剪应力作用。

（3）安装形式。对于紧螺栓，在安装过程中螺母需要拧紧，处于拉伸与扭转复合应力状态下。对于松螺栓，在安装过程中螺母不需要拧紧，在承受工作载荷之前，螺栓不受力。例如起重吊钩等。

（4）螺纹零件。螺纹零件均已经标准化，选用时可查阅《机械设计课程设计手册》（文献[7]），其精度等级分为 A、B、C，A 级精度最高，通常用 C 级。

### 4.1.4 拧紧

在使用上，绝大多数螺纹联接在装配时都必须拧紧；预紧的目的在于增强联接的可靠性和紧密性。预紧力的大小是通过拧紧力矩来控制的，因此，应从理论上找出预紧力和拧紧力矩之间的关系。

如图 4-10 所示，由于拧紧力矩 $T(T=FL)$ 的作用，使螺栓和被联接件之间产生预紧力 $Q_p$。由《机械原理》可知，拧紧力矩 $T$ 等于螺旋副间的摩擦阻力矩 $T_1$ 和螺母环形端面和被联接件（或垫圈）支撑面间的摩擦阻力矩 $T_2$ 之和，即：

$$T = T_1 + T_2 = k_t \cdot Q_p \cdot d$$

式中，$k_t$ 为拧紧系数，$k_t=0.1\sim0.3$；$Q_p$ 为预紧力；$d$ 为螺栓的公称直径。

对于一定公称直径 $d$ 的螺栓，当所要求的预紧力 $Q_p$ 已知时，即可按上式确定扳手的拧紧力矩 $T$。控制预紧力的方法很多，主要有以下两种方法：

（1）根据经验、伸长、圈数来判断拧紧力的大小；

（2）用测力矩扳手或定力矩扳手。

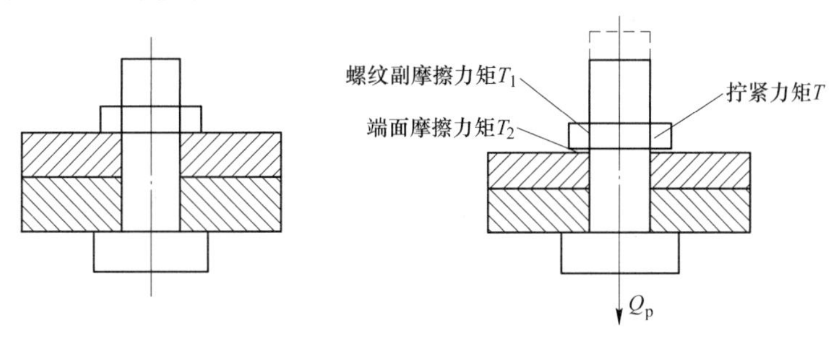


图 4-10　拧紧力矩与摩擦力矩

### 4.1.5　螺栓组的受力分析

绝大多数情况下，螺栓都是成组使用的，并且在这一组中，螺栓规格完全一致。螺栓组受力分析的目的是：求出受力最大的螺栓及其所受的力。下面针对几种典型的受载情况，分别加以讨论。

（1）受轴向载荷的螺栓组联接。图 4-11 为一受轴向总载荷 $F_\Sigma$ 的汽缸盖螺栓组联接。$F_\Sigma$ 的作用线与螺栓轴线平行，根据螺栓的静力平衡及变形协调条件，每个螺栓所受的轴向工作载荷为：

$$F=\frac{F_\Sigma}{z}$$

式中，$z$ 为螺栓数目。

（2）受横向载荷的螺栓组联接。

1）松配（普通螺栓联接）。图 4-12 所示为一由螺栓组成的受横向载荷的螺栓组联接。横向载荷的作用线与螺栓轴线垂直，当采用普通螺栓联接时，靠联接预紧后在结合面间产生的摩擦力来抵抗横向载荷。

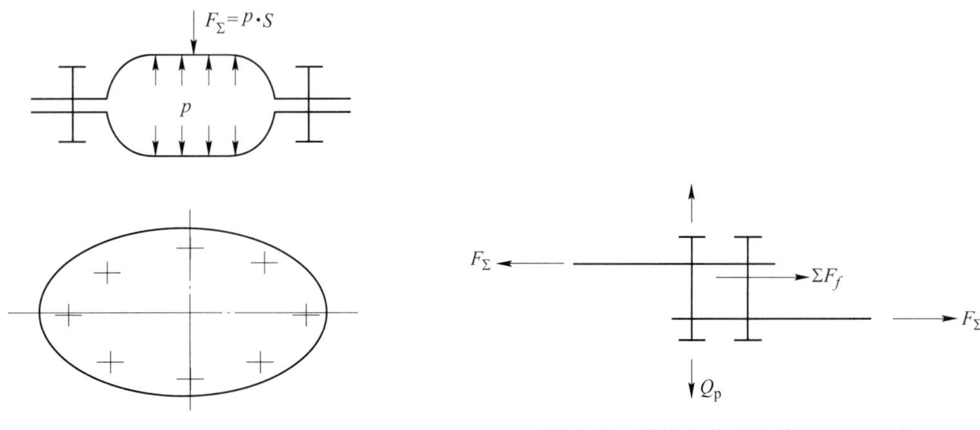


图 4-11　汽缸盖螺栓组联接

图 4-12　受横向载荷的普通螺栓联接

对于普通螺栓联接，应保证联接预紧后，结合面间所产生的最大摩擦力必须大于或等于横向载荷。假设各螺栓所需要的预紧力均为 $Q_p$，螺栓数目为 $z$，则其平衡条件为（靠摩擦力与外载荷保持平衡）：

$$\sum F_f = \sum F$$

将螺栓预紧力在结合面所产生的摩擦力及成组螺栓的个数代入上式可得：

$$z \cdot Q_p \cdot f = \sum F \cdot k_s$$

式中，$k_s$为防滑系数，其值在 1.1~1.3 范围内选取；若考虑有 $i$ 个结合面数，则上式变为

$$i \cdot z \cdot Q_p \cdot f = \sum F \cdot k_s$$

由此可得到预紧力的计算公式：

$$Q_p = \frac{k_s \cdot \sum F}{i \cdot f \cdot z}$$

2）紧配（铰制孔螺栓联接）。当采用紧配螺栓联接时，靠螺栓杆受剪切和挤压来抵抗横向载荷，如图 4-13 所示，因此，每个螺栓所受的横向工作剪力为：

$$F = \frac{\sum F}{z}$$

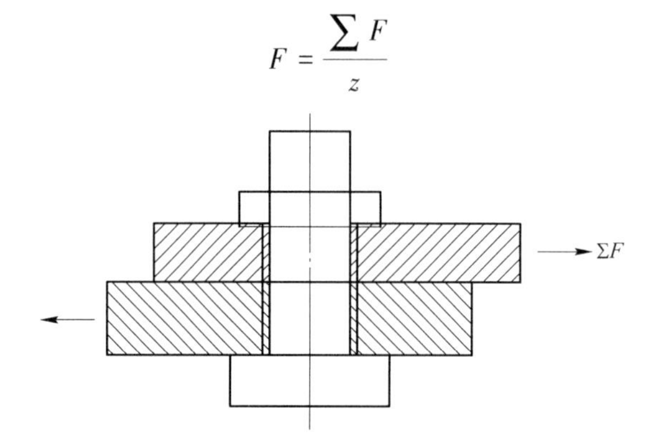


图 4-13 受横向载荷的铰制孔螺栓联接

（3）受转矩的螺栓组联接。

1）松配（普通螺栓联接）。当采用普通螺栓时，靠联接预紧后在结合面间产生的摩擦力矩来抵抗转矩 $T$，如图 4-14 所示。

根据作用在底板上的力矩平衡的条件可得：

$$f \cdot Q_p \cdot r_1 + f \cdot Q_p \cdot r_2 + \cdots + f \cdot Q_p \cdot r_z = T \cdot k_s$$

由上式可得各螺栓所需的预紧力为：

$$Q_p = \frac{T \cdot k_s}{f \cdot (r_1 + r_2 + \cdots + r_z)} = \frac{k_s \cdot T}{f \sum_{i=1}^{z} r_i}$$

式中，$f$ 为结合面的摩擦系数；$r_i$为第 $i$ 个螺栓的轴线到螺栓组对称中心 $O$ 的距离；$z$ 为螺栓数目；$k_s$为防滑系数，同前。

2）紧配（铰制孔螺栓联接）。当采用紧配螺栓时，在转矩 $T$ 的作用下，各螺栓受到剪切和挤压作用，则各螺栓的剪切变形量与各螺栓轴线到螺栓组对称中心 $O$ 的距离成正比。即距螺栓组对称中心 $O$ 越远，螺栓的剪切变形量越大，其所受的工作剪力也越大。

如图 4-14 所示，用 $r_i$、$r_{\max}$ 分别表示第 $i$ 个螺栓和受力最大螺栓的轴线到螺栓组对称中心 $O$ 的距离；$F_i$、$F_{\max}$ 分别表示第 $i$ 个螺栓和受力最大螺栓的工作剪力，则得：

$$\frac{F_{\max}}{r_{\max}} = \frac{F_i}{r_i}$$

上式可变形为：

$$F_i = F_{\max} \cdot \frac{r_i}{r_{\max}}$$

根据作用在底板上的力矩平衡的条件可得：

$$F_1 \cdot r_1 + F_2 \cdot r_2 + \cdots + F_z \cdot r_z = T$$

上式可以写成如下形式：

$$\sum_{i=1}^{z} F_i \cdot r_i = T$$

再将 $F_i = \frac{F_{\max}}{r_{\max}} \cdot r_i$ 代入上式可求得受力最大螺栓的工作剪力为：

$$F_{\max} = \frac{T \cdot r_{\max}}{\sum_{i=1}^{z} r_i^2}$$

（4）受倾覆力矩 $M$。在倾覆力矩 $M$ 的作用下，轴线左边的螺栓将受到工作拉力 $F$，而轴线右边的螺栓的预紧力将减小，如图 4-15 所示。

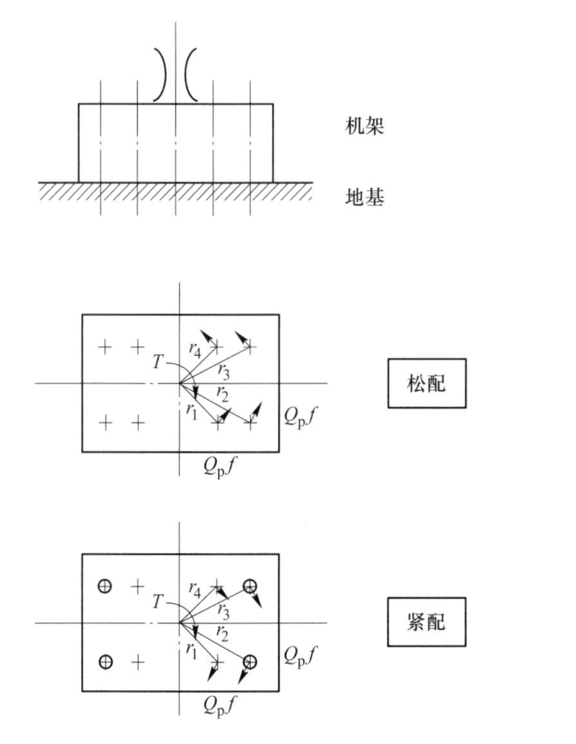


图 4-14 受转矩的普通螺栓联接与铰制孔螺栓组联接

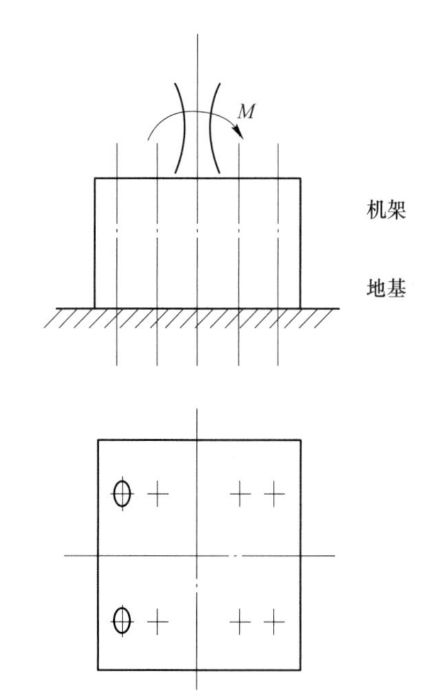


图 4-15 受倾覆力矩的螺栓组联接

根据底板的静力平衡条件有：

$$M = F_1 \cdot r_1 + F_2 \cdot r_2 + \cdots + F_z \cdot r_z$$

根据螺栓的变形协调条件得知，各螺栓的工作拉力也与这个距离成正比，于是有：

$$\frac{F_{\max}}{r_{\max}} = \frac{F_i}{r_i}$$

各螺栓的工作拉力即可通过联立以上两式求出。在图 4-15 中左边距底板翻转轴线最远的螺栓的工作拉力最大，其计算公式为：

$$F_{\max} = \frac{M \cdot r_{\max}}{\sum_{i=1}^{z} r_i^2}$$

一般来说，其他形式的螺栓受力也可这样分析，其中有些还是上述四种的特例或组合。

### 4.1.6 失效分析与计算准则

无论螺栓组受何种形式载荷，对单个螺栓联接而言，其受力的形式不外乎是受轴向力或受横向力。受轴向载荷的螺栓失效形式是断裂和塑性变形，受横向载荷的螺栓失效形式是剪断和压溃。其计算准则是：

为了防止产生断裂失效，需要满足：

$$\sigma \leqslant [\sigma]$$

为了防止产生剪断失效，需要满足：

$$\tau \leqslant [\tau]$$

为了防止产生压溃失效，需要满足：

$$\sigma_{\mathrm{p}} \leqslant [\sigma_{\mathrm{p}}]$$

对于受拉螺栓，其主要破坏形式是螺栓杆螺纹部分发生断裂，因而其设计准则是保证螺栓的静力拉伸强度；对于受剪螺栓，其主要破坏形式是螺栓杆和孔壁间压溃或螺栓杆被剪断，其设计准则是保证联接的挤压强度和螺栓的剪切强度。

### 4.1.7 单个螺栓的受力分析

#### 4.1.7.1 受轴向载荷

（1）松螺栓联接。松螺栓联接装配时，螺母不需要拧紧。在承受工作载荷之前，螺栓不受力。例如起重吊钩等的螺纹连接均属此类。

现以起重吊钩的螺纹联接为例，说明松螺栓联接的强度计算方法。当联接承受工作载荷 $F$ 时，螺栓所受的工作拉力为 $F$，$\sigma$ 为拉应力，则螺栓危险截面的拉伸强度条件为：

$$\sigma = \frac{F}{\frac{\pi}{4} \cdot d_1^2} \leqslant [\sigma]$$

由上式可以推导出螺栓危险截面的直径：

$$d_1 \geqslant \sqrt{\frac{4F}{\pi[\sigma]}}$$

式中，$d_1$为螺栓危险截面的直径，mm；$[\sigma]$ 为螺栓材料的许用应力，MPa。

（2）只受预紧力。紧螺栓联接装配时，螺母需要拧紧，在拧紧力矩作用下，螺栓除受预紧力 $Q_p$的拉伸而产生拉伸应力外，还受螺纹摩擦力矩 $T_1$的扭转而产生扭转剪应力，使螺栓处于拉伸与扭转的复合应力状态下。螺栓危险截面的拉伸应力为：

$$\sigma = \frac{Q_p}{\frac{\pi}{4}d_1^2}$$

螺栓危险截面的扭转剪应力为：

$$\tau = \frac{T_1}{\frac{\pi}{16}d_1^3}$$

把参数代入上式后可得：

$$\tau \approx 0.5\sigma$$

根据第四强度理论，求出螺栓预紧状态下的计算应力为：

$$\sigma_{ca} = \sqrt{\sigma^2 + 3\tau^2} = \sqrt{\sigma^2 + 3(0.5\sigma)^2} \approx 1.3\sigma \leqslant [\sigma]$$

由此可得：

$$d_1 \geqslant \sqrt{\frac{4 \times 1.3Q_p}{\pi \cdot [\sigma]}}$$

由此可见，紧螺栓联接在拧紧时虽是同时承受拉伸和扭转的联合作用，但在计算时，可以只按拉伸强度计算，并将所受的拉力（预紧力）增大 30%来考虑扭转的影响。

（3）受预紧力和轴向外载。受预紧力和轴向外载作用的压力气缸螺栓联接如图 4-16 所示，请问如果螺栓受预紧力 $Q_p$ 和轴向外载 $F$ 同时作用，那么螺栓所受的总载荷是否等于预紧力和轴向外载之和?

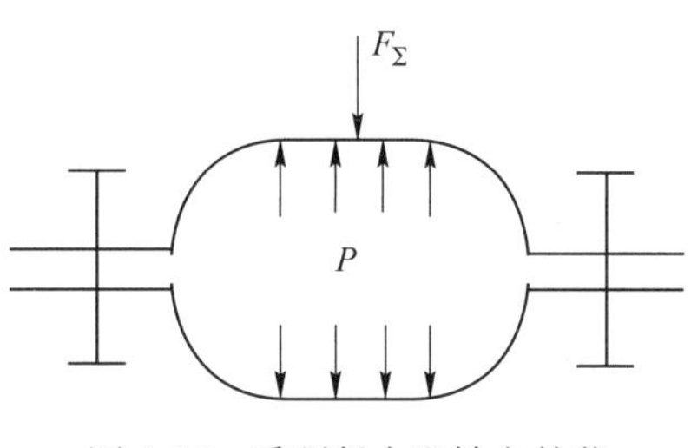

图 4-16　受预紧力和轴向外载作用的压力气缸

每个螺栓所受的工作载荷：

$$F = F_\Sigma / z$$

这种紧螺栓联接承受轴向拉伸工作载荷后，由于螺栓和被联接件的弹性变形，螺栓所受的总拉力并不等于预紧力和工作拉力之和，应从分析螺栓联接的受力和变形的关系入手，找出螺栓总拉力的大小。

单个螺栓联接在承受轴向拉伸载荷前后的受力及变形如图 4-17 和表 4-2 所示，图 4-17（a）是螺母刚好拧到和被联接件相接触，但尚未拧紧。此时，螺栓和被联接件都不受力，因而也不产生变形。

图 4-17（b）是螺母已拧紧，但尚未承受工作载荷。此时，螺栓受预紧力 $Q_p$的拉伸作用，其伸长量为 $\lambda_b$。相反，被联接件则在 $Q_p$的压缩作用下，其压缩量为 $\lambda_m$。

图 4-17（c）是承受工作载荷时的情况。当螺栓承受工作载荷后，因所受的拉力由 $Q_p$ 增至 $Q$ 而继续伸长，其伸长量增加 $\Delta\lambda$，总伸长量为 $\lambda_b+\Delta\lambda$。与此同时，原来被压缩的被

联接件，因螺栓伸长而被放松，其压缩量也随着减小。根据联接的变形协调条件，则被联接件压缩变形的减小量应等于螺栓拉伸变形的增加量 $\Delta\lambda$。因而，总压缩量为 $\lambda'_m=\lambda_m-\Delta\lambda$。而被联接件的压缩力由 $Q_p$减至 $Q'_p$。$Q'_p$称为残余预紧力。

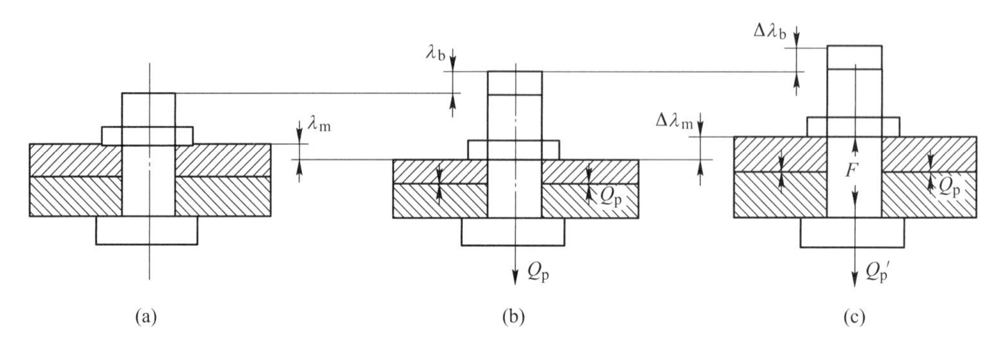


图 4-17　承受轴向拉伸载荷前后的受力及变形示意图

（a）螺母未拧紧；（b）螺母已拧紧；（c）已承受工作载荷

**表 4-2　单个螺栓联接在承受轴向拉伸载荷前后的受力及变形**

| （a）螺母未拧紧 | | （b）螺母已拧紧 | | （c）已承受工作载荷 | |
|---|---|---|---|---|---|
| | | 联接件 | 被联接件 | 联接件 | 被联接件 |
| | | $Q_p$ | $Q_p$ | $Q$ | $Q'_p$ |
| | | $\lambda_b$ | $\lambda_m$ | $\lambda_b+\Delta\lambda_b$ | $\lambda_m-\Delta\lambda_m$ |

显然，联接受载后，由于预紧力的变化，螺栓的总拉力 $Q$ 并不等于预紧力 $Q_p$与工作拉力 $F$ 之和，而等于残余预紧力 $Q'_p$与工作拉力 $F$ 之和。

上述的螺栓和被联接件的受力和变形关系，还可以用线图表示。图 4-18 分别表示螺栓和被联接件的受力与变形的关系。由图可见，在联接尚未承受工作拉力 $F$ 时，螺栓的拉力和被联接件的压缩力都等于预紧力 $Q_p$。因此，为分析上的方便，可将图 4-18 合并成图 4-19。

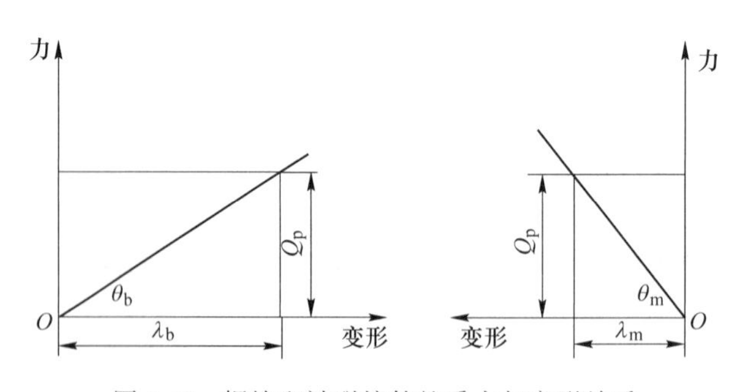


图 4-18　螺栓和被联接件的受力与变形关系

如图 4-19 所示，当联接承受工作载荷 $F$ 时，螺栓的总拉力为 $Q$，相应的总伸长量 $\lambda_b+\Delta\lambda$；被联接件的压缩力等于残余预紧力 $Q'_p$，相应的总压缩量为 $\lambda'_m=\lambda_m-\Delta\lambda$。由图可见，螺栓的总拉力 $Q$ 等于残余预紧力 $Q'_p$与工作拉力 $F$ 之和，即：

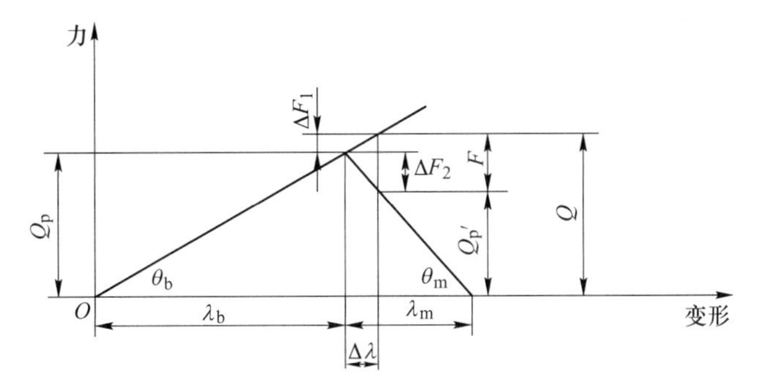


图 4-19　单个螺栓联接受力变形线合成图

$$Q = Q'_p + F$$

螺栓的预紧力 $Q_p$ 与残余预紧力 $Q'_p$、总拉力 $Q$ 的关系，可由图 4-19 中的几何关系推出。由图 4-19 可得：

$$\tan\theta_b = \frac{Q_p}{\lambda_b} = C_b \qquad \tan\theta_m = \frac{Q_p}{\lambda_m} = C_m$$

式中，$C_b$、$C_m$ 分别表示螺栓和被联接件的刚度。由图 4-19 得，螺栓的总拉力为：

$$Q = Q_p + \Delta F_1 = Q_p + \frac{C_b}{C_b + C_m} \cdot F$$

螺栓的残余预紧力为：

$$Q'_p = Q_p - \Delta F_2 = Q_p - \frac{C_m}{C_b + C_m} \cdot F$$

为了保证联接的紧密性，以防止联接受载后结合面间产生缝隙，应使 $Q'_p>0$。推荐采用 $Q'_p$ 为：

对于有密封性要求的联接：　　$Q'_p = (1.5 \sim 1.8)F$

对于一般联接，工作载荷稳定：　　$Q'_p = (0.2 \sim 0.6)F$

工作载荷不稳定时：　　$Q'_p = (0.6 \sim 1.0)F$

对于地脚螺栓联接：　　$Q'_p \geqslant F$

设计时可先根据联接的受载情况，求出螺栓的工作拉力 $F$；再根据联接的工作要求选取 $Q'_p$ 值；然后按教材式（4-25）计算螺栓的总拉力 $Q$。求得 $Q$ 值后即可进行螺栓强度计算。考虑到螺栓在总拉力 $Q$ 的作用下，可能需要补充拧紧，故仿前将总拉力增加 30%以考虑扭转剪应力的影响。

于是根据螺栓危险截面的拉伸强度条件，螺栓总拉力 $Q$ 会产生拉应力：

$$\sigma = \frac{Q}{\frac{1}{4}\pi d_1^2}$$

补充拧紧会产生螺纹摩擦力矩，其引起的剪应力计算公式如下：

$$\tau = \frac{T_1}{\frac{1}{16}\pi d_1^3}$$

按照第四强度理论：

$$\sigma_{ca}=\frac{1.3Q}{\frac{\pi}{4}d_1^2}\leqslant[\sigma]$$

从上式中可以求出所需要联接螺栓的直径尺寸：

$$d_1\geqslant\sqrt{\frac{4\times1.3Q}{\pi[\sigma]}}$$

4.1.7.2 受横向力

这种联接是利用配合螺栓抗剪来承受载荷 $R$ 的，如图 4-20 所示。螺栓与孔壁之间无间隙，接触表面受挤压；在联接结合面处，螺栓杆受剪切。因此，应分别按挤压及剪切强度条件计算。螺栓杆与孔壁的挤压强度条件为：

$$\sigma_p=\frac{R}{d_0L_{min}}\leqslant[\sigma]_p$$

螺栓杆的剪切强度条件为：

$$\tau=\frac{R}{\frac{\pi}{4}d_0^2}\leqslant[\tau]$$

式中，$R$ 为螺栓所受的工作剪力，N；$d_0$ 为螺栓剪切面的光杆直径，mm；$L_{min}$ 为螺栓杆与孔壁挤压面的最小高度；$[\sigma]_p$ 为螺栓或孔壁材料的许用挤压应力，MPa；一般情况下，按被联接件查许用挤压应力；$[\tau]$ 为螺栓材料的许用剪切应力，MPa。

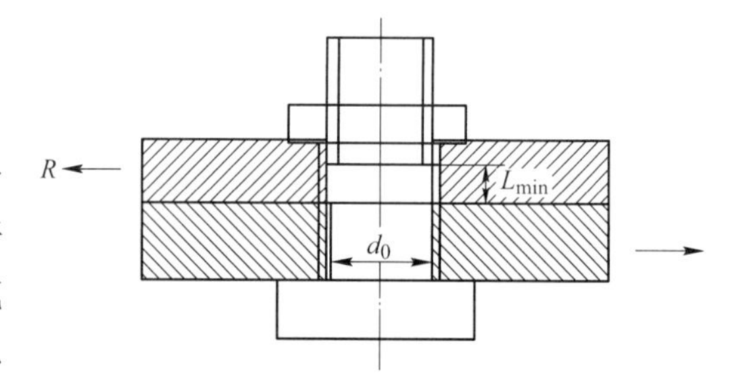


图 4-20 承受横向力的紧螺栓联接

## 4.2 思考题与参考答案

4-1 联接螺纹的主要特点是什么？

答：联接可靠，自锁性能好，升角 $\lambda$ 小，当量摩擦系数 $f'$ 大。

4-2 螺纹的主要参数有哪些？螺距与导程，牙型角与牙型斜角有何不同？

答：主要参数：外径 $d$，内径 $d_1$、中径 $d_2$、螺距 $t$、导程 $S$、线数 $n$、升角 $\lambda$、牙型角 $\alpha$、牙型斜角 $\beta$。

螺距是相邻两牙在中径线上对应两点间的轴向距离，用 $t$ 表示。导程是同一条螺旋线上的相邻两牙在中径线上对应两点间的轴向距离，用 $S$ 表示。对于单线螺纹，导程与螺距相等，即 $S=t$。多线螺纹 $S=n\times t$。

牙型角是指螺纹轴向截面内，螺纹牙型两侧边的夹角。牙型斜角是螺纹齿型与垂直于轴线的平面夹角。

4-3 从结构上分，螺纹联接有几种主要类型？在应用上有何特点？

答：从结构上分，螺纹联接有 4 种类型。

（1）螺栓联接。无需在被联接件上切制螺纹，使用不受被联接件材料的限制，构造简单，装拆方便，应用最广。用于通孔，并能从联接两边进行装配的场合。

（2）双头螺柱联接。座端旋入并紧定在被联接件的螺纹孔中，用于受结构限制而不能用螺栓或希望联接结构较紧凑的场合。

（3）螺钉联接。不用螺母，而且能有光整的外露表面，应用与双头螺柱连接相似，不宜用于时常装拆的联接，以免损坏被联接件的螺纹孔。

（4）紧定螺钉联接。旋入被联接件之一的螺纹孔中其末端顶住另一被联接件的表面或顶入相应的坑中，以固定两个零件的相互位置，并可传递不大的力或扭矩。

4-4　什么是松联接？什么是紧联接？为什么一般的螺纹联接都用紧联接？

答：松联接是不拧紧；螺母不需要拧紧，在承受工作载荷之前，螺栓不受力。

紧联接是拧紧；螺母需要拧紧，处于拉伸和扭转复合应力状态下。

螺纹联接绝大多数在装配时都要拧紧，其目的在于增强联接的刚性，紧密性和防松能力。对于受横向载荷的螺栓联接，预紧可以增大联接中的摩擦力，避免在联接件间可能出现的相对运动，从而提高承载能力。对受拉螺栓联接增大预紧力可提高螺栓的疲劳强度。所以对大多数重要的螺栓联接，都要给出相应的预紧力或螺栓相对伸长量的规范，在装配时要严格按规范进行预紧。

4-5　什么是受拉螺栓联接和受剪螺栓联接？

答：受拉螺栓联接和受剪螺栓联接所受工作载荷都是垂直于螺栓轴线方向并通过螺栓组形心轴线的横向载荷。但受拉螺栓联接的结构特点是螺纹外径比被联接件的孔径略小，拧紧后螺栓受拉伸，被联接件被压紧。受剪螺栓联接的结构特点是螺纹外径与被联接件孔径之间具有一定配合精度，当联接受横向载荷后，螺栓杆将受剪切，同时与被联接件的孔壁互相挤压。

4-6　螺纹联接为什么要防松？防松装置有几种？

答：螺纹联接在冲击、振动或变载荷作用下，螺栓联接有可能逐渐松脱，引起联接失效，从而影响机器的正常运行甚至导致严重的事故。为了保证螺纹联接的安全可靠，防止松脱，应采取有效的防松措施。

常用的防松方法和装置有：

（1）摩擦防松：对顶螺母，弹簧垫圈，金属锁紧螺母，尼龙圈锁紧螺母；

（2）机械防松：开口销与槽型螺母，止动垫片，串联金属丝；

（3）永久防松：焊接防松，冲点防松，粘接防松。

4-7　螺栓联接的预紧力是怎样选择的？

答：通常情况下，拧紧后螺纹联接件的预紧力不得超过其材料的屈服极限的80%。

对于一般联接用的钢制螺纹联接的预紧力，一般的情况如下：碳素钢螺栓 $F \leqslant (0.6 \sim 0.7)\sigma_s A_s$；合金钢螺栓 $F \leqslant (0.5 \sim 0.6)\sigma_s A_s$。其中 $\sigma_s$ 代表螺栓材料的屈服极限；$A_s$ 代表螺栓危险截面的面积。

首先对拧紧螺栓时的受力情况进行分析，设拧紧时施加在扳手上的力矩 $T$，它是用来克服螺纹副之间的摩擦阻力矩 $T_1$ 和螺母支承面与被联接件之间的摩擦力矩 $T_2$ 之和，即 $T=T_1+T_2$。

4-8　受轴向载荷的紧螺栓联接中，预紧力 $F'$ 与剩余锁紧力 $F''$ 有何重要意义？

答：紧螺栓联接装配中，螺母拧紧后，在拧紧力矩下，螺栓受到预紧力 $F'$ 产生的拉伸应力和螺纹摩擦力矩产生的扭转剪应力，螺栓处于拉伸和扭转的复合应力状态下。预紧力$F'$为紧螺栓复合应力状态产生的原因之一。

而剩余预紧力是在紧螺栓受轴向拉伸工作载荷后，由于螺栓和被联接件的弹性变形，预紧力$F'$发生变化之后残余的预紧力，此时螺栓所受总拉力等于剩余预紧力$F''$与工作拉力之和。

4-9　螺栓总的拉力$F_0$为什么不等于预紧力$F'$和工作载荷$F$之和?

答：因为当螺栓承受工作载荷之后，因所受拉力增长而伸长。与此同时，原来被压缩的被联接件因螺栓伸长而被放松，其压缩量减小，因此被联接件的压缩力由预紧力$F'$变为剩余预紧力$F''$。此时螺栓所受总拉力等于剩余预紧力$F''$与工作拉力之和。

4-10　螺旋传动设计计算有哪些内容?

答：对于一般的传力螺旋，应以耐磨性计算和螺杆强度计算为主，再验算其他条件。对受压的长螺杆要验算其稳定性，有自锁要求的要验算其自锁条件。对传导螺旋则常按刚度条件确定其传动参数。

（1）耐磨性计算。通常采用限制螺纹工作表面的挤压应力的方法进行条件性计算，其强度条件为：

$$\sigma_p = \frac{Q}{\pi d_2 h_z} \leqslant [\sigma_p]$$

（2）螺杆强度计算。螺杆受轴向力$Q$和扭矩$T$的作用，其危险截面的合成应力及其强度条件为：

$$\sigma_e = \sqrt{\sigma^2 + 3\tau^2} = \sqrt{\left(\frac{4Q}{\pi d_1^2}\right)^2 + 3\left(\frac{T}{0.2d_1^3}\right)^2} \leqslant [\sigma]$$

（3）螺纹牙强度计算。螺纹牙的强度计算主要是计算螺母螺纹牙的剪切和弯曲强度。

剪切强度条件为：

$$\tau = \frac{Q}{\pi d z t_1^2} \leqslant [\tau]$$

弯曲强度条件为：

$$\sigma_b = \frac{M}{W} = \frac{3Qh}{\pi d z t_1^2} \leqslant [\sigma_b]$$

（4）螺纹副自锁条件校核。螺纹副实现自锁的条件是螺纹升角$\lambda$小于当量摩擦角$\psi_v$，但由于摩擦系数与很多因素有关，数值很不稳定，所以通常应满足$\lambda \leqslant \psi_v - (1° \sim 1.5°)$。

（5）螺杆的稳定性计算。稳定性校核计算式为$\frac{Q_c}{Q} \geqslant 2.5 \sim 4$。

（6）螺旋传动效率计算。螺旋传动的功率损失包括螺纹副和各支撑处相对运动的摩擦损失，所以传动效率应是这几部分效率的乘积，但主要部分是螺纹效率$\eta_1$。

$$\eta_1 = \frac{\tan\lambda}{\tan(\lambda + \psi_v)}$$

## 4.3　习题与参考答案

4-1　在教材《机械设计》中的图4-11所示的气缸盖联接中，已知容器内部工作压强

$p$ 从 0 到 1.6N/mm$^2$ 之间变化，气缸内径 $D=300$mm，螺栓中心分布圆直径 $D_1=400$mm，试设计此螺栓联接（橡胶垫片或铜片，石棉垫片）。

解：(1) 计算螺栓受力。

气缸盖最大压力 $F_Q=\frac{\pi D^2}{4}p=113097.34$N。

取螺栓组个数为 10 个，$z=10$。

单个螺栓所受最大工作载荷 $F_{max}=\frac{F_Q}{z}=11309.73$N。

气缸盖有紧密性要求，根据 $F''=(1.5\sim1.8)F$，取剩余预紧力 $F''=1.6F=18095.57$N。

取橡胶垫片 $\frac{c_1}{c_1+c_2}=0.9$。

预紧力 $F'=F''+\frac{c_1}{c_1+c_2}F_{max}=18095.57+0.9\times11309.73=28274.33$N。

单个螺栓受到的最大总压力 $F_0=F_{max}+F''=29405.30$N。

(2) 设计螺栓尺寸。因螺栓受变载荷作用，则按静强度条件设计，按变载荷情况校核螺栓疲劳强度。

螺栓选用 45 钢，强度等级为 5.6，则 $\sigma_b=500$MPa，$\sigma_s=300$MPa。

查表得安全系数 $S=3$，则：

$$[\sigma]=\frac{\sigma_s}{S}=100\text{N/mm}^2$$

设计螺栓危险截面直径 $d_1\geqslant\sqrt{\frac{5.2F_0}{\pi[\sigma]}}=22.06$mm。

由《机械设计课程设计手册》可知，取 M24 的螺栓，$p=3$，$d_1=20.75$mm，$d_2=22.05$mm。

(3) 校核螺栓疲劳强度。

螺栓许用应力幅（按最大应力计算）$[\sigma_a]=\frac{\sigma_s}{S}=\frac{300}{8.5}=35.29\text{N/mm}^2$。

计算螺栓应力幅 $\sigma_a=\frac{c_1}{c_1+c_2}\frac{2F_{max}}{\pi d_1^2}=15.05\text{N/mm}^2<[\sigma_a]$。

所以选择橡胶垫片，10 个 M24 的普通螺栓。

4-2 如图 4-21 所示为一方形盖板用 4 个螺钉与箱体联接，盖板中心吊环受拉力 $F_N=10000$N。(1) 若取 $F''=0.6F$，求螺钉所受总拉力 $F_0$；(2) 如因制造误差，吊环由 $O$ 点移到 $O'$ 点，$\overline{OO'}=5\sqrt{2}$mm，求受力最大螺钉的总拉力 $F_0$。

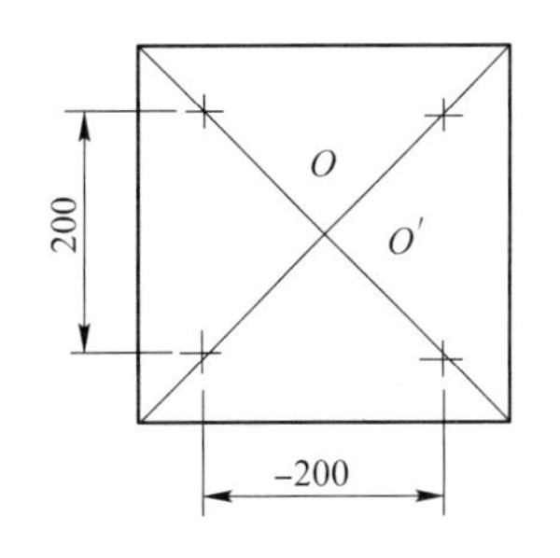

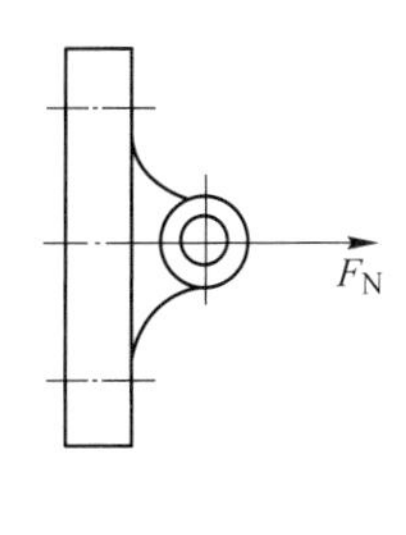


图 4-21 方形盖板螺栓联接

解：(1) $F=\frac{F_N}{4}=\frac{10000}{4}=2500$N

$$F_0 = F + F'' = F + 0.6F = 1.6F = 1.6 \times 2500 = 4000\text{N}$$

所以螺钉所受总拉力 $F_0 = 4000\text{N}$。

（2）$M = F_{\text{N}} \times \overline{OO'} = 10000 \times 5\sqrt{2} = 70711\text{N} \cdot \text{mm}$

$$F = \frac{F_{\text{N}}}{4} + \frac{M}{2r} = \frac{10000}{4} + \frac{70711}{\sqrt{200^2 + 200^2}} = 2750\text{N}$$

所以 $F_0 = F + F'' = F + 0.6F = 1.6F = 1.6 \times 2750 = 4400\text{N}$。

4-3　图 4-22 为起重机导轨托架的螺栓联接。托架由两块边板和一块承重板焊接而成，螺栓数目 $z = 8$，$Q = 10000\text{N}$，试计算所需螺栓直径，(1) 当用受剪螺栓联接时；(2) 当用受拉螺栓联接时。螺栓和边板材料均为 45 钢，边板厚 25mm。

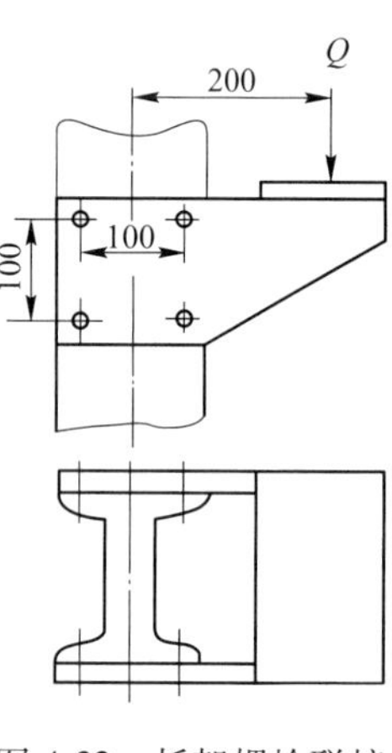


图 4-22　托架螺栓联接

解：将力 $Q$ 向形心 $O$ 简化，$Q = 10000\text{N} = 10\text{kN}$，$T = Q \times 200\text{mm} = 2000\text{N} \cdot \text{m}$，螺栓组受横向力 $Q$ 和旋转力矩 $T$ 的共同作用。

$Q$ 在每个螺栓中心处引起的横向力为 $F_Q$，$F_Q = \dfrac{Q}{z} = 1250\text{N}$。

$T$ 在每个螺栓中心处引起的旋转力为 $F_T$，$F_T = \dfrac{Tr_{\max}}{\sum_{i=1}^{z} r_i^2} = \dfrac{T}{zr} = 3535.5\text{N}$。

$$F_{\max} = \sqrt{F_Q^2 + F_T^2 - 2F_Q F_T \cos 135^\circ} = 4506.9\text{N}$$

若螺栓材料采用 45 钢，强度级别为 5.6，则 $\sigma_{\text{b}} = 500\text{MPa}$，$\sigma_{\text{s}} = 300\text{MPa}$。

（1）采用受剪螺栓，取 $S = 5$（M6～M16）

$$[\tau] = \frac{\sigma_{\text{s}}}{S} = 60\text{MPa}$$

$$d_0 \geqslant \sqrt{\frac{4F_{\max}}{\pi[\tau]}} = 9.78\text{mm}$$

取 M10 的普通螺栓，$d_1 = 8.376\text{mm}$，$d_2 = 9.026\text{mm}$。

（2）采用受拉螺栓，取 $S = 4$（M16～M30），$K_{\text{f}} = 1.2$，$f_{\text{s}} = 0.15$

$$F_0 = \frac{K_{\text{f}} F_{\max}}{f_{\text{s}}} = 36055.2\text{N}$$

$$[\sigma] = \frac{\sigma_{\text{s}}}{S} = 75\text{N/mm}^2$$

$$d_1 \geqslant \sqrt{\frac{5.2F_0}{\pi[\sigma]}} = 28.21\text{mm}$$

选取 M30 的普通螺栓，$d_1=26.211\text{mm}$，$d_2=27.727\text{mm}$。

4-4 图 4-23 为四辊轧机地脚螺栓联接。已知工作力矩 $T=42000\text{N}\cdot\text{m}$，张力 $R=50000\text{N}$，轧机总重量 $Q=234000\text{N}$，螺栓数目 $z=4$，其他尺寸 $l=1.6\text{m}$，$a=1.3\text{m}$，试计算所需螺栓直径，机架和基础板的材料均为钢$\left(\dfrac{c_1}{c_1+c_2}\text{可取 }0.3\right)$，两块底板面积均为 $0.4\times1.2\text{m}^2$。

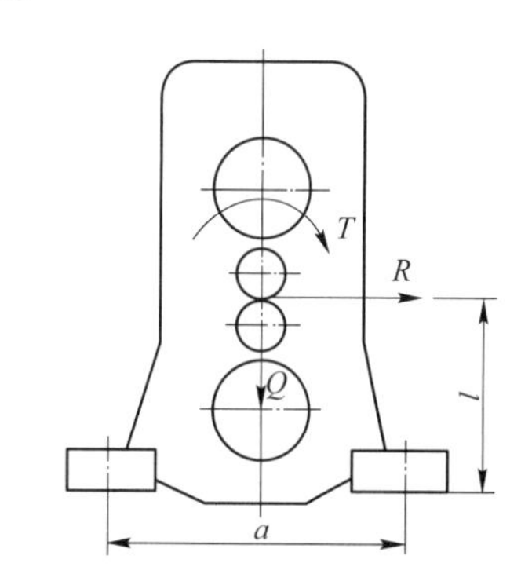


图 4-23 四辊轧机地脚螺栓联接

解：计算螺栓组所受工作载荷：

横向载荷：$F_1=R=50000\text{N}$。

轴向载荷：$F_2=Q=234000\text{N}$。

翻转力矩：$M=T+R\cdot l=122000\text{N}\cdot\text{m}$。

计算单个螺栓所受工作载荷。

横向力：$F_s=\dfrac{F_1}{z}=\dfrac{50000}{4}=12500\text{N}$。

拉力：$F_Q=\dfrac{Q}{z}=\dfrac{234000}{4}=58500\text{N}$。

$$F_M=\frac{r_i}{\sum_{i=1}^{4}r_i^2}M=\frac{M}{z\dfrac{a}{2}}=\frac{122000}{4\times\dfrac{1.3}{2}}=46923\text{N}$$

所以左边螺栓的拉力为：

$$F=F_M+F_Q=105423\text{N}$$

不滑动的条件为：

$$F'=\frac{c_2}{c_1+c_2}F_Q+\frac{k_f R}{zf_s}$$

取 $k_f=1.2$，$f_s=0.15$，钢的$\dfrac{c_1}{c_1+c_2}=0.3$，将 $R=50000\text{N}$，$F_Q=58500\text{N}$ 代入，得到：

$$F'=0.7\times58500+\frac{1.2\times50000}{4\times0.15}=140950\text{N}$$

取 $F'=141000\text{N}$，所以 $F_0=F'+\dfrac{c_1}{c_1+c_2}F=141000+0.3\times105423=172627\text{N}$。

若螺栓材料用 35 钢，强度级别 6.8 级，$\sigma_s=480\text{N/mm}^2$，安全系数 $S=2.5$，所以许用应力 $[\sigma]=\dfrac{\sigma_s}{S}=\dfrac{480}{2.5}=192\text{N/mm}^2$。螺栓直径为：$d_1=\sqrt{\dfrac{4\times1.3F_0}{\pi[\sigma]}}=\sqrt{\dfrac{4\times1.3\times172627}{\pi\times192}}=38.577\text{mm}$，根据标准，可选取地脚螺栓 M42，其 $D=60\text{mm}$，$h=261\text{mm}$。

## 4.4 自 测 题

4-1 在常用的螺旋传动中，传动效率最高的螺纹是________。

A. 三角形螺纹　B. 梯形螺纹
C. 锯齿形螺纹　D. 矩形螺纹

4-2 在常用的螺纹联接中，自锁性最好的螺纹是________。

A. 三角形螺纹　B. 梯形螺纹
C. 锯齿形螺纹　D. 矩形螺纹

4-3 当两个被联接件不太厚时，宜采用________。

A. 双头螺柱联接　B. 螺栓联接
C. 螺钉联接　D. 紧定螺钉联接

4-4 当两个被联接件之一太厚，不宜制成通孔，且需要经常拆装时，往往采用________。

A. 螺栓联接　B. 螺钉联接
C. 双头螺柱联接　D. 紧定螺钉联接

4-5 当两个被联接件之一太厚，不宜制成通孔，且联接不需要经常拆装时，往往采用________。

A. 螺栓联接　B. 螺钉联接
C. 双头螺柱联接　D. 紧定螺钉联接

4-6 在拧紧螺栓联接时，控制拧紧力矩有很多方法，例如________。

A. 增加拧紧力　B. 增加扳手力臂
C. 使用测力矩扳手或定力矩扳手　D. 无法确定

4-7 螺纹联接预紧的目的之一是________。

A. 增强联接的可靠性和紧密性　B. 增加被联接件的刚性
C. 减小螺栓的刚性　D. 无法确定

4-8 有一汽缸盖螺栓联接，若汽缸内气体压力在0~2MPa之间循环变化，则螺栓中的应力变化规律为________。

A. 对称循环变应力　B. 脉动循环变应力
C. 非对称循环变应力　D. 非稳定循环变应力

4-9 承受预紧力$F'$的紧螺栓联接在受工作拉力$F$时，剩余预紧力为$F''$，其螺栓所受的总拉力$F_0$为________。

A. $F_0=F+F'$　B. $F_0=F+F''$
C. $F_0=F'+F''$　D. $F_0=F+\frac{C_b}{C_b+C_m}\cdot F$

4-10 承受横向载荷或旋转力矩的紧螺栓联接，该联接中的螺栓________。

A. 受剪切作用　B. 受拉伸作用
C. 受剪切和拉伸作用　D. 既可能受剪切又可能受拉伸作用

4-11 现有一单个螺栓联接，要求被联接件的结合面不分离，假定螺栓的刚度$C_b$与被联接的刚度$C_m$相等，联接的预紧力为$F'$，现开始对联接施加轴向载荷，当外载荷达到与预紧力$F'$的大小相等时，则________。

A. 被联接件发生分离，联接失效
B. 被联接件即将发生分离，联接不可靠

C. 联接可靠，但不能再继续加载

D. 联接可靠，只要螺栓强度足够，外载荷 $F$ 还可继续增加到接近预紧力 $F'$ 的两倍

4-12 在下列四种具有相同公称直径和螺距并采用相同的配对材料的传动螺旋副中，传动效率最高的是________。

A. 单线矩形螺纹　　B. 单线梯形螺纹

C. 双线矩形螺纹　　D. 双线锯齿形螺纹

4-13 被联接件受横向载荷作用时，若采用一组普通螺栓联接，则载荷靠________来传递。

A. 结合面之间的摩擦力　　B. 螺栓的剪切和挤压

C. 螺栓的剪切和被联接件的挤压　　D. 无法确定

4-14 设计螺栓组联接时，虽然每个螺栓的受力不一定相等，但对该组螺栓仍均采用相同的材料、直径和长度，这主要是为了________。

A. 外形美观　　B. 购买方便

C. 便于加工和安装　　D. 无法确定

4-15 确定紧螺栓联接中拉伸和扭转复合载荷作用下的当量应力时，通常是按________来进行计算的。

A. 第一强度理论　　B. 第二强度理论

C. 第三强度理论　　D. 第四强度理论

4-16 当采用铰制孔用螺栓联接承受横向载荷时，螺栓杆受到________作用。

A. 弯曲和挤压　　B. 拉伸和剪切

C. 剪切和挤压　　D. 扭转和弯曲

## 4.5 自测题参考答案

4-1 D 4-2 A 4-3 B 4-4 C 4-5 B 4-6 C 4-7 A 4-8 C 4-9 B 4-10 D 4-11 D 4-12 C 4-13 A 4-14 C 4-15 D 4-16 C

# 5 带 传 动

## 5.1 主要内容与学习要点

带传动的作用是在两个平行轴之间传递运动和动力，本章主要需要掌握带传动的类型、特点和标准，带传动的工作原理、应力分析、弹性滑动和打滑现象，带传动的失效形式和计算准则，普通 V 带传动的设计计算及参数选择方法，并同时了解带轮的结构与张紧装置等。

### 5.1.1 带传动的特点

（1）作用。带传动的作用是在两个平行轴之间传递运动和动力。

（2）组成。带传动一般是由固联于主动轴上的带轮 1（主动轮）、固联于从动轴上的带轮 2（从动轮）和紧套在两轮上的传动带 3 组成的（图 5-1）。

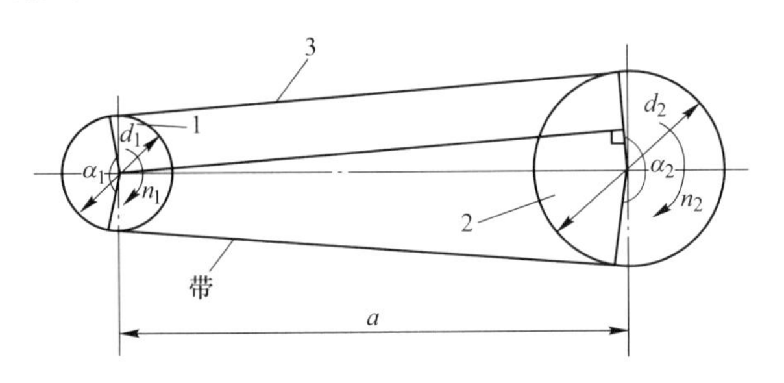


图 5-1 带传动的组成

（3）类型。在带传动中，常用的有 V 带（三角带）、平带和同步带。

在同样的张紧力下，V 带传动较平带传动能产生更大的摩擦力。因而 V 带传动的应用比平带传动广泛得多。

（4）带的结构。标准普通 V 带，其结构主要有下列两类：第一类是帘布芯结构，由伸张层 1（胶料）、强力层 2（胶帘布）、压缩层 3（胶料）和包布层 4（胶帆布）组成。第二类是绳芯结构，由伸张层 1（胶料）、强力层 2（胶线绳）、压缩层 3（胶料）和包布层 4（胶帆布）组成。

（5）剖面尺寸。普通 V 带的剖面尺寸分为 Y、Z、A、B、C、D、E 七种型号，如图 5-2 所示，其长度系列见教材《机械设计》中的表 5-5。

（6）带传动的几何计算。在带传动的设计中，主要几何参数有包角 $\alpha$、带长 $L$、带轮直径 $d_1$、$d_2$和中心距 $a$ 等。包角 $\alpha_1$计算公式如下：

$$\alpha_1 = \pi - \frac{d_2 - d_1}{a} \qquad (\text{rad})$$

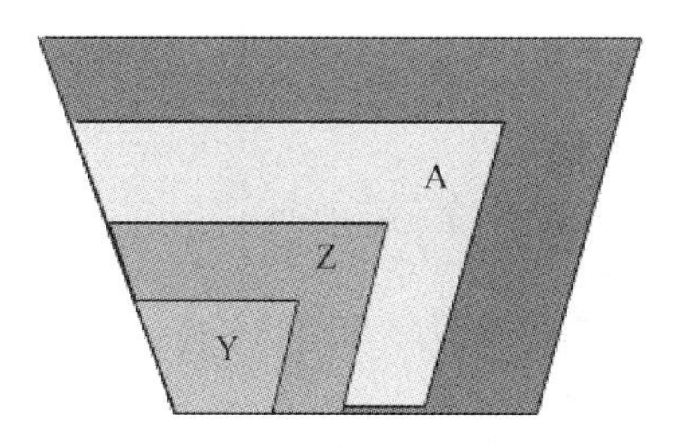

图 5-2 普通 V 带的剖面及型号

内周长度 $L_i$ 也称公称长度；沿 V 带的节面量得的节线周长称为基准长度 $L_d$。

$$L_d = 2a + \frac{\pi}{2}(d_2 + d_1) + \frac{(d_2 - d_1)^2}{4a}$$

### 5.1.2 工作能力分析

（1）工作原理。图 5-3 给出了传动带工作前后载荷的变化，工作前带轮两边均只受初拉力 $F_0$ 的作用，工作后带轮两边受力不同。带传动属于摩擦传动，摩擦力决定了带传动的工作能力，通过传动带将主动轴上的运动和动力传给从动轴。

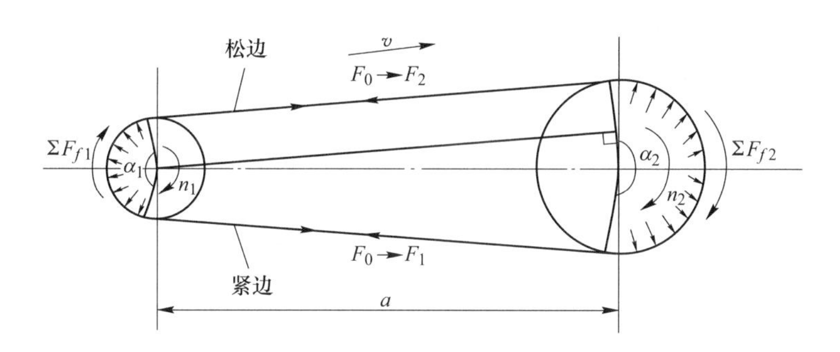

图 5-3 传动带工作前后载荷的变化

（2）有效拉力。进入主动带轮一侧所受力有所增大，称为紧边拉力 $F_1$；退出主动带轮一侧所受力会有所减小，称为松边拉力 $F_2$。

如果近似地认为带工作时的总长度不变，则带的紧边拉力的增加量应该等于松边拉力的减少量，即：

$$F_1 - F_0 = F_0 - F_2 \quad \Rightarrow$$
$$F_1 + F_2 = 2F_0$$

在图 5-4 中，当取主动轮一端的带为分离体时，根据

$$\sum T = 0; \ \sum F_{f1} = \sum F_{f2} = F_1 - F_2$$

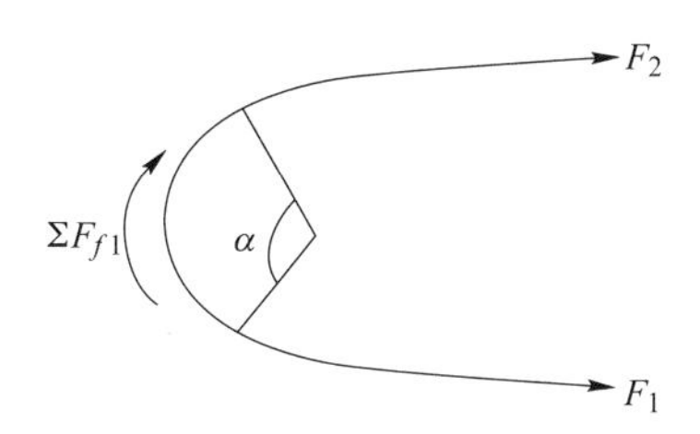

图 5-4 传动带的受力分析

故整个接触面上的总摩擦力 $F_f$ 即等于带所传递的有效拉力，即：

$$F_e = F_1 - F_2$$

将 $F_1 + F_2 = 2F_0$ 代入前式，可得：

$$\begin{cases} F_1 = F_0 + \dfrac{F_e}{2} \\ F_2 = F_0 - \dfrac{F_e}{2} \end{cases}$$

由此可见，带的有效拉力就是摩擦力，而且还是分布力，带的最大有效拉力用 $F_{ec}$ 来表示。

如图 5-5 所示，当 $W=F_f$ 时，这个装置就达到了极限状态；当 $W>F_f$ 时，就会发生打滑现象，这个装置就失效了。由上式可知，带的两边拉力 $F_1$ 和 $F_2$ 的大小，取决于初拉力 $F_0$ 和带传动的有效拉力 $F_e$。显然当其他条件不变且初拉力 $F_0$ 一定时，这个摩擦力有一极限值。这个极限值就限制着带传动的传动能力。

（3）最大有效拉力 $F_{ec}$。在带传动过程中，当带有打滑趋势时，摩擦力即达到极限值，这时带传动的有效拉力亦达到最大值，下面来分析最大有效拉力的计算方法和影响因素。

如果截取微量长度的带为分离体，如图 5-6 所示，则根据水平方向力平衡，可得：

$$(F + \mathrm{d}F)\sin\frac{\mathrm{d}\theta}{2} + F\sin\frac{\mathrm{d}\theta}{2} - \mathrm{d}N = 0$$

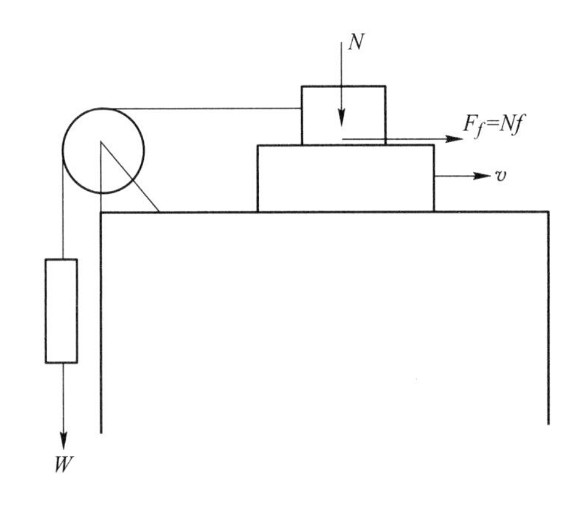


图 5-5　打滑现象产生机理

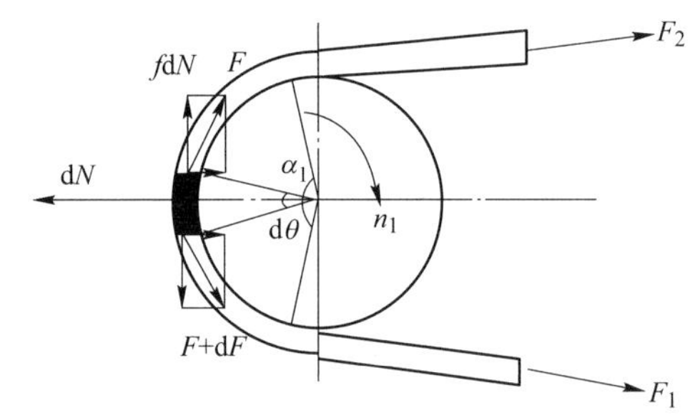


图 5-6　传动带微单元体的受力分析

又根据 Y 方向的力平衡，可得：

$$(F + \mathrm{d}F)\cos\frac{\mathrm{d}\theta}{2} - F\cos\frac{\mathrm{d}\theta}{2} - \mathrm{d}N = 0$$

对上两式两边在包角 $\alpha_1$ 范围内积分，可得：

$$F_1 = F_2 \cdot e^{f\alpha}$$

又因为

$$F_{ec} = F_1 - F_2 = F_1\left(1 - \frac{1}{e^{\alpha f}}\right)$$

又根据 $F_1+F_2=2F_0$ 代入上式，可得出带所能传递的最大有效拉力为：

$$F_{ec} = 2F_0 \cdot \frac{e^{f\alpha} - 1}{e^{f\alpha} + 1}$$

式中，e 为自然对数的底（e=2.718…）；$f$ 为摩擦系数（对于 V 带，用当量摩擦系数 $f_v$ 代

替 $f$)；$\alpha$ 为带在带轮上的包角，rad。上式即所谓柔性体摩擦的欧拉公式。

讨论：由上式可知，最大有效拉力 $F_{ec}$ 与下列几个因素有关：

1）初拉力 $F_0$。初拉力越大，摩擦力越大，带的有效拉力越大；如果初拉力过大，那么带传动的寿命就会降低；若初拉力太小，那么承载能力就会下降，引起脱带现象。即

$$F_0\uparrow \rightarrow \sum F_f\uparrow \rightarrow F_{ec}\uparrow$$

$$F_0\uparrow\uparrow \rightarrow \text{寿命}\downarrow$$

$$F_0\downarrow\downarrow \rightarrow \text{能力}\downarrow(\text{脱带})$$

2）摩擦系数 $f$（与材料、结构有关）。如果摩擦系数越大，那么综合摩擦力就越大，带传动的最大有效拉力就越大，V 带用当量摩擦系数 $f_v$。

$$f\uparrow \rightarrow \sum F_f\uparrow \rightarrow F_{ec}\uparrow$$

3）包角 $\alpha_1 \geqslant 120°$。包角越大，综合摩擦力就越大，带传动的最大有效拉力就越大，因此，带传动的包角不能够小于等于 120°，包角 $\alpha_1$ 与中心距 $a$、主动带轮直径 $D_1$、从动带轮直径 $D_2$ 有关，$D_1$ 与 $D_2$ 两者相差越大，那么包角就越小。

$$\alpha\uparrow \rightarrow \sum F_f\uparrow \rightarrow F_{ec}\uparrow$$

### 5.1.3 应力分析

带传动在工作时，带中的应力有以下几种：

（1）拉应力。

紧边拉力 $F_1$ 产生的紧边拉应力为：

$$\sigma_1 = F_1/A$$

松边拉力 $F_2$ 产生的松边拉应力为：

$$\sigma_2 = F_2/A$$

（2）离心应力。对于图 5-7 中传动带的微单元体，列出水平方向力平衡方程，可得：

$$q(R\cdot \mathrm{d}\alpha)\cdot \frac{v^2}{R} = 2F_c\cdot \sin\frac{\mathrm{d}\alpha}{2}$$

式中，$q$ 为传动带单位长度的质量；$F_c$ 为离心力作用在传动带产生的离心拉力。

在包角 0~$\alpha_1$ 范围内积分，可得离心力：

$$F_c = qv^2$$

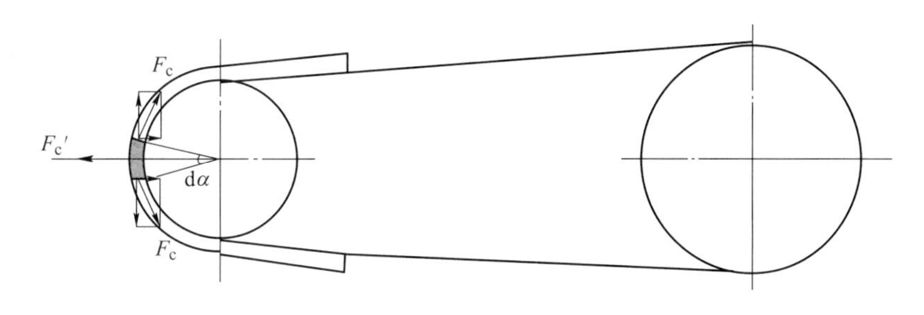


图 5-7 传动带的离心拉力

进一步可以根据离心力求出离心拉应力：

$$\sigma_c = F_c/A$$

(3) 弯曲应力。由于带绕在带轮上时，要引起弯曲应力，带的弯曲应力为（小带轮受的弯曲应力比较大）：

$$\sigma_b = E \cdot \frac{h}{d} \qquad \begin{cases} \sigma_{b1} = E \cdot \dfrac{h}{d_1} \\ \sigma_{b2} = E \cdot \dfrac{h}{d_2} \end{cases}$$

式中，$h$ 为带的高度；$d$ 为带轮的计算直径；$E$ 为带的弹性模量。

从图 5-8 中可以看出，带传动受到的是周期循环变应力，进入小带轮的那一点所受应力最大，带中的最大应力等于离心拉应力、紧边拉应力与小带轮弯曲应力之和，其表达式如下：

$$\sigma_{max} = \sigma_c + \sigma_1 + \sigma_{b1}$$

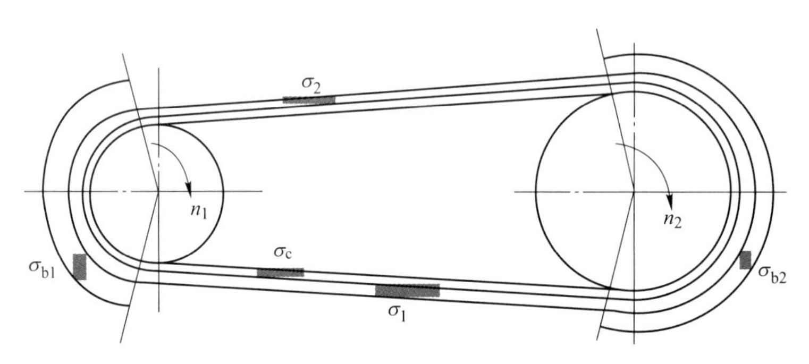


图 5-8　带的应力分布

## 5.1.4　运动特性

(1) 弹性滑动——是带传动固有的特性。弹性滑动是带传动的固有特性，是无法克服和避免的。小带轮的圆周速度用 $v_1$ 来表示，大带轮的圆周速度用 $v_2$ 来表示，带速用 $v$ 来表示，从图 5-9 中可以看出，三者之间的关系是：$v<v_1$，$v>v_2$，由此可以推导出 $v_1>v_2$，即主动轮圆周速度大于从动轮圆周速度。

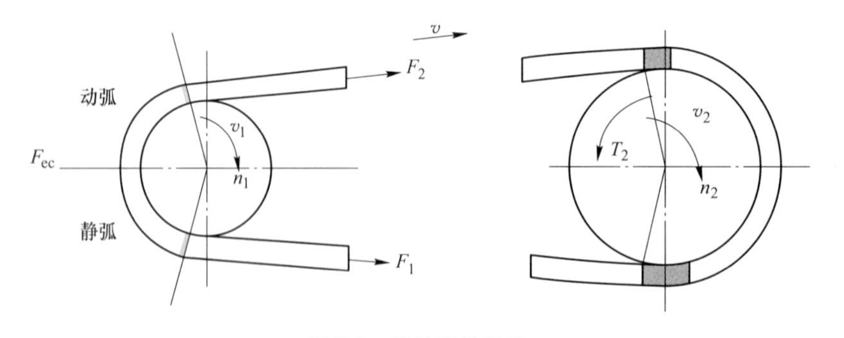


图 5-9　带的弹性滑动

由于两个带轮的滑动速度不同，因此可以用下式计算滑动率和平均传动比：

$$\varepsilon = \frac{v_1 - v_2}{v_1} \times 100\%$$

$$i_{平} = \frac{n_1}{n_2} = \frac{d_2}{d_1(1 - \varepsilon)} \approx \frac{d_2}{d_1} = C$$

（2）打滑。当传动带所承受的外载荷超过了最大有效拉力，则带与带轮之间就会出现打滑现象，引起传动失效，打滑是可以通过合理设计避免发生的。

### 5.1.5　失效形式

带传动的失效形式主要包括疲劳失效、打滑和磨损，这主要是由于变应力的作用会产生疲劳失效，过载会产生打滑失效，弹性滑动会引起磨损。

### 5.1.6　V 带的设计

（1）方法。

受力分析：工作前受预紧力 $F_0$，工作后受紧边拉力 $F_1$ 和松边拉力 $F_2$。

应力分析：最大应力等于紧边拉应力、小带轮弯曲应力和离心应力之和。

$$\sigma_{max} = \sigma_1 + \sigma_{b1} + \sigma_c$$

失效分析：包括疲劳失效、打滑和磨损。

计算准则确定：实际传递的功率需要小于等于许用功率。

$$P_{实际} \leqslant [P]_{许用}$$

确定主要参数：带的根数 $z$、主动带轮直径 $d_1$、从动带轮直径 $d_2$ 和中心距 $a$。

结构设计：包括轮毂和轮缘等带轮尺寸。

（2）许用功率。

试验条件：包角 $\alpha = 180°$，传动比 $i = 1$，特定长度，化学纤维带质，平稳工作条件，单根 V 带的额定功率用 $P_0$ 来表示，则：

$$P_{实际} \leqslant zP_0$$

由上式可以计算出带的根数，许用功率由下式分母计算，额定功率增量产生的原因如图 5-10 所示。

$$z = \frac{P_{实际}}{(P_0 \cdot K_\alpha \cdot K_L + \Delta P_0) \cdot K = [P]_{许用}}$$

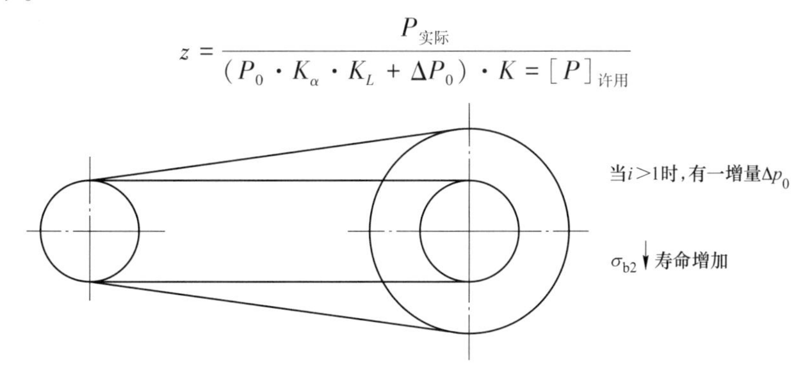


图 5-10　额定功率增量产生的原因

（3）实际传递的功率 $P_{实际}$。对于图 5-11 所示的带式运输机传动装置，其功率计算有两种方法，第一种方法是电动机功率已知，求输出功率；第二种方法是输出功率已知，求所需要的电动机功率。

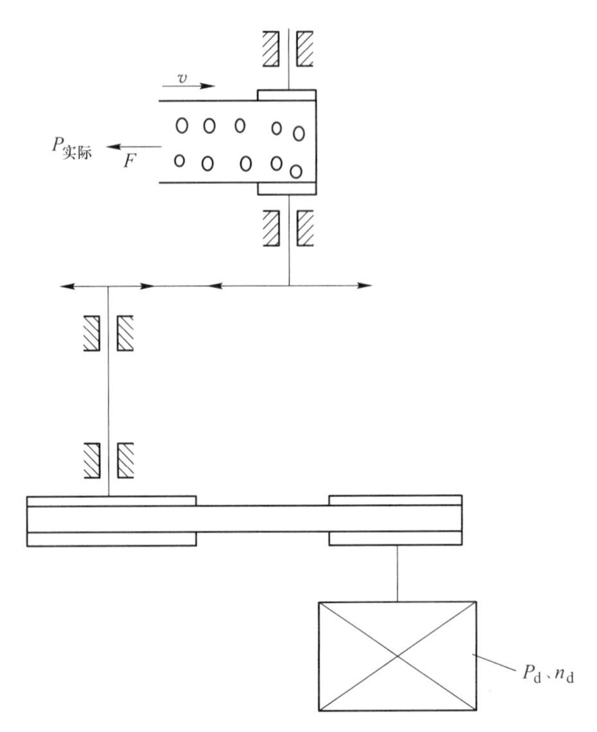


图 5-11　带式运输机传动装置

1）根据电动机的额定功率求输出功率。

传动带的输入功率等于电动机的输出功率：

$$P_{带} = P_d$$

链传动的输入功率：

$$P_{链} = P_d \cdot \eta_{带} \cdot \eta_{滑}$$

带式运输机输出功率：

$$P_{输出} = P_d \cdot \eta_{带} \cdot \eta_{滑}^2 \cdot \eta_{链} \cdot \eta_{卷筒}$$

2）工作机的负载已知求输入功率。

带式运输机的输出功率：

$$P_{输出} = F \cdot v$$

带传动的输入功率：

$$P_{带} = P_{链} / (\eta_{滑} \cdot \eta_{带})$$

链传动的输入功率：

$$P_{链} = P_{输出} / (\eta_{链} \cdot \eta_{滑} \cdot \eta_{卷筒})$$

电动机输出功率：

$$P_d \geqslant P_{带}$$

实际传递的功率：

$$P_{实际} = P_{ca} = K_A \cdot P_{带}$$

式中，$K_A$为工作情况系数。

（4）设计步骤。

已知：主动带轮转速 $n_1$、从动带轮转速 $n_2$（或传动比 $i$）、传递名义功率 $P$，试设计带传动。

1）计算功率 $P_{ca}$。

$$P_{ca} = K_A \cdot P$$

工作情况系数 $K_A$查阅教材《机械设计》中的表 5-7。

2）查带的型号。根据计算功率 $P_{ca}$和主动带轮转速 $n_1$查图 5-12，可以确定带的型号。

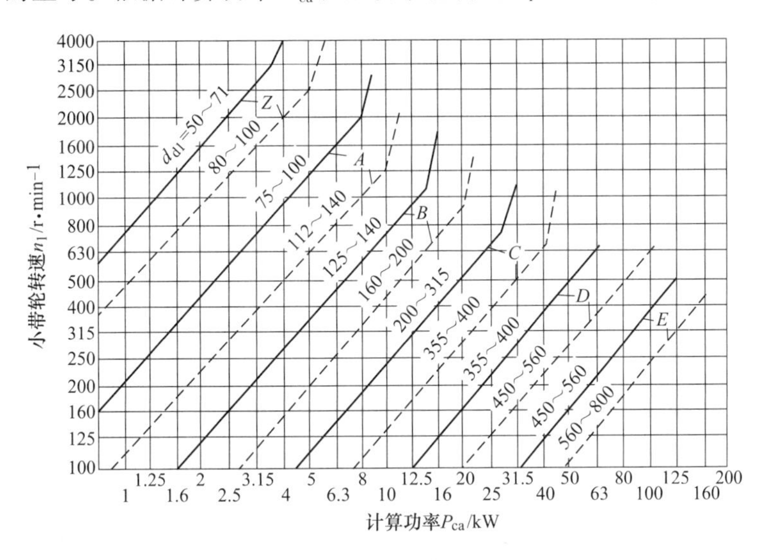


图 5-12 普通 V 带选型图

3）计算主动带轮直径 $d_1$和从动带轮直径 $d_2$。根据带的型号，查教材《机械设计》中的表 5-2 确定带轮最小直径 $d_{min}$，然后再根据传动比确定从动带轮直径。

$$i = \frac{d_2}{d_1},\ d_1 \geqslant d_{min},\ d_1 \downarrow \rightarrow \sigma_{b1} \uparrow \rightarrow \text{失效}$$

4）验算带速 $v$。带速越高，传递功率越大。

$$v \uparrow \rightarrow F_{ec} \cdot v = P \uparrow$$

在传递功率不变条件下，带速越低，需要带的根数就越多：

$$v \downarrow \rightarrow \uparrow F_{ec} \cdot v = P(\text{一定}) \rightarrow z \uparrow$$

带速过高，就会产生过大的离心力，从而引起传动失效：

$$v \uparrow \uparrow \rightarrow F_c \uparrow \rightarrow \text{失效}$$

因此，带速既不能太高，也不能太低，一般为：

$$5\text{m/s} \leqslant v \leqslant 25\text{m/s}$$

带速的计算公式如下：

$$v = \frac{\pi \cdot d_1 \cdot n_1}{60 \times 1000}\text{m/s}$$

$d_1$、$d_2$需要查教材《机械设计》中的表 5-6，取系列值。

5）中心距 $a$。带传动的中心距可以按照下式计算，一般以 0 和 5 结尾，不要用小数点。

$$0.7(d_1 + d_2) < a_0 < 2(d_1 + d_2)$$

6）基准长度 $L_d$。带的基准长度可以按照教材《机械设计》中的式（5-24）做初步计算，然后再查教材《机械设计》中的表 5-5 确定。

7）验算 $\alpha_1$。带传动的包角可以根据下式计算：

$$\alpha_1 \approx 180 - \frac{d_2 - d_1}{a} \times 60 \geqslant 120^\circ$$

8）额定功率 $P_0$、包角系数 $K_\alpha$、带长系数 $K_L$、额定功率增量 $\Delta P_0$、带质系数 $K$。带传动的额定功率 $P_0$可查教材《机械设计》中的表 5-3，包角系数 $K_\alpha$ 可查教材《机械设计》中的表 5-8，带长系数 $K_L$ 可查教材《机械设计》中的表 5-9，额定功率增量 $\Delta P_0$可查教材《机械设计》中的表 5-4，棉帘布和棉线绳结构的胶带带质系数 $K$ 等于 0.75，对于化学纤维线绳结构的胶带带质系数 $K$ 等于 1.00。

9）计算 $z$。带传动的根数可以利用下式计算：

$$z = \frac{P_{实际}}{(P_0 \cdot K_\alpha \cdot K_L + \Delta P_0) \cdot K}$$

式中，$P_0$与带的型号、$d_1$、$n_1$有关；包角系数 $K_\alpha$ 与包角 $\alpha$ 有关；带长系数 $K_L$与带长 $L$ 有关；额定功率增量 $\Delta P_0$与传动比 $i$ 有关；带质系数 $K$ 与材质有关。

10）预紧力 $F_0$计算。带传动的预紧力 $F_0$可以根据教材《机械设计》中的式（5-29）计算。

11）计算压轴力 $Q$。带传动的压轴力如图 5-13 所示，可以根据教材《机械设计》中的式（5-30）计算。

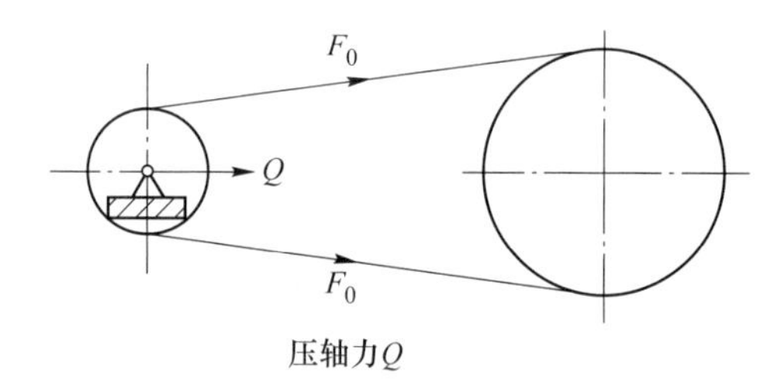


图 5-13　轴上的作用力

12）带轮的结构设计。带轮的结构形式包括实心、腹板、孔板和轮辐式，需要根据带轮的尺寸大小来选择相应的结构形式。

13）设计张紧装置。带传动的张紧装置包括定期张紧装置和自动张紧装置，详见教材《机械设计》中的图 5-18 及图 5-19。

## 5.2　思考题与参考答案

5-1　传动带工作中受哪些力?

答：受到预紧力，有效拉力（紧边拉力和松边拉力之差），离心力。

带轮两边所受的拉力都是预拉力 $F_0$。工作时，由于摩擦力的作用使传动带绕入主动轮的一边被拉得更紧，拉力由 $F_0$ 增大至 $F_1$，称为紧边拉力。而另一边则相应被放松，拉力

由 $F_0$ 减少到 $F_2$，称为松边拉力。两边拉力之差 $F_t$，称为有效拉力。

5-2　有效拉力的大小与传动功率有什么关系？

答：当传动带的速度为 $v$ 时，带传动所传递的功率 $P=\frac{F_t \times v}{1000}$（kW）。

5-3　带传动有哪些特点？它的工作原理是什么？

答：特点：(1) 传动带为具有良好弹性的挠性零件，有缓冲和吸振作用，因而传动平稳、噪声较小。

(2) 过载时，传动带与带轮之间将产生打滑，使其他零件不会损坏，能起到安全保护作用。

(3) 只需改变传动带的长度就能满足两轴中心距的不同要求，特别适用于两轴中心距大的场合。

(4) 结构简单，制造、安装和维护比较方便。

工作原理：主动轮通过摩擦力带动传动带运动。作用在从动轮的接触表面上的摩擦力方向则与传动带的运动方向相同，传动带通过此摩擦力克服力矩而带动从动轮转动，从而达到传递运动和动力的目的。

5-4　允许传递的最大有效拉力与哪些因素有关？

答：$F_t = 2F_0 \frac{e^{f\alpha} - 1}{e^{f\alpha} + 1}$

由上式可知带传动的最大有效拉力即处于将要打滑时的极限摩擦力。由于带传动是通过摩擦力传递运动和动力的，而在一定的预拉力情况下，摩擦力有一极限值，因此，当需要传递的圆周力超过这一极限值，带将在带轮上打滑，使传动失效。

最大有效拉力的影响因素：(1) 预拉力；(2) 摩擦系数 $f$；(3) 包角 $\alpha_1$。

5-5　V 带传动为什么比平带传动能传递更大的功率？

答：V 带横截面为等腰梯形，其工作面为带轮上制出的环形沟槽相接处的两侧面，带与轮槽底不接触。V 带传动较平带传动能产生更大的摩擦力，在同样大的预拉力下能传递较大的圆周力，从而能够传递更大的功率，因而 V 带传动的应用较平带传动广泛得多。

5-6　带传动的预紧力大小对工作有什么影响？设计时如何确定预紧力大小？安装时如何测定预紧？怎样保持一定大小的预紧力？

答：预紧力不足时，摩擦力小，可能出现打滑，传动载荷的能力降低，效率低，且使小带轮急剧发热，胶带磨损；预紧力过大，则会使带的寿命降低。

对于普通 V 带传动，$F_0 = 500 \frac{P_{ca}}{vz} \frac{2.5 - K_\alpha}{K_\alpha} + qv^2$。

对于带的预紧力要求和测定，具体方法是通过在带与带轮的切边中点处加一垂直于带边的载荷 $G$，然后测量带的挠度，每跨距 100mm 长的挠度为 1.6mm，则其预拉力合适。所加载荷 $G$ 与小带轮的直径和带速有关，它可以根据带所要求的预紧力通过公式求出。

要保持预紧力的大小，应经常检查并定期重新张紧或采用自动张紧，使预拉力保持一定大小。

5-7　传动带工作时有哪些应力？影响这些应力大小的因素有哪些？最大应力产生在什么位置？

答：传动带在工作时有三种工作应力：

（1）由紧边拉力和松边拉力所产生的拉应力。影响因素：传动带截面面积和紧边拉力、松边拉力的大小。

（2）由离心力产生的拉应力 $\sigma_c$。影响因素：传动带截面面积，带轮半径，带的密度。

（3）带绕过带轮时产生的弯曲应力。影响因素：带的最外层到中心层的距离，带轮节圆直径，抗弯弹性模量。

在紧边进入小带轮处应力最大。

5-8　保证传动带具有一定疲劳寿命的条件是什么？

答：满足柔性体摩擦的欧拉公式，$F_t = F_1 - F_2 = F_1\left(1 - \frac{1}{e^{f\alpha}}\right)$。

5-9　什么叫弹性滑动？带传动为什么会产生弹性滑动现象？

答：由于传动带为弹性体，在拉力作用下产生弹性伸长，其伸长量随拉力大小而改变，因此当传动带绕过主动轮时，由于拉力减小而使伸长量减小，带与带轮间出现微量局部滑动。这种由弹性变形量改变而产生的滑动现象称为弹性滑动。

当传动带绕过从动轮时，则由于拉力增大而使带的伸长量增大，同样在带与带轮间出现弹性滑动，这时从动带轮的圆周速度将小于带速。可见由于弹性滑动的存在，从动轮的圆周速度总是低于主动轮的圆周速度。带传动工作时必然是紧边和松边拉力不等。

5-10　弹性滑动能不能避免？弹性滑动对带传动工作有什么影响？

答：带传动工作时必然是紧边和松边拉力不等，因此弹性滑动总是无法避免的一种现象。紧边拉力与松边拉力相差越大，即有效拉力越大时，弹性滑动越厉害。弹性滑动使带传动不能保证固定的传动比，并且将引起带的磨损和传动效率的降低。

5-11　带传动的主要失效形式有哪些？它的设计准则是什么？

答：带传动的主要失效形式有两种：

（1）带的疲劳破坏；

（2）过载打滑。

带传动的设计准则就是要满足不出现打滑的临界条件和保证寿命的疲劳强度条件。

5-12　单根普通 V 带所能传递的功率与哪些条件有关？如何确定？

答：与传动比 $i$，长度 $l$，寿命 $T$，小带轮直径 $d_1$ 和带速 $v$ 有关。

$$P_0 = 10^{-3}\left(\sqrt[11.1]{\frac{Cl}{7200T}} \times v^{-0.09} - \frac{2E_b y_0}{d_1} - \frac{qv^2}{Ag}\right) \times A\left(1 - \frac{1}{e^{f\alpha_1}}\right) \times v$$

5-13　为什么要考虑单根普通 V 带允许传递功率的增量 $\Delta P$？它与哪些条件有关？

答：$P_0$ 是在 $i=1$ 时得到的，当 $i\neq1$ 时，带在绕过大轮时的弯曲应力比绕过小轮时的小，因此在具有相同疲劳寿命时，带能传递更大的功率，$\Delta P$ 为 $i\neq1$ 时单根 V 带的基本额定功率增量，功率增量 $\Delta P_0$ 可根据传动比 $i$ 和小带轮转速 $n_1$ 得到。而在实际传动中，包角大小、带长和强力层材质、结构以及载荷变化情况，都与试验条件不同，因此还要引入包角系数 $K_\alpha$、长度系数 $K_L$、强力层材质系数 $K$ 和工作情况系数 $K_A$ 的影响。

5-14　普通 V 带传动设计的主要要求和内容有哪些？其设计步骤大致怎样？

答：（1）主要要求和内容：确定普通 V 带的型号；选择合理的传动参数，计算带传动的几何尺寸；根据工作能力准则确定普通 V 带的根数；确定预拉力对轴的压力；以及决定带轮的结构，尺寸和带传动的张紧装置。

（2）1）确定普通 V 带的型号；2）选取带轮节圆直径；3）确定带传动中心距和 V 带长度 $L_p$；4）验算主动轮包角 $\alpha_1$；5）确定 V 带根数 $z$；6）确定预拉力 $F_0$；7）计算压轴力 $F_Q$；8）设计带轮；9）选取张紧装置的形式。

5-15　试分析普通 V 带传动参数 $\alpha$、$d_1$、$i$、$v$、$L_p$ 和 $\alpha_1$ 对传动工作的影响。

答：包角 $\alpha$：$\alpha_1 \approx 180° - \dfrac{d_2 - d_1}{a} \times 57.3°$。一般要求 $\alpha_1 \geqslant 120°$，如果小于此值，则应增大中心距 $a$ 或加张紧轮。包角减小，降低传动工作能力。

带轮直径 $d_1$：为了减小弯曲应力、延长传动带的寿命，应选取较大的小带轮直径 $d_1$。

传动比 $i$：在中心距一定时，传动比 $i$ 越大则带轮直径差越大，则传动工作能力越差。

带速 $v$：带速 $v$ 的增加会使传动带绕过带轮时的离心力增大，降低带和带轮之间的正压力，减少了摩擦力，使传动工作能力减低。

节线长度：传动带节线长度 $L_p$ 增大，传动工作能力降低。

5-16　如何计算 V 带所需的根数？如果求出的根数过多或太少应如何处理？

答：已知单根普通 V 带所能传递的功率 $P_0$ 和传动比 $i>1$ 时的允许传递功率的增量 $\Delta P_0$ 以后，根据所设计普通 V 带传动的计算功率 $P_{ca}$，可以求得所需普通 V 带的根数为：$z \geqslant \dfrac{P_{ca}}{(P_0 + \Delta P_0)K_\alpha \cdot K_L}$，式中 $P_{ca}$ 为计算功率，kW，$P_{ca} = K_A \cdot P$，$P$ 为需要传递的名义功率，$K_A$ 为工作情况系数，$K_\alpha$ 为包角系数，$K_L$ 为长度系数。求得带的根数 $z$ 应圆整为整数，并且为使各根带受力比较均匀，带轮宽度及轴和轴承尺寸不至过大，根数不宜过多。一般 $z<10$，如果求出的根数过多或太少，应该改选带的型号，重新计算。

5-17　如果设计中，计算的包角 $\alpha_1$ 太小，或速度太大，应采取哪些措施来解决？

答：增大中心距或限制传动比。

5-18　对带轮的要求有哪些？带轮的结构形式有哪些？根据什么来选定带轮结构？

答：对带轮的主要要求。重量轻；结构工艺性好（易于制造）、无过大的铸造内应力；质量分布均匀（转速高时要经过动平衡）；与带接触的工作表面光洁度高，以减少带的磨损。

带轮的结构形式有实心式结构，腹板式结构，轮辐式结构。

根据带轮直径大小来选定带轮结构：

（1）实心式结构：带轮直径 $d \leqslant (2.5 \sim 3.0)\phi$

（2）腹板式结构：$d \leqslant 300$mm。

（3）轮辐式结构：$d \geqslant 300$mm。

5-19　常用的传动带的张紧装置有哪些类型？各适用在哪些场合？

答：（1）定期张紧装置：适用在定期张紧传动带的场合。

（2）自动张紧装置：适用在利用自重自动保持传动带张紧的场合。

（3）用张紧轮的张紧装置：适用在当带传动的中心距因结构限制而不可能调整的场合。

5-20　求出普通 V 带对轴的压力有什么用处？

答：对张紧装置的带传动，需要求出张紧胶带对装置施加的力；在设计支承带轮的轴和轴承时，也需要计算普通 V 带给轴的压力。

## 5.3　习题与参考答案

5-1　一颚式破碎机采用普通 V 带传动，已知电动机工作功率 $P=4\text{kW}$，转速为 $n_1=1440\text{min}^{-1}$，电动机类型为鼠笼式交流感应电动机，从动轴转速要求为 $n_2=590\text{min}^{-1}$，两班制工作，试设计此普通 V 带传动。

解：(1) 选定普通 V 带型号，长度和根数。

1) 选定 V 带型号。查表得 $K_A=1.4$，计算功率 $P_{ca}=K_A\times P=4\times1.4=5.6\text{kW}$，由电动机转速 $n_1=1440\text{min}^{-1}$，因此选用 A 型普通 V 带。

2) 确定带轮节圆直径。查表得 A 型普通 V 带的最小直径 $d_{min}=75\text{mm}$，因此选取小带轮直径 $d_1=85\text{mm}$，由于 $d_2=id_1$，大带轮直径的计算值 $d_2=85\times\dfrac{1440}{590}=207\text{mm}$，可查表接近此值的带轮标准直径为 200mm，则此时实际传动比 $i'=\dfrac{d_2}{d_1(1-\varepsilon)}=\dfrac{200}{85\times(1-0.01)}=2.38$，与题给 $i=2.44$ 误差为 $\dfrac{2.44-2.38}{2.44}=0.02=2\%$，符合要求。因此取 $d_1=85\text{mm}$，$d_2=200\text{mm}$。

V 带速度 $v=\dfrac{\pi d_1 n_1}{60\times1000}=\dfrac{\pi\times85\times1440}{60\times1000}=6.41\text{m/s}$，在合理范围内，带轮直径合适。

3) 中心距 $a$ 和带长 $L$。

① 初选 $a_0=0.7(d_1+d_2)\sim2(d_1+d_2)=200\sim570\text{mm}$。

取 $a_0=250\text{mm}$。

② 计算带长。

$$L_{p0}=2a_0+\frac{\pi}{2}(d_1+d_2)+\frac{(d_2-d_1)^2}{4a_0}=960.1\text{mm}$$

查表，根据 A 型，取 $L_d=1100\text{mm}$。

③ 由 $a=a_0+\dfrac{L_d-L_{d0}}{2}=270\text{mm}$。

由于安装、调整需要，中心距变动范围为：

$$a_{min}=270-0.015\times1100=253.5\text{mm}$$
$$a_{max}=270+0.03\times1100=303\text{mm}$$

4) 验算主动轮上的包角 $\alpha_1$。

$$\alpha_1=180°-\frac{d_2-d_1}{a}\times57.3°=155.6°\geqslant120°，\text{合适。}$$

5) 确定带的根数。由表得 $P_0=0.9$，$\Delta P_0=0.17$，$K_\alpha=0.93$，$K_L=0.91$，则：

$$z\geqslant\frac{P_{ca}}{(P_0+\Delta P_0)K_\alpha K_L}=\frac{5.6}{(0.9+0.17)\times0.93\times0.91}=6.18$$

则取普通 V 带根数 $z=7$ 根。因此，最后选定 7 根长度为 1100mm 的 A 型带。

（2）安装要求。

1）中心距 $a=270\text{mm}$。

2）单根 V 带的预拉力。$F_0=500\dfrac{P_{ca}}{vz}\dfrac{2.5-K_\alpha}{K_\alpha}+qv^2$，由表可得 $q=0.1\text{kg/m}$，则 $F_0=109.5\text{N}$。

3）张紧形式。采用定期张紧，用改变电动机位置来调整中心距大小，以保持预紧力。

压轴力 $F_Q=2zF_0\times\sin\dfrac{\alpha_1}{2}=2\times7\times109.5\times\sin\dfrac{155.6°}{2}=1498.4\text{N}$

5-2　C618 车床的电动机和床头箱之间采用垂直布置的普通 V 带传动。已知电动机功率为 $P=4.5\text{kW}$，转速 $n_1=1440\ \text{min}^{-1}$，胶带传动比 $i=2.1$，二班制工作，根据机床结构，带轮中心距 $a$ 应为 900mm 左右，试求：

（1）胶带的型号，长度和根数；

（2）带轮中心距 $a$；

（3）两带轮轴上的压力 $Q$；

（4）带传动的张紧措施。

解：

（1）选定 V 带型号：因为条件为机床二班制工作，所以查得：$K_A=1.4$，故 $P_{ca}=K_A\cdot P=1.4\times4.5=6.3\text{kW}$，$n_1=1440\text{min}^{-1}$。

因此，查表可知选用 A 型普通 V 带。

（2）确定带轮节圆直径：查得最小直径 $d_{min}=75$，所以初选小带轮直径 $d_1=150$，以便使结构较紧凑。

大带轮直径：$d_2=2.1\times150=315$。

可查得接近此值的带轮标准直径为 315。

取 $d_2=315$，可求得考虑弹性滑动后带传动的实际传动比为 2.13，与要求传动比误差为 5%以内，符合要求。

$v=\dfrac{\pi d_1 n_1}{60\times1000}=\dfrac{\pi\times150\times1440}{60\times1000}=11.31\text{m/s}$，带速在合理范围内，带轮直径合适。

（3）初选 $a_0$：$a_0=900\text{mm}$。

带长：$L_{p0}=2a_0+\dfrac{\pi}{2}(d_1+d_2)+\dfrac{(d_2-d_1)^2}{4a_0}=2\times900+\dfrac{\pi}{2}(150+315)+\dfrac{(315-150)^2}{4\times900}=2538\text{mm}$。

根据 A 型查表，接近此值的标准长度为 2500mm。

计算中心距：由 $a\approx a_0+\dfrac{L_p-L_{p0}}{2}=900+\dfrac{2500-2538}{2}=881\text{mm}$。

中心距变动范围为 $\begin{cases}a_{min}=881-0.015\times2500=843.5\text{mm}\\a_{max}=881+0.03\times2500=956\text{mm}\end{cases}$

（4）包角：$\alpha_1=180°-\dfrac{d_2-d_1}{a}\times57.3°=180°-\dfrac{315-150}{881}\times57.3°=169.3°>120°$，所以合适。

(5) 确定带的根数：因为 $P_{ca}=6.3\text{kW}$，根据 A 型查表，$P_0=1.3\text{kW}$，根据传动比 $i=2.13$，查表得额定功率增量 $\Delta P_0=0.17\text{kW}$，按照 $\alpha_1\approx169.3°$，包角系数 $K_\alpha=1$，根据 A 型查表，$K_L=1$，则 $z\geqslant\dfrac{6.3}{(1.3+0.17)\times1}=4.29$，所以普通 V 带根数 $z=5$ 根。

(6) 计算单根 V 带的预拉力：$F_0=500\dfrac{P_{ca}}{vz}\dfrac{2.5-K_\alpha}{K_\alpha}+qv^2$，查表可知 $q=0.1\text{kg/m}$，所以 $F_0=500\times\dfrac{6.3}{11.31\times5}\times\dfrac{2.5-1}{1}+0.1\times11.31^2=96.3\text{N}$。

(7) 采用定期张紧，用改变电动机位置来调整中心距大小，以保持预紧力。

(8) 计算压轴力：$F_Q=2zF_0\cdot\sin\dfrac{\alpha}{2}=2\times5\times96.3\times\sin\dfrac{180°}{2}=963\text{N}$。

5-3 有一普通 V 带传动，今测得 $n_1=1450\text{min}^{-1}$，$a=370\text{mm}$，$d_1=140\text{mm}$，$d_2=400\text{mm}$，用三根 B 型带，预拉力按规定条件给定，试求此传动所能传递的功率和带轮上所受的压力（载荷平稳，电动机驱动，单班制工作）。

解：(1) V 带速度。

$$v=\frac{\pi d_1n_1}{60\times1000}=10.6\text{m/s}$$

(2) 带长。

$$L_{p0}=2a_0+\frac{\pi}{2}(d_1+d_2)+\frac{(d_2-d_1)^2}{4a_0}=1633.5\text{mm}(a_0=370\text{mm})$$

$$L_p=1760\text{mm}$$

$$K_L=1$$

(3) 主动轮上包角 $\alpha_1$。

$\alpha_1=180°-\dfrac{d_2-d_1}{a}\times57.3°=139.7°>120°$，合适。

$$\alpha_1\approx140°$$

包角系数：

$$K_\alpha=0.89$$

(4) 确定带的根数。

$$z\geqslant\frac{P_{ca}}{(P_0+\Delta P_0)K_\alpha K_L}$$

式中，$P_{ca}$为计算功率，$P_{ca}=K_\alpha P$，$P$ 为名义需要传动的功率。

传动比 $i=2.86$，$n_1=1450\text{min}^{-1}$

$$\Delta P_0=0.46\text{kW}$$

根据 $d_1=140\text{mm}$，$n_1=1450\text{min}^{-1}$，$P_0=2.47\text{kW}$（单根普通 V 带的基本额定功率），$K_L=1$，$K_\alpha=0.89$，$z=3$，由 $z\geqslant\dfrac{P_{ca}}{(P_0+\Delta P_0)K_\alpha K_L}$，得：

$$P_{ca}\leqslant z(P_0+\Delta P_0)K_\alpha K_L$$

此传动带所能传递的功率：

$$P_{ca} \leqslant 3 \times (2.47 + 0.46) \times 0.89 \times 1 = 7.8231\text{kW}$$

单根 V 带的预拉力 $F_0$：

$$F_0 = 500 \frac{P_{ca}}{vz} \frac{2.5 - K_\alpha}{K_\alpha} + qv^2$$

B 型带 $q=0.17\text{kg/m}$。

$$F_0 = 500 \times \frac{7.8231}{10.6 \times 3} \times \frac{2.5 - 0.89}{0.89} + 0.17 \times 10.6^2 = 241.6\text{N}$$

计算压轴力 $F_Q$：

$$F_Q = 2zF_0 \sin \frac{\alpha}{2} = 2 \times 3 \times 241.6 \times \sin \frac{140°}{2} = 1362.2\text{N}$$

5-4 设计一压力机上的普通 V 带传动。已知胶带由功率为 55kW 的交流异步电动机驱动，主动轮转速为 $n_1 = 730\text{min}^{-1}$，要求从动轮转速为 $300\text{min}^{-1}$，大带轮直径不超过 1000mm，中心距不超过 1200mm，单班制工作。

解：(1) 选定普通 V 带型号，长度和根数。

1) 选定 V 带型号。查表得 $K_A = 1.1$，计算功率 $P_{ca} = K_A \times P = 1.1 \times 55 = 60.5\text{kW}$，由电动机转速 $n_1 = 730\text{min}^{-1}$，因此选用 D 型普通 V 带。

2) 确定带轮节圆直径。查表得 A 型普通 V 带的最小直径 $d_{min} = 355\text{mm}$，因此选取小带轮直径 $d_1 = 360\text{mm}$，由于 $d_2 = id_1$，大带轮直径的计算值 $d_2 = 360 \times \frac{730}{300} = 876\text{mm}$，查表知接近此值的带轮标准直径为 900mm，则此时实际传动比 $i' = \frac{d_2}{d_1(1-\varepsilon)} = \frac{900}{360(1-0.01)} = 2.53$，与题给 $i=2.43$ 误差为 $\frac{2.43-2.53}{2.43} = -0.04 = -4\%$，符合要求。因此取 $d_1 = 360\text{mm}$，$d_2 = 900\text{mm}$。

V 带速度 $v = \frac{\pi d_1 n_1}{60 \times 1000} = \frac{\pi \times 360 \times 730}{60 \times 1000} = 13.8\text{m/s}$，在合理范围内，带轮直径合适。

3) 中心距 $a$ 和带长 $L$。

① 初选 $a_0 = 0.7(d_1 + d_2) \sim 2(d_1 + d_2) = 882 \sim 2520\text{mm}$。

取 $a_0 = 1000\text{mm}$。

② 计算带长。

$$L_{p0} = 2a_0 + \frac{\pi}{2}(d_1 + d_2) + \frac{(d_2 - d_1)^2}{4a_0} = 4051.1\text{mm}$$

查表，根据 D 型，取 $L_d = 4080\text{mm}$。

③ 由 $a = a_0 + \frac{L_p - L_{p0}}{2} = 1014.5\text{mm}$，由于安装、调整需要，中心距变动范围为：

$$a_{min} = 1014.5 - 0.015 \times 4080 = 953.3\text{mm}$$
$$a_{max} = 1014.5 + 0.03 \times 4080 = 1136.9\text{mm}$$

4) 验算主动轮上的包角 $\alpha_1$：

$$\alpha_1 = 180° - \frac{d_2 - d_1}{a} \times 57.3° = 149.1° \geqslant 120°$$

合适。

5）确定带的根数。

由表得 $P_0 = 14$，$\Delta P_0 = 2.19$，$K_\alpha = 0.92$，$K_L = 0.91$，于是：

$$z \geqslant \frac{P_{ca}}{(P_0 + \Delta P_0)K_\alpha K_L} = \frac{55}{(14 + 2.19) \times 0.92 \times 0.91} = 4.06$$

则取普通 V 带根数 $z = 5$ 根。因此，最后选定 5 根长度为 4080mm 的 D 型带。

（2）安装要求。

1）中心距 $a = 1000$mm。

2）单根 V 带的预拉力：

$$F_0 = 500 \frac{P_{ca}}{vz} \frac{2.5 - K_\alpha}{K_\alpha} + qv^2$$

由表可得 $q = 0.62$kg/m，则 $F_0 = 802.5$N。

3）张紧形式。采用定期张紧，用改变电动机位置来调整中心距大小，以保持预紧力。

压轴力 $F_Q = 2zF_0 \sin\frac{\alpha_1}{2} = 2\times5\times802.5\times\sin\frac{149.1°}{2} = 7735$N。

## 5.4 自 测 题

5-1 V 带传动主要依靠________传递运动和动力。

A. 带的紧边拉力　　B. 带和带轮接触面间的摩擦力

C. 带的预紧力　　D. 无法确定

5-2 在一般传递动力的机械中，主要采用________传动。

A. 平带　　B. 同步带　　C. V 带　　D. 多楔带

5-3 带传动中，$v_1$ 为主动轮圆周速度，$v_2$ 为从动轮圆周速度，$v$ 为带速，这些速度之间存在的关系是________。

A. $v_1 = v_2 = v$　　B. $v_1 > v > v_2$　　C. $v_1 < v < v_2$　　D. $v_1 = v > v_2$

5-4 带传动打滑总是________。

A. 在小轮上先开始　　B. 在大轮上先开始

C. 在两轮上同时开始　　D. 无法确定

5-5 带传动中，带每转一周，拉应力是________。

A. 有规律变化的　　B. 不变的

C. 无规律变化的　　D. 无法确定

5-6 带传动正常工作时不能保证准确的传动比是因为________。

A. 带的材料不符合胡克定律　　B. 带容易变形和磨损

C. 带在带轮上打滑　　D. 带的弹性滑动

5-7 带传动工作时产生弹性滑动是因为________。

A. 带的预紧力不够　　B. 带的紧边和松边拉力不等

C. 带绕过带轮时有离心力　　D. 带和带轮间摩擦力不够

5-8　带传动中，若小带轮为主动轮，则带的最大应力发生在带________处。

A. 进入主动轮　　B. 进入从动轮

C. 退出主动轮　　D. 退出从动轮

5-9　V 带传动设计中，限制小带轮的最小直径主要是为了________。

A. 使结构紧凑　　B. 限制弯曲应力

C. 保证带和带轮接触面间有足够摩擦力　　D. 限制小带轮上的包角

5-10　V 带传动设计中，选取小带轮基准直径的依据是________。

A. 带的型号　　B. 带的速度

C. 主动轮转速　　D. 传动比

5-11　带传动采用张紧装置的目的是________。

A. 减轻带的弹性滑动　　B. 提高带的寿命

C. 改变带的运动方向　　D. 调节带的预紧力

5-12　下列 V 带传动中，________图的张紧轮位置是最合理的。

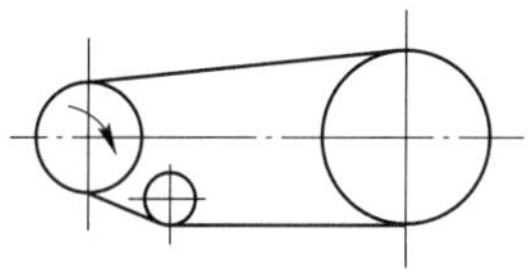

A. 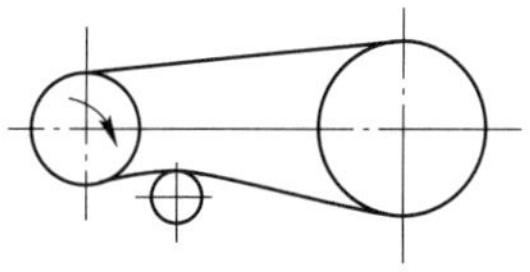　　B.

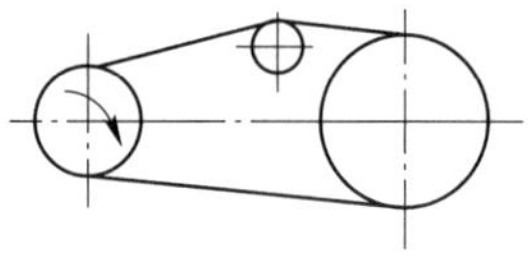

C. 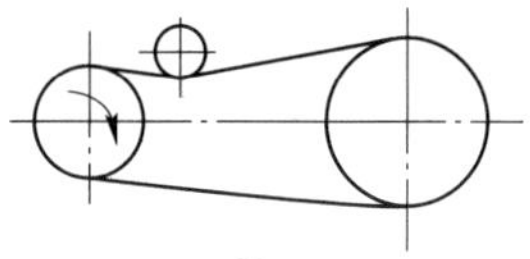　　D.

# 5.5　自测题参考答案

5-1　B　5-2　C　5-3　B　5-4　A　5-5　A　5-6　D　5-7　B　5-8　A　5-9　B　5-10　A　5-11　D　5-12　C

# 6 链 传 动

## 6.1 主要内容与学习要点

本章需要熟悉链传动的类型、结构、标准、特点和应用，链轮和链条的基本常识，链传动的运动不均匀性、动载荷及受力情况，掌握链传动的失效形式、主要参数及其选择原则和滚子链选择计算方法，并同时了解链传动的布置、张紧和润滑。

### 6.1.1 特点

传动链有套筒滚子链（简称滚子链）、齿形链等类型，其特点如表 6-1 所示。

表 6-1 链传动的特点

| | 带 传 动 | 链 传 动 |
|---|---|---|
| 功能 | 中心距 $a$↑ | 中心距 $a$↑ |
| 组成 | 主动轮、从动轮、传动带 | 主动轮、从动轮、链条 |
| 类型 | 平带、V 带、同步带 | 滚子链、齿形链 |
| 运动 | 弹性滑动 $\varepsilon$，挠性带 | $i_R \neq C$，$i_{平}=C$ |
| 动力 | $P \leqslant 50$kW | $P \leqslant 100$kW，最大可达 3600kW |
| 制造费用 | 摩擦传动↓ | 啮合传动↑ |
| 维护 | 简单（定期张紧） | 复杂（润滑） |
| 标准 | ⏢ Y、Z、A、B、C、D、E 七种，截面形状、长度 | 链号→$p$（节距），基本尺寸 |

### 6.1.2 滚子链的结构

滚子链是由滚子、套筒、销轴、内链板和外链板所组成。

滚子链和链轮啮合的基本参数是节距 $p$，链长 $L_p$ 用链节数来表示。主、从动链轮齿数分别用 $z_1$、$z_2$来表示。

### 6.1.3 链传动的运动特性

链传动（图 6-1）的运动特性是平均传动比等于常数，而瞬时传动比不等于常数。平均传动比计算公式如下：

$$i_{平均}=\frac{n_1}{n_2} \qquad \text{r/min}$$

瞬时传动比计算公式如下：

$$i_{瞬} = \frac{\omega_1}{\omega_2} \neq C \qquad \text{rad/s}$$

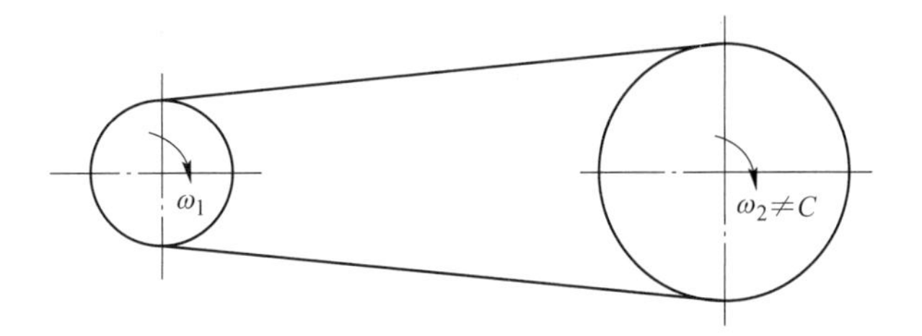


图 6-1 链传动结构简图

主动链轮中心角及变化范围如下：

$$-\frac{\psi_1}{2} \leqslant \beta \leqslant \frac{\psi_1}{2}$$

$$\psi_1 = 360/z_1$$

从动链轮中心角及变化范围如下：

$$-\frac{\psi_2}{2} \leqslant \gamma \leqslant \frac{\psi_2}{2}$$

$$\psi_2 = 360/z_2$$

链速计算公式如下：

$$v = \frac{z_1 \cdot p \cdot n_1}{60 \times 1000} = \frac{z_2 \cdot p \cdot n_2}{60 \times 1000}$$

从图 6-2 和图 6-3 中可以看出，$A$、$B$、$C$ 点的水平分速度及垂直分速度计算公式如下：

$A$：　$\beta = -\frac{\psi_1}{2}$　$v_{Ax} = v_1 \cdot \cos\beta = v_1 \cdot \cos\frac{\psi_1}{2}$　$v_{Ay} = v_1 \cdot \sin\frac{\psi_1}{2}$

$B$：　$\beta = 0$　$v_{Bx} = v_1$　$v_{By} = 0$

$C$：　$\beta = \frac{\psi_1}{2}$　$v_{Cx} = v_1 \cdot \cos\beta = v_1 \cdot \cos\frac{\psi_1}{2}$　$v_{Cy} = v_1 \cdot \sin\frac{\psi_1}{2}$

水平链速 $v_x$ 从 $A$ 点升到 $B$ 点再降到 $C$ 点。

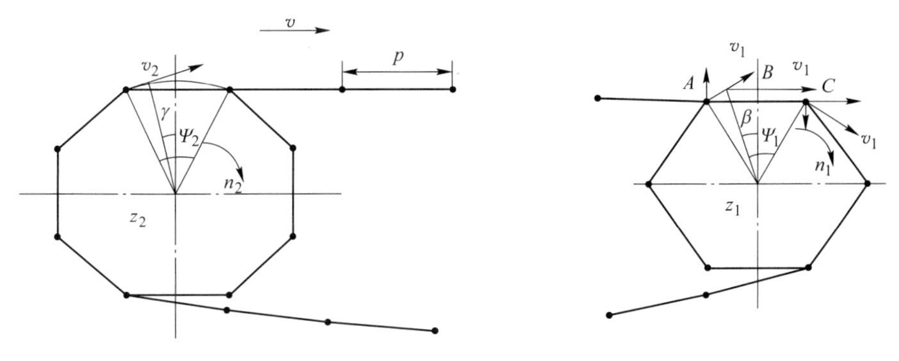


图 6-2 链传动的速度分析

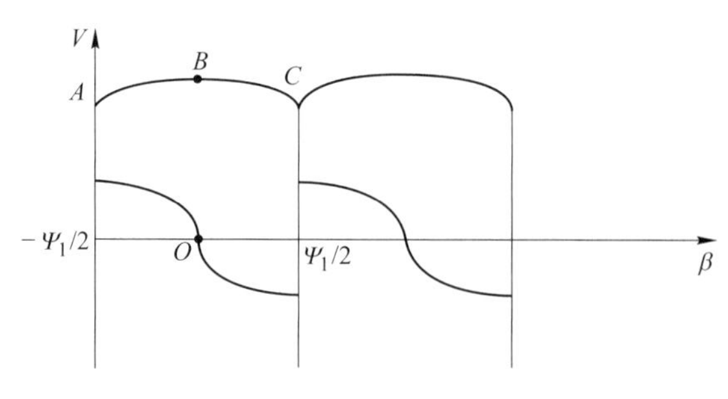


图 6-3 链速变化

主从动轮的水平链速可以写成如下形式：

$$v_x = v_1 \cdot \cos\beta = v_2 \cdot \cos\gamma$$

其 $\beta$ 及 $\gamma$ 角的变化范围如下：

$$-\frac{\psi_1}{2} \leqslant \beta \leqslant \frac{\psi_1}{2}; \qquad -\frac{\psi_2}{2} \leqslant \gamma \leqslant \frac{\psi_2}{2}$$

将 $v_1$、$v_2$的速度表达式代入上式可得：

$$R_1 \cdot \omega_1 \cos\beta = R_2 \cdot \omega_2 \cdot \cos\gamma$$

由此可以推导出瞬时传动比的表达式：

$$i_s = \frac{\omega_1}{\omega_2} = \frac{R_2 \cdot \cos\gamma}{R_1 \cdot \cos\beta} \neq C$$

讨论：

（1）从上式中可以看出，瞬时传动比及从动轮角速度与 $\beta$ 及 $\gamma$ 角有关。

（2）$\beta$ 及 $\gamma$ 角随链轮齿数 $z_1$、$z_2$变化；链轮齿数越少，链条节距越大，那么 $\beta$ 及 $\gamma$ 角的变化范围越大，瞬时传动比及从动轮角速度的变化范围越大，振动就越大。链轮齿数越多，链条节距越小，那么 $\beta$ 及 $\gamma$ 角的变化范围越小，瞬时传动比及从动轮角速度的变化范围越小，振动就越小，链传动越平稳。

（3）若需要瞬时传动比等于常数 $i_s=C$，那么需要 $\gamma=\beta$，$z_1=z_2$，$a/p=$整数，保证同相位变化。

上述链传动运动不均匀性的特征，是由于围绕在链轮上的链条形成了正多边形这一特点所造成的，故称为链传动的多边形效应。

### 6.1.4 附加动载荷

附加动载荷是指正常的工作载荷以外，由于速度的变化，引起惯性力，从而产生了附加动载荷。

### 6.1.5 受力与应力分析

链传动的紧边拉力表达式如下：

$$F_1 = F_e + F_c + F_f$$

链传动的松边拉力表达式如下：

$$F_2 = F_c + F_f$$

由此可见，链传动受到的是周期循环变应力作用。

### 6.1.6 失效分析

（1）疲劳破坏。链传动的疲劳破坏包括链板疲劳、套筒与滚子点蚀和冲击疲劳断裂。

（2）铰链磨损。铰链磨损后会增大链条节距 $p$，从而容易引起掉链现象。

（3）胶合。当链速比较高时，容易引起胶合失效。

（4）链条静载拉断。当链速 $v<0.6\text{m/s}$ 时，工作载荷过大，容易引起链条静载拉断。

### 6.1.7 计算准则

链传动的极限功率图如图 6-4 所示。

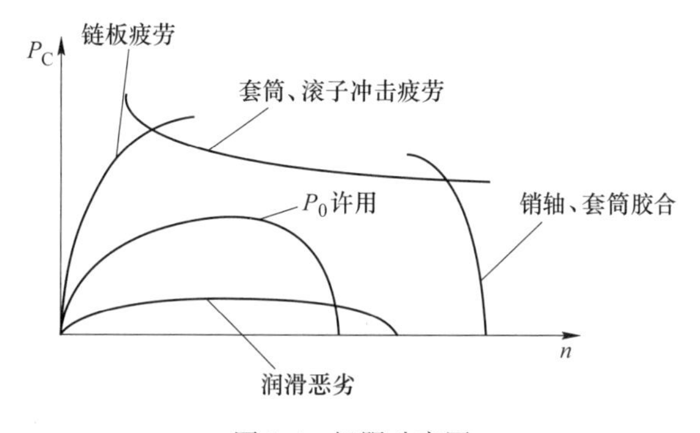


图 6-4 极限功率图

链传动的计算功率需要小于等于许用功率：

$$P_{ca} \leqslant P_0 \cdot K_z \cdot K_L \cdot K_p$$

链传动的额定功率是在下面实验条件下获得的，实验采用单排链、润滑良好、中等速度，主动链轮齿数 $z_1 = 19$，链条长度 $L_p = 100$ 节，传动平稳，寿命为 15000h。上式中 $K_z$ 为小链轮齿数系数；$K_p$ 为多排链系数；$K_L$为链长系数。

链传动的静强度校核计算公式如下：

$$S_{ca} = \frac{Q \cdot n}{K_A \cdot F_1} > 4 \sim 8$$

式中，$S_{ca}$为链的抗静力强度的计算安全系数；$Q$ 为单排链的极限拉伸载荷；$n$ 为排数；$K_A$ 为工作情况系数；$F_1$为链的紧边拉力。

### 6.1.8 设计步骤

已知：主动链轮转速 $n_1$、从动链轮转速 $n_2$（或传动比 $i$）、传递的名义功率 $P$。

求：链号（$p$）、主动链轮齿数 $z_1$、从动链轮齿数 $z_2$、链条长度 $L_p$、中心距 $a$。

（1）确定主动链轮齿数 $z_1$、从动链轮齿数 $z_2$、传动比 $i$ 。

主动链轮齿数越多，传动越平稳，$z_1\uparrow\rightarrow$平稳；

主动链轮齿数过多，那么从动链轮齿数势必更多，重量就会很大，$z_1\uparrow\uparrow\rightarrow z_2\uparrow\uparrow\uparrow\rightarrow$重量；主动链轮齿数要大于等于标准中规定的最少齿数，$z_1 \geqslant z_{min}$；

从动链轮齿数要小于等于最大链轮齿数，$z_2 \leqslant z_{max} = 120$；

单级链传动的传动比需要小于等于6，$i \leqslant 6$，通常取 $i = 2 \sim 3.5$；

传动比越大，包角越少，同时参与啮合的齿数越少，那么磨损就越严重。

（2）计算功率 $P_{ca}$。计算功率可按下式计算，其中 $K_A$ 是工作情况系数，可查教材《机械设计》中的表6-2。

$$P_{ca} = K_A \cdot P$$

（3）节距 $p$。

链条的额定功率计算公式如下：

$$P_0 = \frac{P_{ca}}{K_z \cdot K_L \cdot K_p}$$

式中，$K_z$ 为齿数系数，查教材《机械设计》中的表6-4；$K_p$ 为多排链系数，查教材《机械设计》中的表6-5；$K_L$ 为链长系数，查教材《机械设计》中的表6-6。

链条型号可根据主动链轮转速及额定功率查图6-5获得，再根据链号，查教材《机械设计》中的表6-1可获得链条节距 $p$。

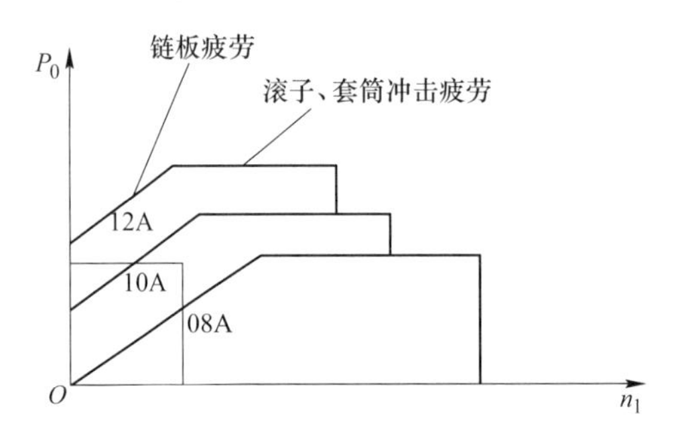


图6-5 额定功率曲线

（4）中心距 $a$、链条长度 $L_p$。

链条的中心距 $a$ 可以按照以下经验公式计算：

$$a_0 = (30 \sim 50)p$$

若中心距过大、过长易掉链；若过小，包角小，工作能力会下降。链条的长度可按照下面公式计算：

$$L_p = \frac{2a_0}{p} + \frac{z_1 + z_2}{2} + \frac{z_2 - z_1}{2\pi} \cdot \frac{p}{a_0}$$

（5）压轴力 $Q$。

压轴力可按照以下公式计算：

$$Q = K_Q \cdot F_e$$

式中，$K_Q$ 为压轴力系数，$K_Q = 1.15$（水平布置）或 $1.05$（垂直布置）。

（6）低速静强度校核。

低速静强度安全系数需要满足以下条件：

$$S_{ca} > 4 \sim 8$$

（7）链轮的结构设计。详见教材《机械设计》及《机械设计课程设计手册》。

（8）布置、张紧、润滑。链传动的布置详见教材《机械设计》中的图 6-15，张紧部分详见教材《机械设计》中的图 6-16，润滑部分详见教材《机械设计》中的图 6-14。

## 6.2 思考题与参考答案

6-1 链传动产生运动不均匀性的原因是什么？怎样才能减小运动不均匀性？

答：链传动在工作时，虽然主动轮以匀速旋转，但由于链条绕在链轮上呈多边形。这种多边形啮合传动，使链的瞬时速度产生周期性变化。从而使从动轮转速也产生周期性变化，与此同时链条还要上下抖动。这就使链传动产生了运动不均匀性。

影响运动不均匀性的因素有小链轮（主动链轮）转速 $n$，链条节距 $p$ 及链轮齿数 $z$。

采用较小的节距，较多的齿数并限制链轮的转速，可减少运动的不均匀性。

6-2 与带传动比较，链传动有哪些特点？链传动适合用在哪些场合？

答：特点：（1）与带传动类似，可以根据需要来选择链条的长度，以适应轴间距离较大的工作要求；

（2）与带传动相比，链传动是啮合传动，因此没有滑动，平均传动比准确，传递的动力大小相同时，链传动结构比较紧凑；此外不需要很大的预拉力，因此作用在轴上的载荷较小，效率也较带传动高；链传动能在温度较高、湿度较大、灰尘较多的恶劣环境中工作；

（3）由于链节是刚性的，所以链条以折线形状绕在链轮上，即使主动链轮转速不变，链速和从动链轮瞬时转速也是变化的，因此链传动不如带传动和齿轮传动平稳，工作时有噪声，不适合用在要求精确传动比的场合和高速、载荷变化大以及急促反向的传动中；

（4）只能用于平行轴间的传动；

（5）链传动对安装精度要求较高，制造成本也较带传动高。

应用：由于链传动比较简单、经济和可靠，并可在恶劣条件下工作，所以广泛应用在农业、采矿、冶金、建筑、起重、运输、石油、化工和纺织等各种机械中。

6-3 链传动产生动载荷的原因是什么？减少动载荷的措施有哪些？

答：原因：（1）链速周期性变化产生的动载荷；（2）链条上下垂直运动速度的变化引起的横向振动所产生的动载荷；（3）链条与链轮轮齿啮合时的冲击和动载荷。

措施：采用较小的链节距，较多的链轮齿数，适宜的齿形角和限制链轮转速，以及采用自动张紧装置等。

6-4 链传动工作中，链条受有哪些作用力？

答：链条受到的作用力有有效圆周力 $F_e$、离心拉力 $F_c$、悬垂拉力 $F_y$、摩擦力 $F_f$。

工作时，松边和紧边所受拉力不同。紧边：$F_1=F_e+F_c+F_f$；松边：$F_2=F_c+F_f$。

6-5 设计套筒滚子链传动时，其设计步骤大体怎样？

答：（1）确定链轮齿数 $z_1$，$z_2$；

（2）初选中心距；

（3）初定排数；

（4）工作状况系数 $K_A$；

（5）要求的许用功率 $P_0$；

（6）验算链速和检查中心距；

（7）计算链节数；

（8）计算理论中心距；

（9）计算作用在链轮轴上的压力。

6-6 套筒滚子链传动的主要失效形式有哪些？

答：（1）链的疲劳破坏；（2）链条铰链的磨损；（3）多次冲击破断和过载拉断；（4）胶合。

6-7 链传动的传动比取得太大时有什么问题？一般推荐的传动比范围是多少？

答：传动比过大时，将使链条在小链轮上的包角过小，因而同时啮合的齿数减少，每个轮齿承受的载荷增大，加速轮齿的磨损，且易出现跳齿和脱链现象；传动比过大，会使传动尺寸过大。

一般链传动的传动比 $i \leqslant 8$，常取 $i = 2 \sim 3.5$ 之间，链条在小链轮上的包角不应小于 120°。

6-8 选择链轮齿数时要考虑哪些问题？小链轮齿数如何选取？

答：链轮齿数对传动平稳性和工作寿命影响很大。齿数不宜过少也不能过多。小链轮齿数较小时，可以减少传动外廓尺寸，但是如果过少，就会引起下列一些问题：（1）由链传动的运动分析可知，齿数愈少，链传动运动不均匀性愈严重，动载荷也愈大。（2）链条进入和离开链轮时，相邻链节的相对回转角增大，加快铰链的磨损和增加功率损耗。（3）在相同的链节距下，齿数少则链轮直径小，因而传递同样大的动力时链轮圆周力比较大，链条工作拉力增大，增加铰链承压面上的压强，从而会加速链条和链轮的磨损，增加轴和轴承所受的载荷。增加小链轮齿数是有利于改善传动工作情况的。链轮齿数也不能过多，齿数多除了使传动尺寸增大和重量增加外，还会由于脱链问题而缩短链条的使用寿命。选择链轮齿数时，还要考虑轮齿和链条的均匀磨损问题，应该尽量避免同一轮齿周期性地固定与某几个链节啮合，即尽可能使同一轮齿轮流与所有的链节啮合。由于一般为便于连接而选取链节数为偶数，因此，链轮齿数最好选用与链节数互为质数的奇数。

6-9 链节距的大小对传动工作有什么影响？选择链节距和排数时应考虑哪些问题？

答：影响：

（1）链节距越大，传动工作能力越高，但传动平稳性降低；

（2）链节距越小，传动平稳性越高，不均匀性越低。

考虑问题：

（1）满足承载能力要求条件下，尽量选择较小节距的单排链，并且取较大的小链轮齿数。

（2）在高速重载的链传动中，优先选用较小节距的多排链；

（3）传递载荷比较大，传动比也比较大，而要求中心距小些时，可以选用较小节距的多排链，并选较大的小链轮齿数；

（4）中心距要求较大，传动比又较小，或者低速重载传动，宜采用节距较大但排数较少的链条。

6-10 链节数为什么常取偶数？它与中心距的关系怎样？

答：为了使链联成封闭环状，链的两端应用联接链节联接起来，当组成链的总链节数为偶数时，可避免采用过渡链节联接，过渡链节除受拉力外，还受附加弯曲应力，故强度较一般链节低20%。因此，一般情况下，最好不用奇数链节数。

$$中心距\ a \approx \frac{p}{4}\left[\left(L_p - \frac{z_1 + z_2}{2}\right) + \sqrt{\left(L_p - \frac{z_1 + z_2}{2}\right)^2 - 8\left(\frac{z_2 - z_1}{2\pi}\right)^2}\right]$$

6-11 中心距的大小受什么条件限制？初选中心距和实际的安装中心距有什么不同？

答：中心距 $a$ 可以根据工作需要来确定初值，它的大小对传动工作性能有很大影响。$a \approx \frac{p}{4}\left[\left(L_p - \frac{z_1 + z_2}{2}\right) + \sqrt{\left(L_p - \frac{z_1 + z_2}{2}\right)^2 - 8\left(\frac{z_2 - z_1}{2\pi}\right)^2}\right]$。即中心距的大小受到链轮齿数、链节距以及链节数的条件限制，还以小轮包角不小于120°为限制条件。

为了便于链条的安装，保证合理的松边下垂量，使链条能顺利进入链轮轮齿啮合，因此应使安装中心距小于初选中心距，一般减少（0.002~0.004）$a$，水平布置的链传动，最小安装初垂度可取为 $0.02a$。

6-12 怎样根据许用功率曲线来选取链条的型号？

答：通过额定功率曲线，由传递功率和小链轮转速，在曲线中查出适用的链条型号。

6-13 为什么润滑不良时要降低许用功率？

答：润滑不良时，运动不均匀性越大，节距越大，但易磨损，所以要降低许用功率。

6-14 低速链传动根据什么条件来选择链条型号？

答：低速链传动要根据静力强度条件来选择链条型号。$v<0.6\text{m/s}$ 的链传动要按静强度计算。考虑到工作载荷的性质会有不同，引入工作状况系数 $K_A$，则静强度安全系数 $S$ 应满足 $S=\frac{Qn}{K_A F_1}\geqslant 4\sim 8$，式中，$Q$ 为链的极限拉伸载荷；$K_A$ 为工作情况系数；$F_1$ 为紧边总拉力；$n$ 为排数。

6-15 链传动的合理布置要考虑哪些问题？

答：（1）两链轮的回转平面必须布置在同一垂直平面，不能布置在水平面或倾斜平面，否则将引起脱链或不正常磨损；

（2）一般应使链条紧边在上，松边在下，以免链条垂度较大时出现链条与链轮干扰或两链边相碰；

（3）两链轮中心连线尽量布置在水平面，或夹角小于45°的位置。尽量避免垂直位置传动，以免链条垂度增大，使链条与下链轮啮合不良或脱离啮合。必须采用垂直布置时，应使上下链轮偏移一段距离。

6-16 链传动的润滑方式是怎样确定的？

答：先确定链条速度（（1）确定链轮齿数 $z_1$、$z_2$；（2）初选中心距；（3）初定排数；（4）工作状况系数 $K_A$；（5）要求的许用功率 $P_0$；（6）验算链速和检查中心距）。再根据教材《机械设计》中的图6-14选择推荐的润滑方式。

6-17 链传动的张紧方法有哪些？

答：（1）调整中心距：一般套筒滚子链传动中心距调整的范围为 $\Delta a\geqslant 2p$，调整后松边的下垂量一般控制在 $y=(0.01\sim 0.02)a$。

（2）张紧轮张紧：张紧轮应装在松边上，一般靠近从动链轮处。张紧轮可以用带齿的链轮或不带齿的辊轮，其直径与小链轮直径相近。张紧力可用弹簧或挂重来产生。

（3）压板或托板张紧：压板张紧可以用于多排链传动，一般装在松边上。托板则只在链速 $v \leqslant 1\text{m/s}$ 时使用。

## 6.3 习题与参考答案

6-1 已知一套筒滚子链传动，链条型号为10A双排，小链轮齿数 $z_1=23$，大链轮齿数 $z_2=67$，主动链轮转速 $n_1=333\text{min}^{-1}$，链节数 $L_p=120$，水平传动，载荷平稳，两班制工作。

（1）试求此链传动的许用传递功率；

（2）计算其中心距；

（3）求出作用在链轮轴上的力。

解：（1）链条型号为10A双排，查表得：排数系数 $K_p=1.7$；$z_1=23$，查表得：小链轮齿数系数 $K_z=1.23$；

载荷平稳，两班制工作，工作情况系数 $K_A=1.0$；

许用传动功率：$P_0=\dfrac{PK_A}{K_pK_z}=\dfrac{P}{1.23\times1.7}=0.48P$；

通过查图得 $P=3.9\text{kW}$；

则许用传动功率：$P_0=0.48\times3.9=1.872\text{kW}$；

（2）套筒滚子链的型号为10A，节距 $p=15.875\text{mm}$；

中心距 $a\approx\dfrac{p}{4}\left[\left(L_p-\dfrac{z_1+z_2}{2}\right)+\sqrt{\left(L_p-\dfrac{z_1+z_2}{2}\right)^2-8\left(\dfrac{z_2-z_1}{2\pi}\right)^2}\right]=584.74\text{mm}$；

（3）链速 $v=\dfrac{z_1pn_1}{60\times1000}=\dfrac{23\times15.875\times333}{60\times1000}=2.03\text{m/s}$；

由 $F_Q=K_Q\cdot F_e$，水平传动，取 $K_Q=1.2K_A=1.2\times1.0=1.2$；

由 $F_e=\dfrac{1000P}{v}=\dfrac{1000\times3.9}{2.03}=1921.18\text{N}$；

得 $F_Q=K_Q\cdot F_e=1.2\times1921.18=2305.42\text{N}$；

6-2 试设计一带式运输机的套筒滚子链传动，已知传动功率 $P=5.5\text{kW}$，$n_1=720\text{min}^{-1}$，电动机驱动，传动比 $i=2.5$，按规定条件润滑，水平传动，工作平稳，一班制工作。

解：（1）确定链轮齿数 $z_1$ 和 $z_2$。因为估计链速在3~8m/s，因此取 $z_1=21$，则 $z_2=iz_1=2.5\times21=52.5$，取 $z_2=53$，则实际传动比为 $i=\dfrac{53}{21}=2.52$，与要求的传动比2.5的误差为0.9%，可以满足使用要求。由 $z_1=21$，查表得到 $K_z=1.11$。

（2）初选中心距。一般初选中心距为 $a_0=(30\sim50)p$，现取 $a_0=40p$。

（3）初定排数。虽然排数较多时节距可以小些，但是由于传递的功率不大，速度也不高，因此可以先用单排链试算，如果不符合要求，再选用多排链。查表可知，单排链时，$K_p=1$。

（4）工作状况系数 $K_A$。根据已知条件，用电动机驱动并且载荷平稳时，$K_A=1$。

（5）要求的许用功率 $P_0$。将各参数代入公式：$P_0 \geqslant \frac{PK_A}{K_z K_p}=\frac{5.5\times1}{1.11\times1}=4.95\text{kW}$。由求得的 $P_0$ 和小链轮转速 $n_1=720\text{r/min}$，查图可得链条型号为10A，即链节距 $p=15.875\text{mm}$。

（6）验算链速和检查中心距。由于按 $v=3\sim8\text{m/s}$ 选链轮齿数，并初选中心距 $a_0=40p$，因此，选定链节距后，应验算 $v$ 是否与原设范围相符，并检查中心距大小是否满足题目条件。链速 $v=\frac{z_1pn_1}{60\times1000}=\frac{19\times15.875\times720}{60\times1000}=3.62\text{m/s}$，符合原估计范围。初定中心距 $a_0=40p=40\times15.875=635\text{mm}$。因此，选用10A单排链条可以满足传动工作要求。

（7）计算链节数 $L_p$。由初选中心距 $a_0=635\text{mm}$ 和链轮齿数，代入公式：

$$L_p \approx \frac{2a_0}{p}+\frac{z_1+z_2}{2}+\left(\frac{z_2-z_1}{2\pi}\right)^2\frac{p}{a_0}=\frac{2\times635}{15.875}+\frac{21+53}{2}+\left(\frac{53-21}{2\pi}\right)^2\times\frac{15.875}{635}=117.6$$

取 $L_p=118$ 节，因此中心距与初选中心距有一些差别。

（8）计算理论中心距。根据取定的链节数 $L_p=118$，代入公式求得

$$a \approx \frac{p}{4}\left[\left(L_p-\frac{z_1+z_2}{2}\right)+\sqrt{\left(L_p-\frac{z_1+z_2}{2}\right)^2-8\left(\frac{z_2-z_1}{2\pi}\right)^2}\right]=\frac{15.875}{4}\times$$

$$\left[\left(114-\frac{21+53}{2}\right)+\sqrt{\left(114-\frac{53+21}{2}\right)^2-8\times\left(\frac{53-21}{2\pi}\right)^2}\right]=605.79\text{mm}$$

（9）作用在链轮轴上的压力。由公式 $F_Q \approx K_Q F_e$，水平传动，取 $K_Q=1.2K_A=1.2\times1=1.2$，由公式 $F_e=\frac{1000P}{v}=\frac{1000\times5.5}{3.62}=1519.34\text{N}$，所以 $F_Q \approx K_Q F_e=1.2F_e=1.2\times1519.34=1823.21\text{N}$。

6-3　试验算铸工车间中抛丸清理滚筒的套筒滚子链传动的工作能力。已知：$z_1=16$，$z_2=40$，$p=19.05\text{mm}$，$L_p=74$ 节，传动功率 $P=0.8\text{kW}$，小链轮转速 $n_1=48\text{min}^{-1}$。由电动机驱动，工作中有中等冲击、振动，中心连线倾斜角 $\alpha=40°$。

解：

（1）选择链条型号。

1）$z_1=16$，$z_2=40$。

2）初选中心距 $a_0=40p$。

3）单排链 $K_p=1$。

4）工作状况系数 $K_A$，中等冲击，振动，$K_A=1.4$。

5）要求的许用功率 $P_0$：$P_0 \geqslant \frac{PK_A}{K_z K_p}=\frac{0.8\times1.4}{0.831\times1}=1.35\text{kW}$。

由求得的 $P_0$ 和小链轮转速 $n_1=48\text{r/min}$，查表得链条型号为12A，即链节距 $p=19.05\text{mm}$。

6）检验链速和检查中心距：

$$v=\frac{z_1pn_1}{60\times1000}=\frac{16\times19.05\times48}{60\times1000}=0.24\text{mm/s}$$

查表可知，此速度小链轮的齿数 $z_1$ 应该小于 15，而题目取 16，超过标准值，会使传动尺寸增大和重量增加，还会由于脱链问题而缩短链条的使用寿命。

（2）传动尺寸和参数计算。

1）链节数 $L_p=74$ 节。链轮齿数和链节数都为偶数，易产生同一齿轮周期性地固定与某几个链节啮合，易磨损损坏。

2）理论中心距。

$$a=\frac{p}{4}\left[\left(L_p-\frac{z_1+z_2}{2}\right)+\sqrt{\left(L_p-\frac{z_1+z_2}{2}\right)^2-8\left(\frac{z_2-z_1}{2\pi}\right)^2}\right]=432.01\text{mm}$$

$$\frac{a}{p}=22.67\text{，一般 } a=(30\sim50)p\text{。}$$

设计不合理，传动能力不够。

6-4　试设计一压气机用的链传动，已知电动机功率 $P=22\text{kW}$，转速 $n_1=730\text{min}^{-1}$，压气机转速 $n_2=250\text{min}^{-1}$，中心距不得超过 600mm，载荷平稳，两班制工作，水平传动。

解：（1）选择链条型号。

1）确定链轮齿数 $z_1$ 和 $z_2$。传动比 $i=\dfrac{n_1}{n_2}=\dfrac{730}{250}=2.92$；由教材《机械设计》中的表 6-3，估计链速在 3~8m/s；取 $z_1=20$，则 $z_2=i\times z_1=2.92\times20=58.4$；所以取 $z_2=59$，以利于与偶数链节数互质；

由 $z_1=19$，查教材《机械设计》中的表 6-4，得 $K_z=1.06$；

则实际传动比 $i=\dfrac{59}{20}=2.95$，误差为 0.86%，可以满足使用要求。

2）初选中心距。一般可以初选中心距 $a_0=(30-50)p$，现取 $a_0=40p$；

3）初定排数。根据教材《机械设计》中的表 6-5 选择 4 排链，$K_p=4$；

4）工作状况系数 $K_A$。根据教材《机械设计》中的表 6-2，载荷平稳时，$K_A=1$；

5）要求的许用功率 $P_0$。

将各参数代入式 $P_0=\dfrac{PK_A}{K_pK_z}=\dfrac{22\times1}{4\times1}=5.5\text{kW}$；

由求得的 $P_0$ 和小链轮转速 $n_1=730\text{r/min}$，在教材《机械设计》中的图 6-13 中，可以查出满足工作条件的链条型号为 08A，即链节距 $p=12.7\text{mm}$。

6）验算链速和检查中心距。

链速 $v=\dfrac{z_1pn_1}{60\times1000}=\dfrac{20\times12.7\times730}{60\times1000}=3.09\text{m/s}$，符合原估计范围；

中心距 $a_0=40p=40\times12.7=508\text{mm}<600\text{mm}$，符合要求。

因此选用 08A，4 排链条可以满足传动工作要求。

（2）传动尺寸和参数计算。

1）链节数 $L_p$。由初选中心距 $a_0=508\text{mm}$ 和链轮齿数，用教材《机械设计》中的公式（6-10）可求得要求的链节数为：$L_p=\dfrac{2a_0}{p}+\dfrac{z_2+z_1}{2}+\left(\dfrac{z_2-z_1}{2\pi}\right)^2\dfrac{p}{a_0}=\dfrac{2\times508}{12.7}+\dfrac{20+59}{2}+\left(\dfrac{59-20}{2\pi}\right)^2\times\dfrac{12.7}{508}=120.46$。

取 $L_p=120$，因此中心距与初选中心距有一些差别。

2）理论中心距。

根据取定的链节数 $L_p=120$，利用教材《机械设计》中的式（6-11）求得链的传动中心距为：

$$a \approx \frac{p}{4}\left[\left(L_p-\frac{z_1+z_2}{2}\right)+\sqrt{\left(L_p-\frac{z_1+z_2}{2}\right)^2-8\left(\frac{z_2-z_1}{2\pi}\right)^2}\right]=442\text{mm}$$

3）作用在链轮轴上的压力。

由式（6-9）：$F_Q=K_Q \cdot F_e$；取 $K_Q=1.2K_A=1.2\times1.0=1.2$。

由 $F_e=\dfrac{1000P}{v}=\dfrac{1000\times22}{3.24}=6790\text{N}$；

所以 $F_Q=K_Q \cdot F_e=1.2\times6790=8148\text{N}$。

6-5 一单列套筒滚子链传动，已知：需传递的功率 $P=1.5\text{kW}$，主动链轮转速 $n_1=150\text{min}^{-1}$，中心距 $a\approx820\text{mm}$，水平传动，从动链轮转速 $n_2=50\text{min}^{-1}$，链速 $v<0.6\text{m}\cdot\text{s}^{-1}$，静强度安全系数许用值为 $S=7$，电动机驱动，工作状况系数 $K_A=1.2$。试选出合适的链节距 $p$，确定链节数 $L_p$，链轮齿数 $z_1$，$z_2$ 和链轮节圆直径 $d_1'$、$d_2'$。

解：(1) 确定链轮齿数 $z_1$ 和 $z_2$。根据已知条件，由于链速 $v<0.6\text{m/s}$，因此取 $z_1=13$，根据已知转速，可求得 $i=\dfrac{n_1}{n_2}=\dfrac{150}{50}=3$，则 $z_2=iz_1=3\times13=39$，取 $z_2=37$，以利于偶数链节数互质，则实际传动比为 $i=\dfrac{37}{13}=2.85$，与计算的传动比 3 的误差为 5%，可以满足使用要求。由 $z_1=13$，查表得到 $K_z=0.664$。

(2) 初选中心距。一般初选中心距为 $a_0=(30\sim50)p$，现取 $a_0=40p$。

(3) 初定排数。虽然排数较多时节距可以小些，但是由于传递的功率不大，速度也不高，因此可以先用单排链试算，如果不符合要求，再选用多排链。查表可知，单排链时，$K_p=1$。

(4) 工作状况系数 $K_A$。根据已知条件，用电动机驱动并且载荷平稳时，$K_A=1.2$。

(5) 要求的许用功率 $P_0$。将各参数代入公式：$P_0\geqslant\dfrac{PK_A}{K_zK_p}=\dfrac{1.5\times1.2}{0.664\times1}=2.7\text{kW}$。由求得的 $P_0$ 和小链轮转速 $n_1=150\text{r/min}$，查图可得链条型号为 10A，即链节距 $p=15.875\text{mm}$。

(6) 验算链速和检查中心距。由于按 $v<0.6\text{m/s}$ 选链轮齿数，因此，选定链节距后，应验算 $v$ 是否与原设范围相符，并检查中心距大小是否满足题目条件。链速 $v=\dfrac{z_1pn_1}{60\times1000}=\dfrac{13\times15.875\times150}{60\times1000}=0.52\text{m/s}$，符合原估计范围。初定中心距 $a_0=820\text{mm}$。因此，选用 10A 单排链条可以满足传动工作要求。

(7) 计算链节数 $L_p$。由初选中心距 $a_0=820\text{mm}$ 和链轮齿数，代入公式 $L_p\approx\dfrac{2a_0}{p}+\dfrac{z_1+z_2}{2}+\left(\dfrac{z_2-z_1}{2\pi}\right)^2\dfrac{p}{a_0}=\dfrac{2\times820}{15.875}+\dfrac{13+37}{2}+\left(\dfrac{37-13}{2\pi}\right)^2\times\dfrac{15.875}{820}=128.6$，取 $L_p=128$ 节，因此中心距与初选中心距有一些差别。

（8）计算链轮节圆直径。根据公式 $d_1'=\dfrac{p}{\sin\dfrac{180°}{z_1}}=\dfrac{15.875}{\sin\dfrac{180°}{13}}=66.3\text{mm}$，根据公式 $d_2'=\dfrac{p}{\sin\dfrac{180°}{z_2}}=\dfrac{15.875}{\sin\dfrac{180°}{37}}=187.2\text{mm}$。

## 6.4 自 测 题

6-1 链传动中，限制链轮最少齿数的目的之一是为了________。

A. 减少传动的运动不均匀性和动载荷　B. 防止链节磨损后脱链

C. 使小链轮轮齿受力均匀　D. 防止润滑不良时轮齿加速磨损

6-2 链传动中，最适宜的中心距是________。

A. (10-20)$p$　B. (20~30)$p$　C. (30~50)$p$　D. (50~80)$p$

6-3 设计链传动时，链节数最好取________。

A. 偶数　B. 奇数

C. 质数　D. 链轮齿数的整数倍

6-4 多排链排数一般不超过 3 或 4 排，主要是为了________。

A. 不使安装困难　B. 使各排受力均匀

C. 不使轴向过宽　D. 减轻链的重量

6-5 链传动只能用于轴线________的传动。

A. 相交成 90°　B. 相交成任意角度

C. 空间 90°交错　D. 平行

6-6 链传动张紧的目的主要是________。

A. 同带传动一样　B. 提高链传动工作能力

C. 避免松边垂度过大而引起啮合不良和链条振动

D. 增大包角

6-7 链传动人工润滑时，润滑油应加在________。

A. 紧边上　B. 链条和链轮啮合处

C. 松边上　D. 以上答案都不对

## 6.5 自测题参考答案

6-1 A　6-2 C　6-3 A　6-4 B　6-5 D　6-6 C　6-7 C

# 7 齿轮传动

## 7.1 主要内容与学习要点

本章需要掌握齿轮传动的类型及特点，齿轮传动的主要失效形式和设计准则，齿轮常用材料及许用应力，齿轮传动的精度等级及其计算载荷，直齿轮、斜齿轮和锥齿轮传动的受力分析及强度计算方法，并同时了解齿轮的结构设计和齿轮传动的润滑等。

### 7.1.1 概述

功能：传递运动和动力。

组成：主动轮、从动轮啮合传动来传递运动和动力。

齿轮传动属于啮合传动，整体体现为刚性。

传递功率的范围较大，$P=0.01\sim65000\text{kW}$，一般 $P\leqslant3000\text{kW}$。

齿轮直径可选择范围比较宽，$d=0.0001\sim15\text{m}$。

齿轮传动的速度选择可以比较高，$v_{max}=150\sim250\text{m/s}$，而带传动和链传动的速度较齿轮传动低很多，带传动的速度变化范围为 5~25m/s、一般取 10m/s 左右；而链传动的适用速度在 15m/s 以下，若太高对工作机性能影响大；齿轮传动的最高转速可以达到 $n_{max}=15000\text{r/min}$，因此，适用于高速传动。

齿轮传动的传动比比较大，单级传动传动比最大可取 $i_{max}=20$，一般传动比取 $i=7\sim8$（单级传动），瞬时传动比恒定 $i_s=C$，不存在忽快忽慢问题。

齿轮传动的传动效率比较高，单级传动效率可达到 $\eta_{max}=0.99$。

使用寿命比较长，通常长达 10 年以上，结构紧凑。

制造、安装精度要求比较高，因此，与前两者传动相比成本比较高。

当齿轮的加工制造精度较低，那么振动、噪声就会较高。

根据主从动轮轴相对空间的位置，可以分为：

轴：
- 平行：直齿、斜齿
- 垂直：圆锥齿轮
- 交错：蜗轮、蜗杆

根据沿着齿宽方向轮齿形状，可以分为：

齿向：
- 直齿轮
- 斜齿轮
- 人字齿轮

工作条件：
- 闭式：封闭在箱体里
- 开式：受外界干扰大，结构简单无箱体

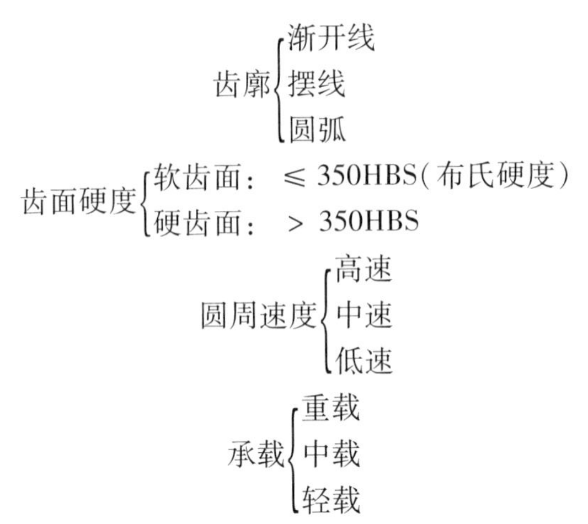
齿廓：渐开线；摆线；圆弧
齿面硬度：软齿面：≤ 350HBS（布氏硬度）；硬齿面：> 350HBS
圆周速度：高速；中速；低速
承载：重载；中载；轻载

### 7.1.2 直齿圆柱齿轮的受力分析和强度计算

直齿圆柱齿轮受力分析如图 7-1 所示。

（1）名义载荷。直齿圆柱齿轮受力包括法向力、圆周力和径向力，其计算公式如下：

法向力 $F_{n1} = -F_{n2}$

圆周力 $F_{t1} = -F_{t2}$

径向力 $F_{r1} = -F_{r2} = F_{t1}\tan\alpha$

$$F_{n1} = F_{t1}/\cos\alpha$$

式中，$F_{n1,2}$为沿啮合线方向；$F_{t1}$为阻力矩，与主动轮啮合点 $V_1$ 点的运动方向相反；$F_{t2}$为驱动力，与从动轮这一点的运动方向相同；$F_{r1,2}$为指向自己的轮心。

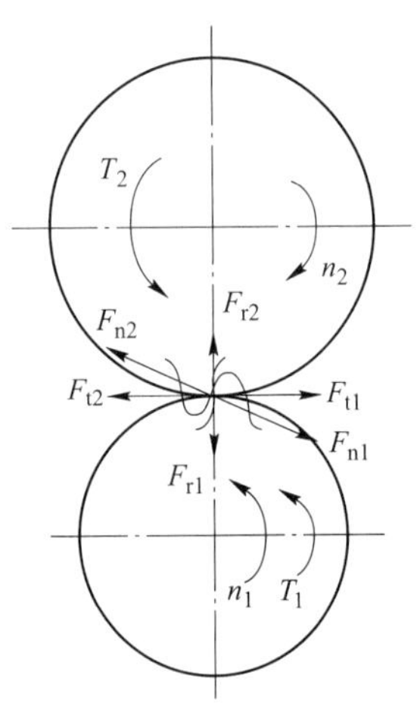

图 7-1 直齿圆柱齿轮受力分析

（2）计算载荷。齿轮传动的计算载荷等于名义载荷乘以 4 个修正系数，其计算公式如下：

$$F_{ca} = F_n \cdot K_A \cdot K_v \cdot K_\alpha \cdot K_\beta$$

式中，$K_A$ 为使用系数（外部动载荷系数）；$K_v$ 为动载荷系数（内部动载荷系数）；$K_\alpha$ 为齿间载荷分配系数；$K_\beta$ 为齿向载荷分布系数。

在图 7-2 中，当齿轮受到圆周力和径向力作用时，传动轴会产生弯曲变形，当左端为

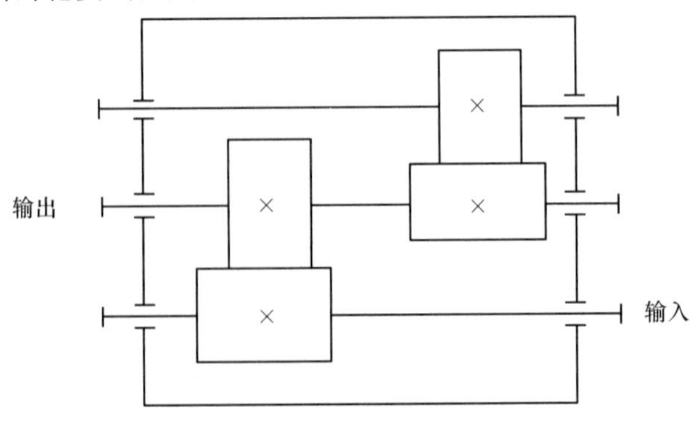

图 7-2 二级齿轮减速器

输入端或者右端为输入端，其载荷分布如图 7-3 所示：

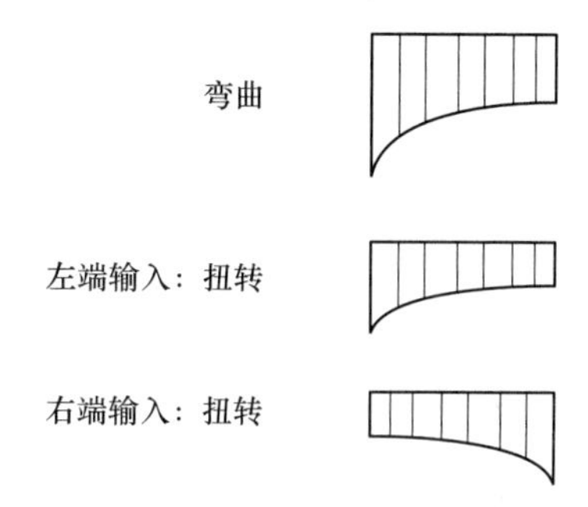

图 7-3　二级齿轮减速器的载荷分布

从图 7-3 中可以看出，从减少偏载角度考虑，输入端要远离齿轮，弯曲及扭转载荷分布会抵消一部分。

### 7.1.3　应力分析

在齿轮传动过程中，齿面会受到接触应力作用，如图 7-4 所示，齿根会受到弯曲应力作用，如图 7-5 所示。

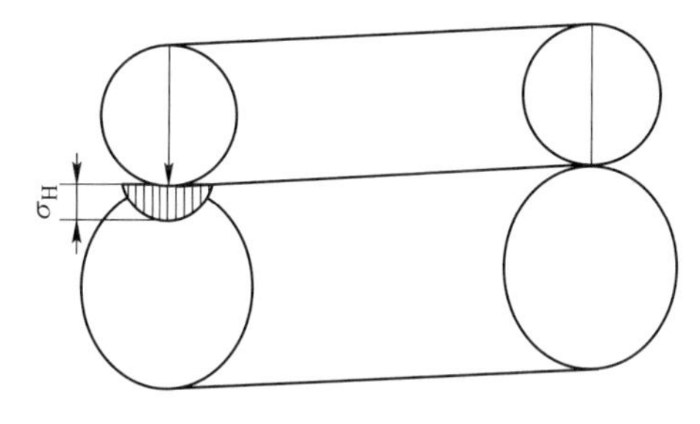

图 7-4　齿轮齿面接触应力分布

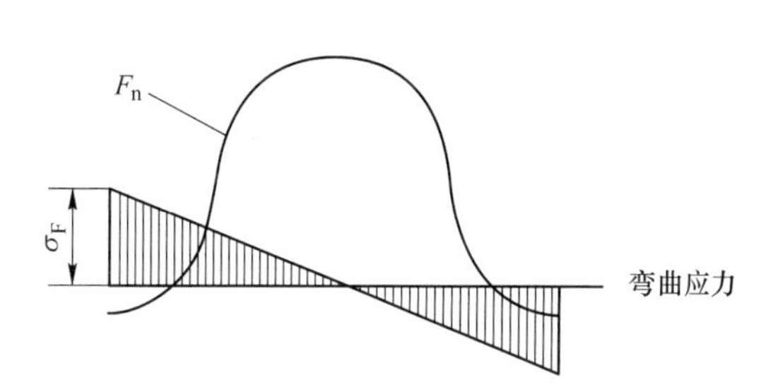

图 7-5　齿轮齿根弯曲应力分布

齿面接触应力根据赫兹接触应力公式计算：

$$\sigma_{H} = \sqrt{\frac{F_{n}\left(\frac{1}{\rho_{1}} \pm \frac{1}{\rho_{2}}\right)}{\pi\left[\left(\frac{1-\mu_{1}^{2}}{E_{1}}\right)+\left(\frac{1-\mu_{2}^{2}}{E_{2}}\right)\right]}}$$

式中，$\rho_1$、$\rho_2$分别为主从动轮曲率半径；$\mu_1$、$\mu_2$分别为主从动轮泊松比；$E_1$、$E_2$分别为主从动轮弹性模量；$F_n$为齿面所受的载荷。对于一对相啮合的直齿轮，齿面接触应力相等，即

$$\sigma_{H1} = \sigma_{H2}$$

弯曲应力可以根据悬臂梁理论进行计算，即

$$\sigma_{F} = \frac{M}{W}$$

式中，$W$ 为抗弯截面模量。用 30°切线法求齿根危险截面的位置，如图 7-6 所示。

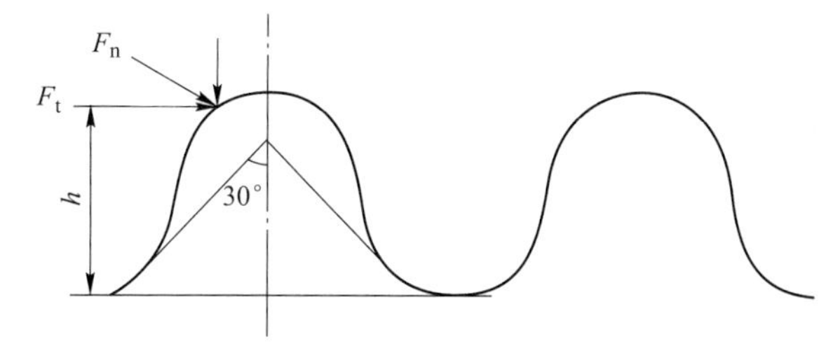

图 7-6　齿轮齿根危险截面的确定

对于一对相啮合的直齿轮，齿根弯曲应力不相等，即

$$\sigma_{F1} \neq \sigma_{F2}$$

### 7.1.4 失效分析

当齿根弯曲疲劳强度不足时，会产生齿根断裂，包括疲劳断裂和非工作条件下过载断裂。因此，为了防止出现齿根弯断，可以提高齿轮加工制造精度，选用高强度材料和采取一些强化处理措施等。

当齿面接触疲劳强度不足时，对于软齿面齿轮会出现疲劳点蚀失效，对于硬齿面齿轮会出现片状剥落。

齿面点蚀通常出现在靠近节线的齿根部位，详见图 7-7，这是因为在节线无相对滑动，处于存滚动状态，所以不易形成动压油膜，润滑条件不好，另外，在靠近节线附近属于啮合齿对数最少的时刻，即轮齿受载最大部位。

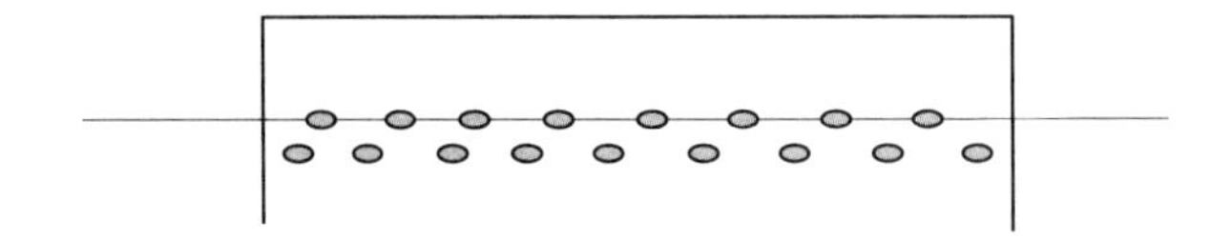

图 7-7 齿轮齿面点蚀发生的部位

轮齿齿面不可避免会有相对滑动速度，且越靠近齿顶齿根，滑动速度越大，因此容易出现以下几种失效形式：

相对 $v$ →
- 磨损：开式齿轮，矿山、磨粒磨损
- 胶合
- 塑变

当齿轮选用材料比较软时，容易出现塑性变形失效，如图 7-8 所示。

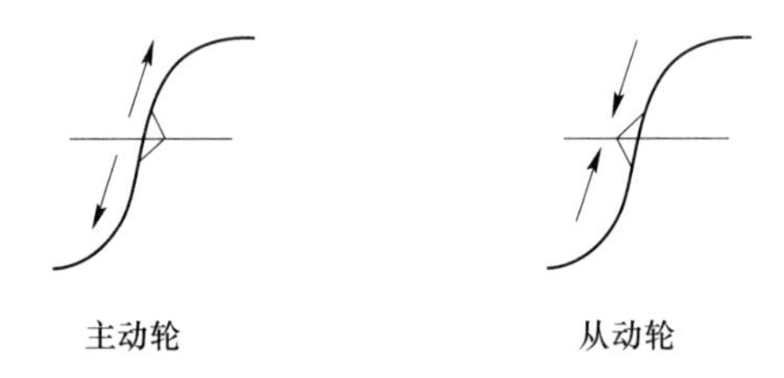


图 7-8 齿轮（材料过软）出现塑性变形的部位

闭式齿轮和开式齿轮的主要失效形式和次要失效形式如下：

闭式
- 软齿面：主要失效形式是点蚀，次要失效形式是断裂
- 硬齿面：主要失效形式是断裂，次要失效形式是剥落

开式：主要失效形式是磨损，次要失效形式是断裂。

### 7.1.5 材料选择

在选择齿轮材料时，通常对齿面要求是能够进行热处理，提高表面强度；对齿体要求是弯曲强度高，因此，要求芯部韧性好、工艺性好。

齿轮常用材料包括 45 碳钢、含有 Cr、Ni 的合金钢，对于大型齿轮、成批生产，可以采用铸钢、铁等。

### 7.1.6 计算准则确定

闭式齿轮和开式齿轮的计算准则如下：

闭式 $\begin{cases} \text{软}(\leqslant 350\text{HB})\text{：按点蚀 } \sigma_H \leqslant [\sigma]_H \text{ 设计，按断裂 } \sigma_F \leqslant [\sigma]_F \text{ 校核} \\ \text{硬}(>350\text{HB})\text{：按断裂 } \sigma_F \leqslant [\sigma]_F \text{ 设计，按剥落 } \sigma_H \leqslant [\sigma]_H \text{ 校核} \end{cases}$

开式：磨损、断裂 $\sigma_F \leqslant [\sigma]_F$；按弯曲疲劳强度进行 $m$ 的设计，然后放大设计参数 $m+m\times 10\%$ 考虑磨损的影响。

### 7.1.7 参数计算

齿面接触应力计算公式如下，齿轮的直径越大，说明齿轮的接触强度越高。

$$\sigma_H = \sqrt{\frac{K \cdot F_t \cdot 2}{b \cdot \cos\alpha \cdot d_1 \cdot \sin\alpha} \cdot \frac{u \pm 1}{u} \cdot \frac{1}{\pi\left[\left(\frac{1-\mu_1^2}{E_1} + \frac{1-\mu_2^2}{E_2}\right)\right]}} \leqslant [\sigma]_H$$

上式为齿面接触强度校核计算公式。当齿轮参数已知时，可以选用上式进行齿面接触疲劳强度校核计算；当齿轮参数未知时，可以选用下式进行设计计算，通过上式可以推导出齿面接触疲劳强度设计式：

$$d_1 \geqslant \sqrt[3]{\frac{2K \cdot T_1}{\phi_d} \cdot \frac{u \pm 1}{u} \cdot \left(\frac{Z_H \cdot Z_E}{[\sigma]_H}\right)^2}$$

式中，$Z_H$ 为区域系数，对于标准直齿轮其值取为 2.5；$Z_E$ 为弹性影响系数；$\phi_d$ 为齿宽系数。根据下式计算。

$$\phi_d = b/d_1$$

齿轮传递圆周力计算公式如下：

$$F_t = 2T_1/d_1$$

齿根弯曲应力校核计算公式如下：

$$\sigma_F = \frac{K \cdot F_t}{b \cdot m} \cdot Y_{Fa} \cdot Y_{Sa} \leqslant [\sigma]_F$$

式中，$Y_{Fa}$ 为齿形系数；$Y_{Sa}$ 为应力校正系数。从上式中可以看出，模数越大，齿根的弯曲疲劳强度越大。

当齿轮参数已知时，可以选用上式进行齿根弯曲疲劳强度校核计算；当齿轮参数未知时，可以选用下式进行设计计算，通过上式可以推导出齿根弯曲疲劳强度设计式：

$$m \geqslant \sqrt[3]{\frac{2K \cdot T_1}{\phi_d \cdot z_1^2} \cdot \frac{Y_{Fa} \cdot Y_{Sa}}{[\sigma]_F}}$$

### 7.1.8 许用应力

齿轮许用应力可用下式计算：

$$[\sigma] = \frac{K_N \cdot \sigma_{\lim}}{S}$$

式中，$\sigma_{\lim}$为齿轮疲劳极限应力；$S$ 为安全系数，接触疲劳强度安全系数通常 $S_H=1$，弯曲疲劳强度安全系数通常 $S_F=1.25\sim1.5$；$K_N$为寿命系数，接触强度寿命系数用 $K_{HN}$来表示，弯曲强度寿命系数用 $K_{FN}$来表示，其值需要根据循环次数来确定。齿轮循环次数计算公式如下：

$$N = 60n \cdot j \cdot L_h$$

式中，$n$ 为齿轮转速；$L_h$为工作时间；$j$ 为齿轮每转一周，同一齿面啮合次数。

若未有特殊说明，那么齿轮接触疲劳极限应力和弯曲疲劳极限应力可按照图 7-9 中方框内中值偏下选取。

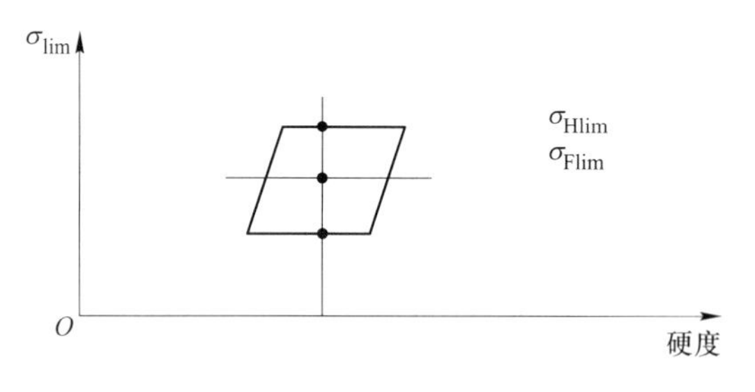


图 7-9　齿轮疲劳极限应力

### 7.1.9　参数选择

由于一对相啮合齿轮传动，在同一工作时间内，小齿轮工作次数多，如图 7-10 所示。因此，按等强度考虑，小齿轮的硬度需要大于大齿轮的硬度，大约大 30~50HBW（布氏硬度）。

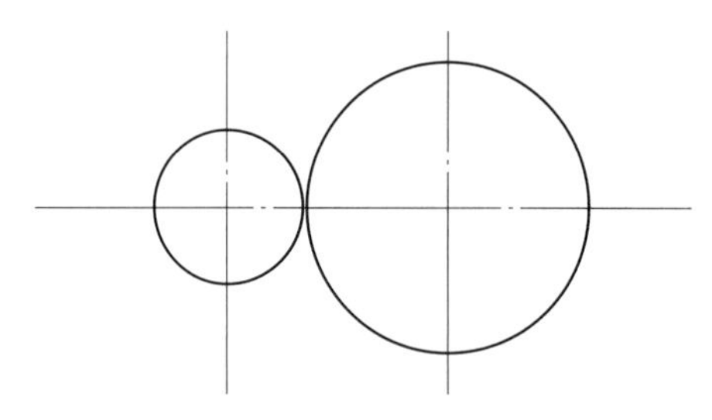

图 7-10　主从动轮的循环次数

齿轮齿数越多，那么重合度越大，因此，在满足弯曲强度的条件下，齿数要尽可能地多。对于闭式齿轮传动，小齿轮齿数通常取 20~40；而对于开式齿轮传动，小齿轮齿数通常取 17~20。

齿轮的宽度越大，单位线载荷越小，偏载就越严重，因此，齿轮的宽度只能够在一定的范围内选取。

### 7.1.10　标准斜齿圆柱齿轮的受力分析和强度计算

（1）受力分析。一对相啮合的主、从动斜齿轮旋向相反，一个为左旋，另一个为右旋。采用左右手定则判断斜齿轮的轴向力，且只对主动轮有效，如图 7-11 所示。

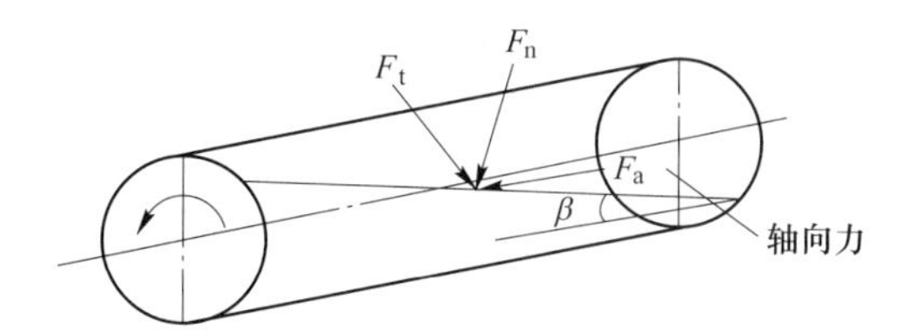


图 7-11　斜齿轮轴向力分析

如果主动轮为右旋，那么就需要利用右手定则来确定斜齿轮的轴向力方向。

如果主动轮为左旋，那么就需要利用左手定则来确定斜齿轮的轴向力方向，由轴承来支承轴向载荷，如图 7-12 所示。

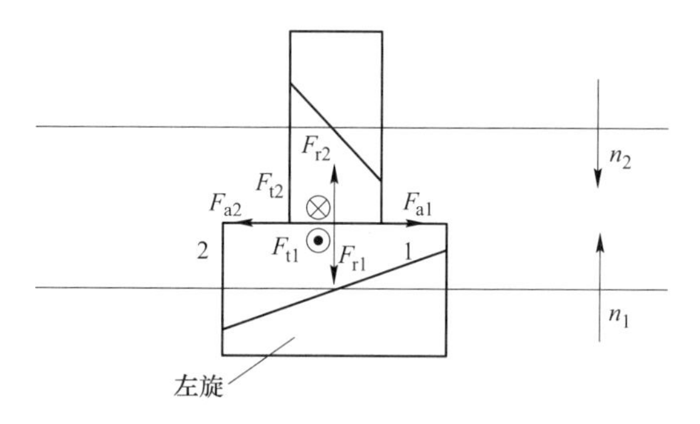


图 7-12　斜齿轮的受力分析

（2）应力分析。斜齿轮轮齿的弯曲疲劳强度校核计算公式为：

$$\sigma_F = \frac{K \cdot F_t \cdot Y_F \cdot Y_\beta}{b \cdot m_n} \leqslant [\sigma]_F$$

式中，$Y_\beta$ 为螺旋角影响系数，详见教材《机械设计》中的图 7-19。

斜齿轮当量齿数计算公式如下：

$$z_v = z/\cos^3\beta$$

斜齿轮轮齿的弯曲疲劳强度设计计算公式为：

$$m_n \geqslant \sqrt[3]{\frac{2KT_1\cos^2\beta}{\phi_d z_1^2} \cdot \left(\frac{Y_F}{[\sigma]_F}\right)}$$

斜齿轮轮齿的接触疲劳强度校核计算公式为：

$$\sigma_H = \sqrt{\frac{K \cdot F_t}{b \cdot d_1} \cdot \frac{u \pm 1}{u}} \cdot Z_H \cdot Z_E \cdot Z_\beta \leqslant [\sigma]_H$$

式中，$Z_\beta$ 为螺旋角影响系数，其计算公式如下：

$$Z_\beta = \sqrt{\cos\beta}$$

由上式可得，斜齿轮轮齿的接触疲劳强度设计计算公式为：

$$d_1 \geqslant \sqrt[3]{\frac{2KT_1}{\phi_d} \cdot \frac{u \pm 1}{u}\left(\frac{Z_H Z_E Z_\beta}{[\sigma]_H}\right)^2}$$

（3）许用应力。斜齿轮的许用应力选取主动轮许用应力 $[\sigma]_{H1}$ 与从动轮许用应力

$[\sigma]_{H2}$的小值，即接触强度比较薄弱，一般是大齿轮。

### 7.1.11 直齿锥齿轮的受力分析和强度计算

（1）参数。直齿锥齿轮取大端参数为标准值，两轴夹角为90°，$R$ 为锥顶距，$d_1$、$d_2$ 为主从动轮的分度圆直径，$d_{m1}$、$d_{m2}$为平均分度圆直径，齿宽系数为齿宽与锥顶距之比，其表达式如下：

$$\phi_R = b/R$$

（2）受力分析。锥齿轮的轴向力 $F_a$始终指向大端，如图 7-13 所示，主从动轮受力关系如下：

主动轮轴向力与从动轮径向力是一对作用力和反作用力：

$$F_{a1} = -F_{r2}$$

主动轮径向力与从动轮轴向力是一对作用力和反作用力：

$$F_{r1} = -F_{a2}$$

主动轮圆周力与从动轮圆周力是一对作用力和反作用力：

$$F_{t1} = -F_{t2}$$

（3）设计。直齿圆锥齿轮是按照齿宽中点当量直齿圆柱齿轮进行计算的，如图 7-14 所示。

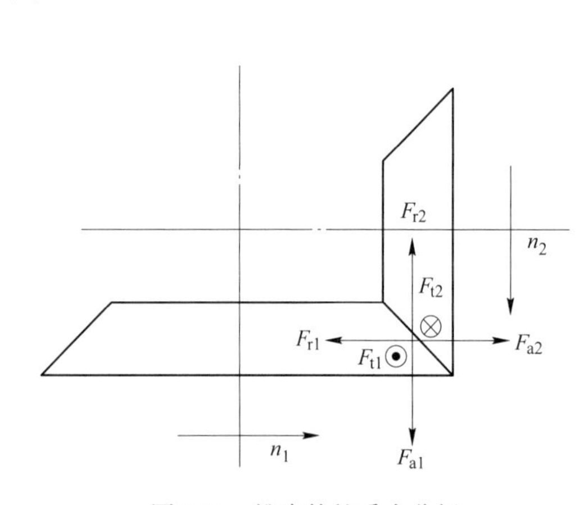


图 7-13 锥齿轮的受力分析

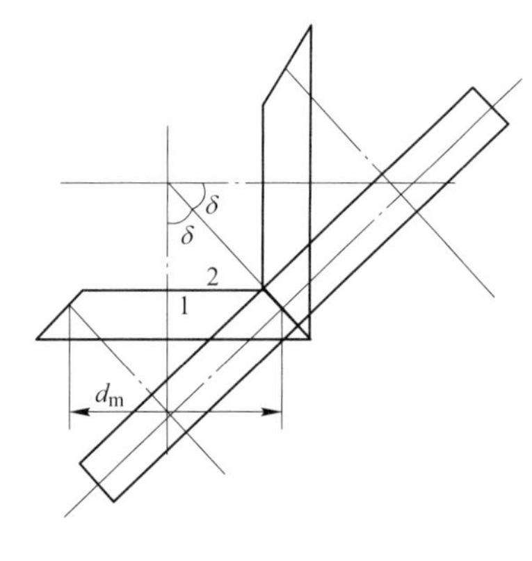


图 7-14 等效直齿圆柱齿轮

当量直齿圆柱齿轮的分度圆半径：

$$r_{v1,2} = d_{m1,2}/2\cos\delta_{1,2}$$

当量齿数：

$$z_{v1,2} = z_{1,2}/\cos\delta_{1,2}$$

当量齿数比：

$$u_v = z_{v2}/z_{v1}$$

当量直齿圆柱齿轮的模数，即平均模数用 $m_m$来表示，其计算公式如下：

$$m_m = m(1 - 0.5\phi_R)$$

锥齿轮轮齿的接触疲劳强度校核计算公式为：

$$\sigma_{\mathrm{H}} = Z_{\mathrm{E}} \cdot Z_{\mathrm{H}} \sqrt{\frac{4K \cdot T_1}{0.85\phi_R(1 - 0.5\phi_R)^2 \cdot d_1^3 \cdot u}} \leqslant [\sigma]_{\mathrm{H}}$$

锥齿轮轮齿的接触疲劳强度设计计算公式为：

$$d_1 \geqslant \sqrt[3]{\left(\frac{Z_{\mathrm{E}} Z_{\mathrm{H}}}{[\sigma]_{\mathrm{H}}}\right)^2 \cdot \frac{4KT_1}{0.85\phi_R(1 - 0.5\phi_R)^2 u}}$$

锥齿轮轮齿的弯曲疲劳强度校核计算公式为：

$$\sigma_{\mathrm{F}} = \frac{4K \cdot T_1 \cdot Y_{\mathrm{F}}}{\phi_R \cdot m^3 z_1^2 (1 - 0.5\phi_R)^2 \sqrt{1 + u^2}} \leqslant [\sigma]_{\mathrm{F}}$$

锥齿轮轮齿的弯曲疲劳强度校核计算公式为：

$$m \geqslant \sqrt[3]{\frac{4KT_1}{\phi_R(1 - 0.5\phi_R)^2 z_1^2 \sqrt{u^2 + 1}} \cdot \left(\frac{Y_{\mathrm{F}}}{[\sigma]_{\mathrm{F}}}\right)}$$

### 7.1.12 齿轮的结构与润滑

需要了解齿轮有几种结构形式、如何选择结构类型、何时采用齿轮轴、润滑方式和应用等。

## 7.2 思考题与参考答案

7-1 齿轮传动的主要损伤和失效形式有哪些？

答：主要损伤和失效形式有轮齿折断、齿面点蚀、齿面磨损、齿面胶合以及塑性变形等。

（1）轮齿折断：轮齿折断通常有两种情况：一种是由于多次重复的弯曲应力和应力集中造成的疲劳折断；另一种是由于突然产生严重过载或冲击载荷作用引起的过载折断。

（2）齿面点蚀：轮齿工作时，齿面啮合处在交变接触应力的多次反复作用下，在靠近节线的齿面上会产生若干小裂纹。随着裂纹的扩展，将导致小块金属剥落，这种现象称为齿面点蚀。

（3）齿面磨损：轮齿啮合时，由于相对滑动，特别是外界硬质微粒进入啮合工作面之间时，会导致轮齿表面磨损。

（4）齿面胶合：在高速重载的齿轮传动中，齿面间的压力大、温升高、润滑效果差，当瞬时温度过高时，将使两齿面局部熔融、金属相互粘连，当两齿面作相对运动时，粘住的地方被撕破，从而在齿面上沿着滑动方向形成带状或大面积的伤痕。

（5）齿面塑性变形：硬度较低的软齿面齿轮，在低速重载时，由于齿面压力过大，在摩擦力作用下，齿面金属会因产生塑性流动而失去原来的齿形。

7-2 齿轮传动有何特点？分为哪些类型？

答：齿轮传动具有传递功率范围大、允许工作转速高、传递效率高、传动比准确、使用寿命长、安全可靠和结构紧凑等优点。同时齿轮传动也存在一些缺点：工作中有振动、冲击和噪声，并产生动载荷；无过载保护功能；制造和安装精度要求较高、成本高等。

（1）按工作条件分类：可分为闭式齿轮传动（齿轮传动封闭在箱体内，润滑条件良好，能防尘）、开式齿轮传动（齿轮外露，润滑情况差，不能防尘）、半开式齿轮传动（齿轮浸在油池中，润滑情况较好，上装护罩，但不完全封闭，不能完全防尘）。

（2）按齿面硬度分类：可分为软齿面齿轮传动（齿面硬度≤350HBW）、硬齿面齿轮传动（齿面硬度>350HBW）。

7-3 齿轮材料及其热处理方式选择时，为什么应使小齿轮齿面硬度大于大齿轮的齿面硬度？

答：小齿轮的齿数比大齿轮齿数少。在相同的时间里，小齿轮转动的次数比大齿轮更多，小齿轮磨损更严重。小齿轮齿面硬度略大于大齿轮的齿面硬度，是为了让大、小齿轮均匀磨损、等同寿命。

7-4 齿轮接触疲劳计算一般以何处为计算点？为什么？

答：接触疲劳强度通常以节点作为计算点。因为轮齿在啮合过程中，齿廓接触点是不断变化的，因此，齿廓的曲率半径也将随着啮合位置的不同而变化。对于重合度 $1\leqslant\varepsilon\leqslant2$ 的渐开线直齿圆柱齿轮传动，在双齿对啮合区，载荷将由两对齿承担；在单齿对啮合区，全部载荷由一对齿承担。节点 $P$ 处的应力值虽不是最大，但该点一般为单对齿啮合，且根据实际情况点蚀也往往先在节线附近的表面出现。

7-5 齿轮传动的设计计算准则是根据什么来确定的？目前常用的计算方法有哪些，它们分别针对何种失效形式？针对其余失效形式的计算方法怎样？在工程设计实践中，对于一般使用的闭式硬齿面、闭式软尺面和开式齿轮传动的设计计算准则是什么？

答：齿轮传动的设计计算准则是根据主要失效形式来确定的。

按齿面接触疲劳强度设计，校核齿根弯曲疲劳强度——齿面点蚀。

按齿根弯曲疲劳强度设计，校核齿面接触疲劳强度——齿根折断。

只按齿根弯曲疲劳强度设计，确定模数 $m$，再将 $m$ 值加大 10%～15%磨损。

针对齿面胶合，要进行抗胶合计算。

对于闭式硬齿面齿轮传动，抗点蚀能力较强，轮齿折断的可能性大，在设计计算时，通常按齿根弯曲疲劳强度设计，再按齿面接触疲劳强度校核。

对于闭式软齿面齿轮传动，润滑条件良好，齿面点蚀将是主要的失效形式，在设计时通常按齿面接触疲劳强度设计，再按齿根弯曲疲劳强度校核。

开式齿轮传动主要失效形式是齿面磨损。但由于磨损的机理比较复杂，目前尚无成熟的设计计算方法，故只能按齿根弯曲疲劳强度计算，用增大模数 10%～15%的办法来考虑磨损的影响。

7-6 影响齿轮接触疲劳强度和弯曲疲劳强度的主要参数是什么？

答：影响齿轮接触疲劳强度主要参数：齿轮材料和中心距 $a$，直径 $d$。

影响齿轮弯曲疲劳强度主要参数：齿轮模数 $m$，工作宽度 $b$。

7-7 齿轮传动设计时，哪些参数应取标准值？那些参数应圆整？哪些参数应取精确值？

答：应取标准值的参数：模数 $m$，齿宽系数，齿轮精度等级。

应圆整的参数：中心距 $a$，齿数 $z$。

应取精确值的参数：传动比 $i$，齿顶圆、分度圆、齿根圆。

7-8 应主要根据哪些因素来决定齿轮的结构形式？常见的齿轮结构形式有哪几种？它们分别应用于何种场合？

答：齿轮结构形式主要根据齿轮的尺寸、材料、加工工艺、经济性等因素决定。

常见的齿轮结构有齿轮轴、实心齿轮、腹板式齿轮、轮辐式齿轮以及组合式的齿轮结构。

齿轮轴：较小的钢制圆柱齿轮，其齿根圆至键槽底部的距离 $\delta \leqslant 2m$（$m$ 为模数），或圆锥齿轮小端齿根圆至键槽底部的距离 $\delta \leqslant 1.6m$（$m$ 为大端模数）。

实心齿轮：齿顶圆直径 $d_a \leqslant 200$mm，且 $\delta$ 超过上述尺寸。

腹板式齿轮：齿顶圆直径 $d_a \leqslant 500$mm 的较大尺寸齿轮，为减轻重量、节省材料，可做成腹板式结构。

轮辐式齿轮：齿顶圆直径 $d_a \geqslant 400$mm 时常用铸铁铸钢制成轮辐式。

组合式的齿轮结构：为了节省贵重钢材，便于制造、安装，直径很大的齿轮（$d_a >$ 600mm）常采用组装齿圈式结构的齿轮。

## 7.3　习题与参考答案

7-1　如图 7-15 所示为一两级斜齿圆柱齿轮减速器，动力由Ⅰ轴输入，Ⅲ轴输出螺旋线方向及Ⅲ轴转向见图 7-15，求：

（1）为使载荷沿齿向分布均匀，应以何端输入，何端输出。

（2）为使轴Ⅱ轴承所受轴向力最小，各齿轮的螺旋线方向。

（3）齿轮 2、3 所受各分力的大小和方向。

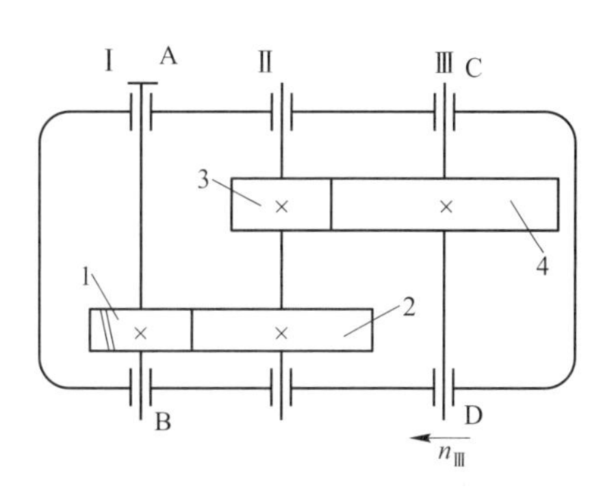


图 7-15　习题 7-1 图

解：为使载荷沿齿向分布均匀，应以 A 端输入、D 端输出。

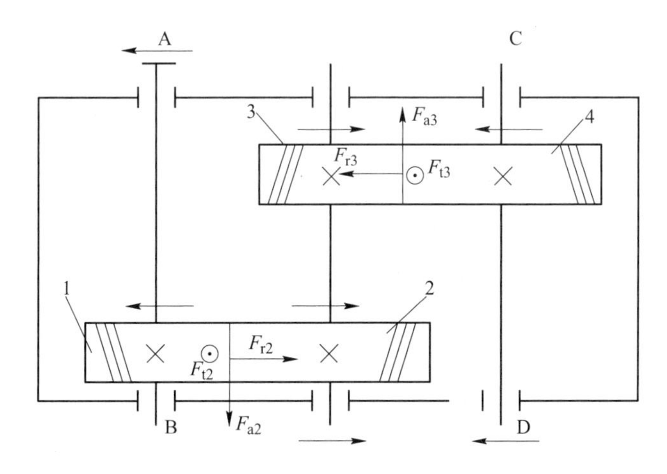


7-2　如图 7-16 所示为一圆锥-圆柱齿轮减速器，动力由Ⅰ轴输入，Ⅲ轴输出，Ⅰ轴转向见图 7-16，求：

（1）为使轴Ⅱ轴承所受轴向力最小，各圆柱齿轮的螺旋线方向。

（2）齿轮 2、3 所受各分力的大小和方向。

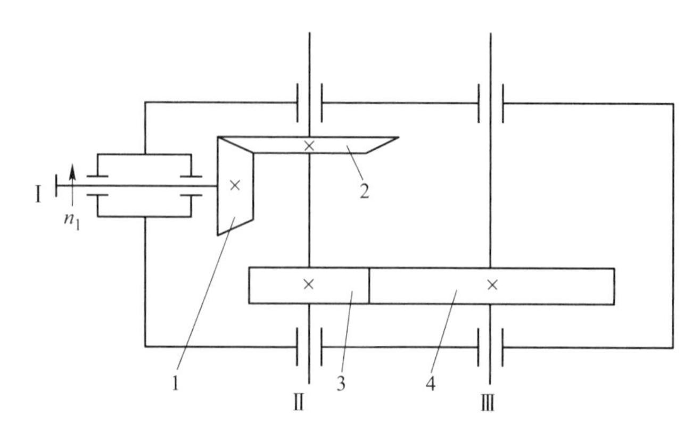


图 7-16 习题 7-2 图

解：

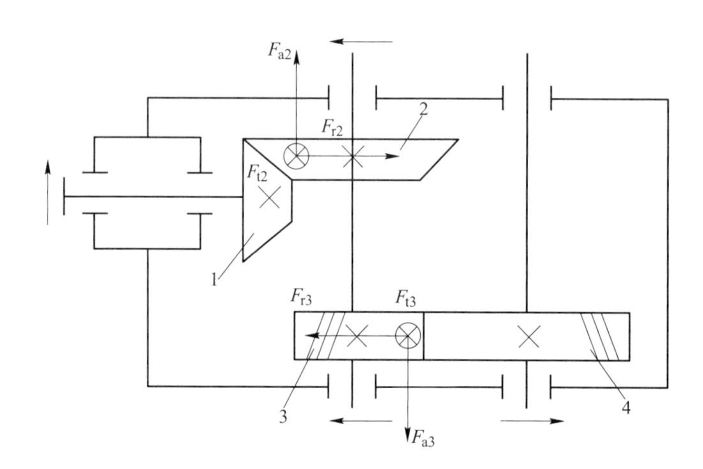


7-3 一对直齿圆柱齿轮传动，已知模数 $m=3\text{mm}$，齿数 $z_1=21$，$z_2=63$，两齿轮材料和热处理相同。按无限寿命考虑，哪个齿轮抗弯强度高？若对两齿轮变位，变位系数为 $x_1=0.3$，$x_2=-0.3$，则两齿轮的抗弯强度如何变化？接触强度有无变化？

解：$i=\dfrac{z_2}{z_1}=3$

查图 7-16 可知 $Y_{F1}=4.35$，$Y_{F2}=3.95$。

两齿轮为主从动轮关系，$F_{t1}=-F_{t2}$，大小相等，$K$、$m$、$b$ 相等。

由 $\sigma_F=\dfrac{KF_t}{bm}Y_F$ 可得：

$$\frac{\sigma_{F2}}{\sigma_{F1}}=\frac{Y_{F2}}{Y_{F1}}=\frac{3.95}{4.35}=0.919$$

所以 $z_2=63$ 齿轮抗弯强度更高。

变位后，$Y'_{F1}=4.05$，$Y'_{F2}=4.05$。

$$\frac{\sigma'_{F1}}{\sigma'_{F2}}=\frac{Y'_{F2}}{Y'_{F1}}=\frac{4.05}{4.05}=1$$

$z_1=21$，齿轮抗弯强度提高，$z_2=63$，抗弯强度降低，两齿轮抗弯强度相等。

两齿轮材料和热处理相同，$Z_E$ 相同。

由式子：

$$\sigma_H = Z_H Z_E \sqrt{\frac{KF_t}{bd_1}\frac{u \pm 1}{u}}$$

可知 $Z_H$ 与$\frac{x_1 \pm x_2}{z_1 \pm z_2}$以及螺旋角有关，外啮合齿轮取"+"，变位前 $x_1+x_2=0$，变位后 $x_1+x_2=0.3+(-0.3)=0$，未发生改变，直齿轮螺旋角始终不变。齿数比 $u$，分度圆 $d=zm$，$K$，$F_t$均不发生改变，所以接触强度不改变。

7-4　一用于螺旋输送机的单级直齿圆柱齿轮减速器，已知：大齿轮轴输出功率 $P_2=10\text{kW}$，转速 $n_2=360\text{r/min}$，齿轮相对两支承对称布置，经过一定时间运转后已不能正常工作，现欲更换一对齿轮，但又无原设计样图，通过测绘得知原齿轮传动参数为：中心距 $a=200\text{mm}$，齿数 $z_1=20$，$z_2=80$，齿宽 $b_1=85\text{mm}$，$b_2=80\text{mm}$，若按制造精度 8 级，工作寿命 50000h 考虑，试选择适宜的齿轮材料和热处理。

解：（1）分析失效、确定设计准则。假定设计的齿轮传动是闭式传动，那么大齿轮是软齿面齿轮，最大可能的失效是齿面疲劳；但如模数过小，也可能发生轮齿疲劳折断。因此，本齿轮传动可按齿面接触疲劳承载能力进行设计，确定主要参数，再验算轮齿的弯曲疲劳承载能力。

（2）计算模数。

大齿轮转矩：$T_2=9.55\times10^6\frac{P_2}{n_2}=9.55\times10^6\times\frac{10}{360}=265.28\text{N}\cdot\text{m}$

小齿轮转矩：$T_1=\frac{d_1}{d_2}T_2=\frac{80}{320}\times265.28=66.32\text{N}\cdot\text{m}$

$$u = i = \frac{z_2}{z_1} = \frac{80}{20} = 4$$

所以：$m = \frac{2a}{z_1(1+u)} = \frac{2\times200}{20\times(1+4)} = 4\text{mm}$。

（3）计算齿轮圆周速度。

$$d_1 = mz_1 = 4\times20 = 80\text{mm}$$

$$d_2 = mz_2 = 4\times80 = 320\text{mm}$$

$$v = \frac{\pi d_1 n_1}{60\times1000} = \frac{\pi\times80\times\frac{80}{20}\times360}{60\times1000} = 6.03\text{m/s}$$

（4）计算载荷。

$$KT_1 = K_A K_\alpha K_\beta K_v T_1$$

$$K = K_A K_\alpha K_\beta K_v$$

假设为软齿面，查表可得：$K_A=1.25$；$K_v=1.24$；$K_\alpha=1.2$；$K_\beta=1.05$。

$$K = K_A K_\alpha K_\beta K_v = 1.25\times1.24\times1.2\times1.05 = 1.953$$

$$KT_1 = K_A K_\alpha K_\beta K_v T_1 = 1.953\times66.32 = 129.52\text{N}\cdot\text{m}$$

$$KF_{t1}=\frac{2KT_1}{d_1}=\frac{2\times1.953\times66.32\times10^3}{80}=3.24\text{kN}$$

（5）假设齿轮材料、热处理方法并确定许用应力。

小齿轮：40Cr，调质处理，品质中等，齿面硬度241~286HBW。

大齿轮：45钢，调质处理，品质中等，齿面硬度217~255HBW。

根据小齿轮齿面硬度260HBW和大齿轮齿面硬度230HBW，查得齿面接触疲劳极限应力如下：$\sigma_{\text{Hlim1}}=720\text{MPa}$，$\sigma_{\text{Hlim2}}=550\text{MPa}$。

查得轮齿弯曲疲劳极限应力如下：$\sigma_{\text{FE1}}=580\text{MPa}$，$\sigma_{\text{FE2}}=440\text{MPa}$。

查得接触寿命系数：$Z_{N1}=0.92$，$Z_{N2}=0.95$。

查得弯曲寿命系数：$Y_{N1}=0.86$，$Y_{N2}=0.9$。

其中：$N_1=60\gamma n_1t_{\text{h}}=60\times1\times\dfrac{80}{20}\times360\times50000=4.32\times10^9$

$$N_2=60\gamma n_2t_{\text{h}}=60\times1\times360\times50000=1.08\times10^9$$

取安全系数如下：$S_{\text{Hmin}}=1.1$，$S_{\text{Fmin}}=1.25$。

于是：$[\sigma_{\text{H1}}]=\dfrac{\sigma_{\text{Hlim1}}}{S_{\text{H}}}Z_{N1}=\dfrac{720}{1.1}\times0.92=602\text{MPa}$

$$[\sigma_{\text{H2}}]=\frac{\sigma_{\text{Hlim2}}}{S_{\text{H}}}Z_{N2}=\frac{550}{1.1}\times0.95=475\text{MPa}$$

$$[\sigma_{\text{F1}}]=\frac{\sigma_{\text{FE1}}}{S_{\text{F}}}Y_{N1}=\frac{580}{1.25}\times0.86=399\text{MPa}$$

$$[\sigma_{\text{F2}}]=\frac{\sigma_{\text{FE2}}}{S_{\text{F}}}Y_{N2}=\frac{440}{1.25}\times0.9=316\text{MPa}$$

（6）验算齿面接触疲劳承载能力。

查图得标准齿轮的区域系数$Z_{\text{H}}=2.5$，弹性系数$Z_{\text{E}}=189.8\text{MPa}$。

$$\sigma_{\text{H}}=Z_{\text{H}}Z_{\text{E}}\sqrt{\frac{KF_{\text{t}}}{bd_1}\frac{u+1}{u}}=2.5\times189.8\times\sqrt{\frac{3240}{80\times80}\times\frac{4+1}{4}}=377\text{MPa}$$

所以$\sigma_{\text{H}}\leqslant[\sigma_{\text{H}}]=475$，齿面接触疲劳承载能力足够。

（7）验算轮齿弯曲疲劳承载能力。

查图可得两轮复合齿形系数为$Y_{\text{F1}}=4.36$，$Y_{\text{F2}}=3.98$，于是：

$$\sigma_{\text{F1}}=\frac{3240}{80\times4}\times4.36=44\text{MPa}\leqslant[\sigma_{\text{F1}}]=399\text{MPa}$$

$$\sigma_{\text{F2}}=\frac{3240}{80\times4}\times3.98=40\text{MPa}\leqslant[\sigma_{\text{F2}}]=316\text{MPa}$$

轮齿弯曲疲劳承载能力足够。

（8）综上所述，可得所设计齿轮的材料与热处理为：

小齿轮：40Cr，调质处理，品质中等，齿面硬度241~286HBW。

大齿轮：45钢，调质处理，品质中等，齿面硬度217~255HBW。

7-5 设计图7-17所示卷扬机用闭式二级直齿圆柱齿轮减速器中的高速级齿轮传动。已知：传递功率$P_1=7.5\text{kW}$，转速$n_1=960\text{r/min}$，高速级传动比$i=3.5$，每天工作8h，使用寿命20年。

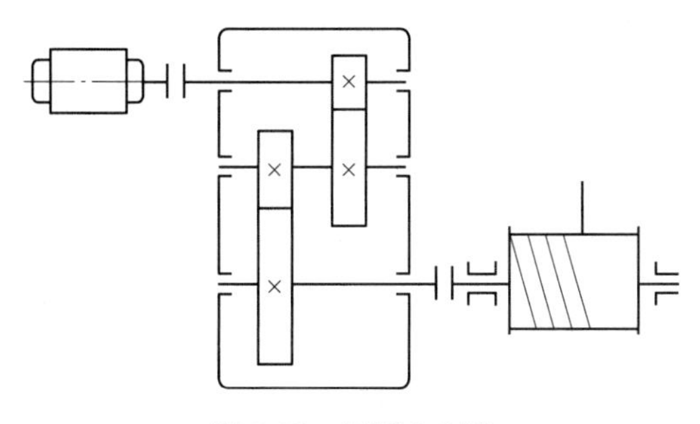

图 7-17 习题 7-5 图

解：（1）选择齿轮材料，热处理方法并确定许用应力。

小齿轮：40Cr，调质处理，品质中等，齿面硬度 241~286HBW。

大齿轮：45 钢，调质处理，品质中等，齿面硬度 217~255HBW。

根据小齿轮齿面硬度 260HBW，大齿轮齿面硬度 230HBW。

按图查得：

齿面接触疲劳应力极限：$\sigma_{\mathrm{Hlim1}}=720\mathrm{MPa}$，$\sigma_{\mathrm{Hlim2}}=550\mathrm{MPa}$。

轮齿弯曲疲劳极限应力：$\sigma_{\mathrm{FE1}}=580\mathrm{MPa}$，$\sigma_{\mathrm{FE2}}=440\mathrm{MPa}$。

$$N_1=60\gamma n_1 t_{\mathrm{h}}=60\times 1\times 960\times 20\times 365\times 8=3.36384\times 10^9$$

$$N_2=60\gamma n_2 t_{\mathrm{h}}=60\times 1\times \frac{960}{3.5}\times 20\times 365\times 8=9.61\times 10^8$$

接触寿命系数：$z_{N1}=0.91$，$z_{N2}=1.05$。

弯曲寿命系数：$Y_{N1}=0.8$，$Y_{N1}=0.86$。

安全系数 $S_{\mathrm{Hmin}}=1.1$，$S_{\mathrm{Fmin}}=1.25$。

于是：

$$[\sigma_{\mathrm{H1}}]=\frac{\sigma_{\mathrm{Hlim1}}}{S_{\mathrm{H}}}Z_{N1}=\frac{720}{1.1}\times 0.91=595.6\mathrm{MPa}$$

$$[\sigma_{\mathrm{H2}}]=\frac{\sigma_{\mathrm{Hlim2}}}{S_{\mathrm{H}}}Z_{N2}=\frac{550}{1.1}\times 1.05=525\mathrm{MPa}$$

$$[\sigma_{\mathrm{F1}}]=\frac{\sigma_{\mathrm{FE1}}}{S_{\mathrm{F}}}Y_{N1}=\frac{580}{1.25}\times 0.8=371.2\mathrm{MPa}$$

$$[\sigma_{\mathrm{F2}}]=\frac{\sigma_{\mathrm{FE2}}}{S_{\mathrm{F}}}Y_{N2}=\frac{440}{1.25}\times 0.86=302.7\mathrm{MPa}$$

（2）按齿面接触疲劳承载能力计算齿轮主要参数。

$$d_1\geqslant\sqrt[3]{\frac{2KT_1}{\varphi_{\mathrm{d}}}\frac{u\pm 1}{u}\left(\frac{Z_{\mathrm{H}}Z_{\mathrm{E}}}{[\sigma_{\mathrm{H}}]}\right)^2}$$

$u=i=3.5$。

确定计算载荷：

小齿轮转矩 $T_1$ 为：

$$T_1 = 9.55 \times 10^6 \frac{P_1}{n_1} = 9.55 \times 10^6 \frac{7.5}{960} = 74.61\text{N} \cdot \text{m}$$

查表初步取载荷系数 $K=1.5$。

$$KT_1 = K_A K_\alpha K_\beta K_v T_1 = 1.5 \times 74.61 = 111.92\text{N} \cdot \text{m}$$

区域系数 $Z_H=2.5$，弹性系数 $Z_E=189.8\text{MPa}$，齿宽系数查表，软齿面 $\varphi_d=\frac{b}{d_1}=1$，因大齿轮的许用齿面接触疲劳应力值较小，故将 $[\sigma_{H2}]=525\text{MPa}$ 代入，于是：

$$d_1 \geqslant \sqrt[3]{\frac{2 \times 111.92 \times 10^3}{1} \frac{3.5+1}{3.5} \left(\frac{2.5 \times 189.8}{525}\right)^2} = 61.72\text{mm}$$

$$a = \frac{(1+u)d_1}{2} = (1+3.5) \times \frac{61.72}{2} = 138.87 \qquad \text{取 } a = 140\text{mm}$$

按经验式 $m=(0.007\sim0.02)a$，$m=0.015a=2.1\text{mm}$，取标准模数 $m=2.5\text{mm}$，$z_1=\frac{2a}{m(1+u)}=\frac{2 \times 140}{2.5(1+3.5)}=24.89$，考虑传动比精确及中心距以0，5结尾，取 $z_1=25$，$z_2=87$。反算中心距 $a=\frac{m}{2}(z_1+z_2)=\frac{2.5}{2}(25+87)=140\text{mm}$，符合要求。检验传动比 $u=\frac{z_2}{z_1}=\frac{87}{25}=3.48$，误差小于3%，符合要求。

（3）选择齿轮精度等级。

$$d_1 = mz_1 = 2.5 \times 25 = 62.5\text{mm}$$

齿轮圆周速度：

$$v = \frac{\pi d_1 n_1}{60 \times 1000} = \frac{\pi \times 62.5 \times 960}{60 \times 1000} \approx 3.14\text{m/s}$$

查表并考虑该齿轮传动的用途，选择7级精度。

（4）精确计算载荷。

$$KT_1 = K_A K_\alpha K_\beta K_v T_1$$
$$K = K_A K_\alpha K_\beta K_v$$

查表，$K_A=1.25$，$K_v=1.15$，齿轮传动啮合宽度 $b=\varphi_d d_1=1\times62.5=62.5\text{mm}$，$\frac{K_A F_t}{b}=\frac{1.25\times2\times74.61}{62.5\times10^{-3}\times62.5}=47.75\text{N/mm}<100\text{N/mm}$，$K_\alpha=1.2$；查表得 $\varphi_d=1.0$，减速器轴刚度较大，$K_\beta=1.05$。

$$K = K_A K_\alpha K_\beta K_v = 1.25 \times 1.2 \times 1.05 \times 1.15 = 1.81$$
$$KT_1 = K_A K_\alpha K_\beta K_v T_1 = 1.81 \times 74.61 = 138.67\text{N} \cdot \text{m}$$
$$KF_{t1} = \frac{2KT_1}{d_1} = \frac{2 \times 138.67 \times 10^3}{62.5} = 4.4\text{kN}$$

（5）验算轮齿弯曲疲劳承载能力。

由 $z_1=25$，$z_2=87$，查图得两轮的复合齿形系数为 $Y_{F1}=4.21$，$Y_{F2}=3.93$，于是：

$$\sigma_{F1}=\frac{4.4\times10^3}{62.5\times2.5}\times4.21=118.55\text{MPa}\leqslant[\sigma_{F1}]=371.2\text{MPa}$$

$$\sigma_{F2}=\frac{4.4\times10^3}{62.5\times2.5}\times3.93=110.6\text{MPa}\leqslant[\sigma_{F2}]=302.7\text{MPa}$$

轮齿弯曲疲劳承载能力足够。

（6）综上所述，可得所设计齿轮的主要参数为：

$m=2.5$mm，$z_1=25$，$z_2=87$，$i=3.5$，$a=140$mm，$b_1=75$mm，$b_2=62.5$mm。

7-6　设计一用于带式运输机的单级齿轮减速器中的斜齿圆柱齿轮传动。已知：传递功率 $P_1=10$kW，转速 $n_1=1450$r/min，$n_2=360$r/min，允许转速误差±3%，电动机驱动，单向转动，载荷有中等振动，两班制工作，要求使用寿命10年。

解：（1）选择齿轮材料，热处理方法和许用应力。

参考教材《机械设计》中的表7-1初选材料：

小齿轮：ZG55，正火处理，品质中等，齿面硬度179~207HBW。

大齿轮：ZG45，正火处理，品质中等，齿面硬度163~197HBW。

根据小齿轮齿面硬度200HBW，大齿轮齿面硬度170HBW，按教材《机械设计》中的图7-6MQ线查得齿面接触疲劳极限应力如下：$\sigma_{Hlim1}=385$MPa，$\sigma_{Hlim2}=350$MPa。

按教材《机械设计》中的图7-7MQ线查得轮齿弯曲疲劳极限应力如下：$\sigma_{FE1}=320$MPa，$\sigma_{FE2}=280$MPa。

按教材《机械设计》中的图7-8（a）查得接触寿命系数 $Z_{N1}=0.90$，$Z_{N2}=1.0$。

按教材《机械设计》中的图7-8（b）查得弯曲寿命系数 $Y_{N1}=0.9$，$Y_{N2}=0.95$。

其中：$N_1=60\gamma n_1t_d=60\times1\times1450\times260\times10\times16=3.62\times10^9$，

$N_2=60\gamma n_2t_d=60\times1\times360\times260\times10\times16=8.99\times10^8$。

再查教材《机械设计》中的表7-2，取安全系数如下：$S_{Hmin}=1.1$，$S_{Fmin}=1.4$。

于是：$[\sigma_{H1}]=\dfrac{\sigma_{Hlim1}}{S_H}Z_{N1}=\dfrac{385}{1.1}\times0.90=315\text{MPa}$，

$$[\sigma_{H2}]=\frac{\sigma_{Hlim2}}{S_H}Z_{N2}=\frac{350}{1.1}\times1.0=318.2\text{MPa},$$

$$[\sigma_{F1}]=\frac{\sigma_{FE1}}{S_F}Y_{N1}=\frac{320}{1.4}\times0.90=205.7\text{MPa},$$

$$[\sigma_{F2}]=\frac{\sigma_{FE2}}{S_F}Y_{N2}=\frac{280}{1.4}\times0.95=190\text{MPa}。$$

（2）分析失效、确定设计准则。由题意闭式软齿面齿轮传动可知，最大可能的失效是齿面接触疲劳；但如模数过小也可能发生轮齿疲劳折断。因此，本齿轮传动可按齿面接触疲劳承载能力进行设计，确定主要参数，再验算轮齿的弯曲疲劳承载能力。

（3）按齿面接触疲劳强度计算齿轮主要参数。

$$d_1\geqslant\sqrt[3]{\frac{2KT_1}{\varphi_d}\frac{u\pm1}{u}\left(\frac{Z_HZ_EZ_\beta}{[\sigma_H]}\right)^2}$$

因属减速传动，$u=i=\dfrac{1450}{360}=4.03$。

确定计算载荷：

小齿轮转矩：$T_1 = 9.55 \times 10^6 \dfrac{P_1}{n_1} = 9.55 \times 10^6 \dfrac{10}{1450} = 65.86\text{N} \cdot \text{m}$。

$$KT_1 = K_A K_\alpha K_\beta K_v T_1$$

初选，查教材《机械设计》中的表 7-7，考虑本齿轮传动是斜齿圆柱齿轮传动，电动机驱动，载荷有中等冲击，轴承相对齿轮不对称布置，取载荷系数 $K=1.6$。

得：

$$KT_1 = K_A K_\alpha K_\beta K_v T_1 = 1.6 \times 65.86 = 105.4\text{N} \cdot \text{m}$$

初选 $\beta=15°$，$Z_\beta=\sqrt{\cos\beta}=0.983$，区域系数查教材《机械设计》中的图 7-13，$Z_H=2.41$，弹性系数查教材《机械设计》中的表 7-8，$Z_E=188.0$，齿宽系数查教材《机械设计》中的表 7-10，软齿面取 $\varphi_d=1$。因大齿轮的许用齿面接触疲劳应力值较小，故将 $[\sigma_{H2}]=318.2\text{MPa}$ 代入，于是：

$$d_1 \geqslant \sqrt[2]{\frac{2KT_1}{\varphi_d}\frac{u \pm 1}{u}\left(\frac{Z_H Z_E Z_\beta}{[\sigma_H]}\right)^2} = \sqrt[3]{\frac{2 \times 105.4 \times 10^3}{1}\frac{4.03+1}{4.03}\left(\frac{2.41 \times 188.0 \times 0.983}{318.2}\right)^2}$$

$$=80.18\text{mm}$$

$a=\dfrac{(1+u)d_1}{2}=201.65\text{mm}$，取 $a=205\text{mm}$。

按经验式 $m_n=(0.007 \sim 0.2)a$，$m_n=0.014a=2.87\text{mm}$，取标准模数 $m_n=3\text{mm}$，$z_1=\dfrac{d_1\cos\beta}{m_n}=25.82$，取 $z_1=26$，$z_2=uz_1=104.78$，取 $z_2=105$。检验传动比 $u=z_2/z_1=4.04$，则传动比误差=0.2%，符合要求。求螺旋角 $\beta=\arccos\dfrac{m_n(z_1+z_2)}{2a}=16.56°$

（4）选择齿轮精度等级。

$$d_1=\frac{m_n z_1}{\cos\beta}=81.38\text{mm}$$

齿轮圆周速度：$v=\dfrac{\pi d_1 n_1}{60\times1000}=6.18\text{m/s}$，查教材《机械设计》中的表 7-3，并考虑该齿轮的用途，选择 9 级精度。

（5）精确计算载荷。

$$KT_1 = K_A K_\alpha K_\beta K_v T_1。$$
$$K = K_A K_\alpha K_\beta K_v$$

查教材《机械设计》中的表 7-4，$K_A=1.50$，查教材《机械设计》中的图 7-9，$K_v=1.3$；齿轮传动啮合宽度 $b=81.83\text{mm}$，查教材《机械设计》中的表 7-6 得 $K_\alpha=1.4$；查教材《机械设计》中的表 7-5，$\varphi_d=1$，$K_\beta=1.08$。

$$K = K_A K_\alpha K_\beta K_v = 1.50 \times 1.4 \times 1.08 \times 1.3 = 2.95$$
$$KT_1 = K_A K_\alpha K_\beta K_v T_1 = 2.95 \times 65.86 = 194.29$$
$$KF_{t1}=\frac{2KT_1}{d_1}=4.77\text{kN}$$

（6）验算轮齿弯曲疲劳承载能力。

由 $z_1=26$，$z_2=105$，$Y_\beta=0.75$，由 $z_v=z/(\cos\beta)^3$ 得：$z_{v1}=29.52$，$z_{v2}=119.23$，查教材《机械设计》中的图 7-16，得两轮复合齿形系数 $Y_{F1}=4.07$，$Y_{F2}=3.94$。于是：

$$\sigma_{F1}=\frac{4.77\times10^3}{81.83\times3}\times4.07\times0.75=59.31\text{MPa}\leqslant[\sigma_{F1}]=205.7\text{MPa}$$

$$\sigma_{F2}=\frac{4.77\times10^3}{81.83\times3}\times3.94\times0.75=57.42\text{MPa}\leqslant[\sigma_{F2}]=190\text{MPa}$$

轮齿弯曲疲劳承载能力足够。

（7）综上所述，可得所设计齿轮的主要参数为：

$m_n=3\text{mm}$，$z_1=26$，$z_2=105$，$i=4.04$，$a=205\text{mm}$，$\beta=16.56°$。

7-7　设计一用于螺旋输送机的开式正交直齿锥齿轮传动。已知：传递功率 $P_1=1.8\text{kW}$，转速 $n_1=250\text{r/min}$，传动比 $i=2.3$，允许传动比误差±3%，电动机驱动，单向转动，大齿轮悬臂布置，每天两班制工作，使用寿命 10 年。

解：（1）选择齿轮材料、热处理方法并确定许用应力。

1）参考表 7-1 初选材料：

小齿轮：40Cr，调质处理，品质中等，齿面硬度 241~286HBW。

大齿轮：45 钢，调质处理，品质中等，齿面硬度 217~255HBW。

2）根据小齿轮齿面硬度 260HBW 和大齿轮齿面硬度 230HBW，查教材《机械设计》中的图 7-6MQ 线可得齿面接触疲劳极限应力如下：

$$\sigma_{\text{Hlim1}}=720\text{MPa},\ \sigma_{\text{Hlim2}}=550\text{MPa}$$

3）按照教材《机械设计》中的图 7-7MQ 线查得轮齿弯曲疲劳极限应力如下：

$$\sigma_{FE1}=580\text{MPa},\ \sigma_{FE2}=440\text{MPa}$$

4）由：

$$N_1=60\gamma n_1t_n=60\times1\times250\times10\times360\times16=8.64\times10^8$$

$$N_2=60\gamma n_2t_n=60\times1\times\frac{250}{2.3}\times10\times360\times16=3.76\times10^8$$

则按教材《机械设计》中的图 7-8（a）查得轮齿接触疲劳寿命系数 $Z_{N1}=1.16$，$Z_{N2}=1.22$。

按教材《机械设计》中的图 7-8（b）查得齿根弯曲疲劳寿命系数 $Y_{N1}=0.92$，$Y_{N1}=0.94$。

5）查教材《机械设计》中的表 7-2，取安全系数如下：$S_{\text{Hmin}}=1.1$，$S_{\text{Fmin}}=1.25$。

6）于是：

$$[\sigma_{H1}]=\frac{\sigma_{\text{Hlim1}}}{S_H}Z_{N1}=\frac{720}{1.1}\times1.16=759\text{MPa}$$

$$[\sigma_{H2}]=\frac{\sigma_{\text{Hlim2}}}{S_H}Z_{N2}=\frac{550}{1.1}\times1.22=610\text{MPa}$$

$$[\sigma_{F1}]=\frac{\sigma_{FE1}}{S_F}Y_{N1}=\frac{580}{1.25}\times0.92=427\text{MPa}$$

$$[\sigma_{F2}] = \frac{\sigma_{FE2}}{S_F}Y_{N2} = \frac{440}{1.25} \times 0.94 = 331\text{MPa}$$

（2）分析失效、确定计算准则。由题意可知所要求设计的齿轮传动为开式齿轮传动，其主要失效形式是齿面磨损。应按齿根弯曲疲劳强度计算，用增大模数 10%～20%的办法来考虑磨损的影响进行设计，确定主要参数，再校核轮齿的齿面接触疲劳强度。

（3）按齿根弯曲疲劳强度计算齿轮主要参数。根据教材《机械设计》中的式（7-24）得：

$$m \geqslant \sqrt[3]{\frac{4KT_1}{\varphi_R(1-0.5\varphi_R)^2 z_1^2\sqrt{1+\mu^2}}\frac{Y_F}{[\sigma_F]}}$$

因属减速齿轮传动，$u=i=2.3$。

1）初选齿数。取 $z_1=20$，$z_2=uz_1=20\times2.3=46$。

2）选定齿宽系数。由所设计的齿轮传动为悬臂布置的软齿面齿轮，则根据教材《机械设计》中的表 7-10 取齿宽系数 $\varphi_R=0.3$。

3）确定计算载荷。

小齿轮转矩 $T_1$ 为：$T_1=9.55\times10^6\frac{p_1}{n_1}=9.55\times10^6\times\frac{1.8}{250}=68760\text{N}\cdot\text{m}$。

$$K = K_A K_\alpha K_\beta K_v$$

初选，查教材《机械设计》中的表 7-7，考虑本齿轮传动是开式正交锥齿轮传动、电机驱动、载荷有轻微冲击、大齿轮悬臂布置，取 $K=1.6$。

$$KT_1 = K_A K_\alpha K_\beta K_v T_1 = 1.6 \times 68.76 = 110016\text{N}\cdot\text{m}$$

4）确定复合齿形系数 $Y_{F1}$，$Y_{F2}$。

计算分度圆锥角：

$$\delta_1 = \arctan\frac{1}{u} = \arctan\frac{1}{2.3} = 23.5°$$

$$\delta_2 = \arctan u = \arctan 2.3 = 66.5°$$

计算当量齿数：

$$z_{v1} = z_1/\cos\delta_1 = \frac{20}{\cos 23.5°} = 21.8$$

$$z_{v2} = z_2/\cos\delta_2 = \frac{46}{\cos 66.5°} = 115.4$$

查教材《机械设计》中的图 7-16 可得：$Y_{F1}=4.28$，$Y_{F2}=3.94$。

5）计算大小齿轮的 $\frac{Y_F}{[\sigma_F]}$。

$$\frac{Y_{F1}}{[\sigma_{F1}]} = \frac{4.28}{427} = 0.01002$$

$$\frac{Y_{F2}}{[\sigma_{F2}]} = \frac{3.94}{331} = 0.01190$$

则大齿轮的数值较大，应代入大齿轮数据进行计算。

6）上述各值代入公式计算可得：

$$m \geqslant \sqrt[3]{\frac{4KT_1}{\varphi_R(1-0.5\varphi_R)^2 z_1^2\sqrt{1+\mu^2}}\frac{Y_F}{[\sigma_F]}}$$

$$= \sqrt[3]{\frac{4\times110016}{0.3\times(1-0.5\times0.3)^2\times20^2\times\sqrt{1+2.3^2}}\times0.01190}$$

$$= 2.89\text{mm}$$

由于所设计齿轮传动为开式齿轮传动，则应考虑磨损的影响。

考虑磨损影响后：

$$m \geqslant (1+20\%)\times2.89 = 3.46\text{mm}$$

取标准模数：$m=3.5\text{mm}$。

试算分度圆直径：$d_1=mz_1=3.5\times20=70\text{mm}$。

$$R=\frac{d_1}{2\sin\delta_1}=\frac{70}{2\times\sin23.5^\circ}=87.8\text{mm}$$

$$d_{m1}=(1-0.5\varphi_R)d_1=(1-0.5\times0.3)\times70=59.5\text{mm}$$

（4）选择齿轮精度等级。

由齿轮圆周速度 $v=\frac{\pi d_{m1}n_1}{60\times1000}=\frac{\pi\times59.5\times250}{60\times1000}\approx0.779\text{m/s}$

查教材《机械设计》中的表 7-3，选用 8 级精度。

（5）精确计算载荷。

$$K=K_AK_\alpha K_\beta K_v$$

$$F_t=\frac{2T_1}{d_{m1}}=\frac{2\times68760}{59.5}=2.311\text{kN}$$

查教材《机械设计》中的表 7-4，$K_A=1.25$；查教材《机械设计》中的图 7-9，$K_v=1.08$。

齿轮传动的啮合齿宽 $b=\varphi_R R=0.3\times87.8=26.34\text{mm}$，取 $b=28\text{mm}$。

查教材《机械设计》中的表 7-6 得 $\frac{K_AF_t}{b}=\frac{1.25\times2.311\times10^8}{28}=103.17\text{N/mm}>100\text{N/mm}$，$K_\alpha=1.2$。

查教材《机械设计》中的表 7-5，$\varphi_d=\frac{b}{d_{m1}}=\frac{28}{59.5}=0.47$，悬臂布置，$K_\beta=1.13$。

则：

$$K=K_AK_\alpha K_\beta K_v=1.25\times1.2\times1.13\times1.08=1.83$$

$$KT_1=1.83\times68760=125850\text{N}\cdot\text{m}$$

$$KF_t=\frac{2KT_1}{d_{m1}}=\frac{2\times1.83\times125850}{59.5}=7.74\text{kN}$$

（6）校核轮齿的齿面接触疲劳强度。

验算式：

$$\sigma_H=Z_EZ_H\sqrt{\frac{4KT_1}{0.85\frac{b}{R}\left(1-0.5\frac{b}{R}\right)^2d^3u}}\leqslant[\sigma_H]$$

查教材《机械设计》中的图 7-13 可得，区域系数 $Z_H = 2.5$。

查教材《机械设计》中的表 7-8 可得，弹性系数 $Z_E = 189.8$MPa。

代入上式计算可得：

$$\sigma_H = 2.5 \times 189.8 \times \sqrt{\frac{4 \times 125850}{0.85 \times \frac{28}{87.8}\left(1 - 0.5 \times \frac{28}{87.8}\right)^2 \times 70^3 \times 10^{-9} \times 2.3}}$$

$$= 27.39\text{MPa} \leqslant [\sigma_{H2}] = 610\text{MPa}$$

轮齿的齿面接触强度即符合要求。

（7）综上所述，可得所设计齿轮的主要参数为：

$m = 3.5$mm，$z_1 = 20$，$z_2 = 46$，$i = 2.3$，$b_1 = 70$mm，$b_2 = 161$mm，$\delta_1 = 23.5°$，$\delta_2 = 66.5°$。

7-8　设计机床进给系统中的直齿锥齿轮传动。已知：要求传递功率 $P_1 = 0.72$kW，转速 $n_1 = 320$r/min，小齿轮悬臂布置，使用寿命 $t_h = 12000$h，已选定齿数 $z_1 = 20$，$z_2 = 25$。

解：（1）选择齿轮材料，热处理方法并确定许用应力。

小齿轮：45 钢，调质处理，品质中等，齿面硬度 217~255HBW。

大齿轮：45 钢，调质处理，品质中等，齿面硬度 162~217HBW。

根据小齿轮齿面硬度 240HBW，大齿轮齿面硬度 200HBW，按图查得：

齿面接触疲劳应力极限：$\sigma_{Hlim1} = 580$MPa，$\sigma_{Hlim2} = 540$MPa。

轮齿弯曲疲劳极限应力：$\sigma_{FE1} = 320$MPa，$\sigma_{FE2} = 310$MPa。

$$N_1 = 60\gamma n_1 t_h = 60 \times 1 \times 320 \times 12000 = 2.304 \times 10^8$$

$$N_2 = 60\gamma n_2 t_h = 60 \times 1 \times \frac{320}{2.5} \times 12000 = 0.9216 \times 10^8$$

接触寿命系数：$Z_{N1} = 1.12$，$Z_{N2} = 1.15$。

弯曲寿命系数：$Y_{N1} = 0.92$，$Y_{N2} = 0.94$。

安全系数 $S_{Hmin} = 1.05$，$S_{Fmin} = 1.25$。

于是：

$$[\sigma_{H1}] = \frac{\sigma_{Hlim1}}{S_H} Z_{N1} = \frac{580}{1.05} \times 1.12 = 619\text{MPa}$$

$$[\sigma_{H2}] = \frac{\sigma_{Hlim2}}{S_H} Z_{N2} = \frac{540}{1.05} \times 1.15 = 591\text{MPa}$$

$$[\sigma_{F1}] = \frac{\sigma_{FE1}}{S_F} Y_{N1} = \frac{320}{1.25} \times 0.92 = 236\text{MPa}$$

$$[\sigma_{F2}] = \frac{\sigma_{FE2}}{S_F} Y_{N2} = \frac{310}{1.25} \times 0.94 = 233\text{MPa}$$

（2）按齿面接触疲劳承载能力计算齿轮主要参数。

$$d_1 \geqslant \sqrt[3]{\frac{4KT_1}{0.85\varphi_R(1 - 0.5\varphi_R)^2 u}\left(\frac{Z_H Z_E}{[\sigma_H]}\right)^2}$$

$u = i = 2.5$。

确定计算载荷：

小齿轮转矩 $T_1$ 为:

$$T_1 = 9550 \times \frac{P_1}{n_1} = 9550 \times \frac{0.72}{320} = 21.49\text{N} \cdot \text{m}$$

查表初步取载荷系数 $K=1.4$。

$$KT_1 = K_A K_\alpha K_\beta K_v T_1 = 1.4 \times 21.49 = 30.09\text{N} \cdot \text{m}$$

区域系数 $Z_H=2.5$,弹性系数 $Z_E=189.8\text{MPa}$,齿宽系数查表,软齿面 $\varphi_R=\frac{b}{R}=0.25$;因大齿轮的许用齿面接触疲劳应力值较小,故将 $[\sigma_{H2}]=591\text{MPa}$ 代入,于是:

$$d_1 \geqslant \sqrt[3]{\frac{4 \times 30.09 \times 10^3}{0.85 \times 0.25(1-0.5 \times 0.25)^2 \times 2.5}\left(\frac{2.5 \times 189.8}{591}\right)^2} = 57.6\text{mm}$$

$z_1=20$,$z_2=25$,则:

$$m = \frac{d_1}{z_1} = \frac{57.6}{20} = 2.9\text{mm}$$

取标准模数 $m=3\text{mm}$。

$$d_1 = mz_1 = 3 \times 20 = 60\text{mm}$$

$$\delta_1 = \arctan\frac{1}{i} = \arctan\frac{1}{2.5} = 21.80°,\ \delta_2 = \arctan i = \arctan 2.5 = 68.20°,$$

$$R = \frac{d_1}{2\sin\delta_1} = \frac{60}{2\sin 21.80°} = 80.8\text{mm},\ d_{m1} = (1-0.5\varphi_R)d_1 = 52.5\text{mm}。$$

(3)选择齿轮精度等级。

齿轮圆周速度:

$$v = \frac{\pi d_{m1} n_1}{60 \times 1000} = \frac{\pi \times 52.5 \times 320}{60 \times 1000} \approx 0.8796\text{m/s}$$

查表并考虑该齿轮传动的用途,选择 9 级精度。

(4)精确计算载荷。

$$KT_1 = K_A K_\alpha K_\beta K_v T_1$$

$$K = K_A K_\alpha K_\beta K_v$$

$$F_t = \frac{2T_1}{d_{m1}} = \frac{2 \times 21.49}{52.5} = 0.8187\text{kN}$$

查表,$K_A=1$,$K_v=1$。

齿轮传动啮合宽度 $b=\varphi_R R=0.25\times80.8=20.13\text{mm}$,取 $b=25\text{mm}$。

$$\frac{K_A F_t}{b} = \frac{1 \times 0.8187 \times 10^3}{25} = 32.748\text{N/mm} < 100\text{N/mm},\ K_\alpha = 1.3。$$

查表得 $\varphi_d=\frac{b}{d_{m1}}=\frac{25}{52.5}=0.48$,轴悬臂布置,$K_\beta=1.11$。

$$K = K_A K_\alpha K_\beta K_v = 1 \times 1.3 \times 1.11 \times 1 = 1.44$$

$$KT_1 = K_A K_\alpha K_\beta K_v T_1 = 1.44 \times 21.49 = 31.01\text{N} \cdot \text{m}$$

$$KF_t = \frac{2KT_1}{d_{m1}} = \frac{2 \times 31.01}{52.5} = 1.18\text{kN}$$

（5）验算轮齿弯曲疲劳承载能力。

由 $z_1=20$，$z_2=25$，$z_v=\dfrac{z}{\cos\delta}$得 $z_{v1}=22$，$z_{v2}=67$。查图得两轮的复合齿形系数为 $Y_{F1}=4.3$，$Y_{F2}=3.96$。于是：

$$\sigma_{F1}=\frac{4.4\times10^3}{62.5\times2.5}\times4.21=118.55\text{MPa}\leqslant[\sigma_{F1}]=371.2\text{MPa}$$

$$\sigma_{F2}=\frac{4.4\times10^3}{62.5\times2.5}\times3.93=110.67\text{MPa}\leqslant[\sigma_{F2}]=302.7\text{MPa}$$

轮齿弯曲疲劳承载能力足够。

（6）综上所述，可得所设计齿轮的主要参数为：

$m=2.5\text{mm}$，$z_1=25$，$z_2=87$，$i=3.5$，$b_1=75\text{mm}$，$b_2=62.5\text{mm}$，$\delta_1=21.80°$，$\delta_2=68.20°$。

## 7.4　自　测　题

7-1　在机械传动中，理论上能保证瞬时传动比为常数的是________。

A. 带传动　B. 链传动　C. 齿轮传动　D. 摩擦轮传动

7-2　在机械传动中，传动效率高、结构紧凑、功率和速度适用范围最广的是________。

A. 带传动　B. 摩擦轮传动　C. 链传动　D. 齿轮传动

7-3　成本较高，不宜用于轴间距离较大的单级传动是________。

A. 带传动　B. 链传动　C. 齿轮传动　D. 以上答案都不正确

7-4　能缓冲减振，并能起到过载安全保护作用的传动是________。

A. 带传动　B. 链传动　C. 齿轮传动　D. 以上答案都不正确

7-5　一般参数的闭式软齿面齿轮传动的主要失效形式是________。

A. 齿面点蚀　B. 轮齿折断

C. 齿面磨粒磨损　D. 齿面胶合

7-6　一般参数的闭式硬齿面齿轮传动的主要失效形式是________。

A. 齿面点蚀　B. 轮齿折断

C. 齿面塑性变形　D. 齿面胶合

7-7　高速重载且散热条件不良的闭式齿轮传动，其最可能出现的失效形式是________。

A. 轮齿折断　B. 齿面磨粒磨损

C. 齿面塑性变形　D. 齿面胶合

7-8　一般参数的开式齿轮传动，其主要失效形式是________。

A. 齿面点蚀　B. 齿面磨粒磨损　C. 齿面胶合　D. 齿面塑性变形

7-9　设计一般闭式齿轮传动时，计算接触疲劳强度是为了避免________失效。

A. 齿面胶合　B. 齿面磨粒磨损　C. 齿面点蚀　D. 轮齿折断

7-10　设计一般闭式齿轮传动时，齿根弯曲疲劳强度计算主要针对的失效形式是________。

A. 齿面塑性变形　B. 轮齿疲劳折断　C. 齿面点蚀　D. 磨损

7-11 设计一对材料相同的软齿面齿轮传动时，一般使小齿轮齿面硬度 $HBS_1$ 和大齿轮 $HBS_2$ 的关系为________。

A. $HBS_1 < HBS_2$　　B. $HBS_1 = HBS_2$

C. $HBS_1 > HBS_2$　　D. 以上答案都不正确

7-12 在闭式减速软齿面圆柱齿轮传动中，载荷平稳，按________作为计算齿轮工作能力准则是最可能的。

A. 齿根弯曲疲劳强度　　B. 齿根弯曲静强度

C. 齿面接触疲劳强度　　D. 齿面接触静强度

7-13 标准直齿圆柱齿轮传动，轮齿弯曲强度计算中的复合齿形系数只决定于________。

A. 模数 $m$　　B. 齿数 $z$

C. 齿宽系数 $\phi_d$　　D. 齿轮精度等级

7-14 一对斜齿圆柱齿轮传动中________的计算值不应圆整。

A. 分度圆直径　　B. 齿轮宽度

C. 传动中心距 $a$　　D. 齿数 $z$

7-15 齿轮因齿面塑性变形而失效最可能出现在________齿轮传动中。

A. 高速轻载的闭式硬齿面　　B. 低速重载的闭式软齿面

C. 润滑油黏度较高的硬齿面　　D. 以上答案都不正确

7-16 磨损尚无完善的计算方法，故目前设计开式齿轮传动时，一般按弯曲疲劳强度设计计算，用适当增大模数的办法以考虑________的影响。

A. 齿面点蚀　　B. 齿面塑性变形

C. 磨粒磨损　　D. 齿面胶合

7-17 对齿轮轮齿材料性能的基本要求是________。

A. 齿面要硬，齿芯要韧　　B. 齿面要硬，齿芯要脆

C. 齿面要软，齿芯要脆　　D. 齿面要软，齿芯要韧

7-18 齿轮传动中，齿间载荷分配不均，除与轮齿变形有关外，还主要与________有关。

A. 齿面粗糙度　　B. 润滑油黏度

C. 齿轮制造精度　　D. 以上答案都不对

7-19 斜齿轮和锥齿轮强度计算中的复合齿形系数 $Y_F$ 应按________查图表。

A. 实际齿数　　B. 当量齿数

C. 不发生根切的最小齿数　　D. 以上答案都不正确

7-20 一减速齿轮传动，主动轮 1 用 45 钢调质，从动轮 2 用 45 钢正火，则它们的齿面接触应力的关系是________。

A. $\sigma_{H1} < \sigma_{H2}$　　B. $\sigma_{H1} = \sigma_{H2}$

C. $\sigma_{H1}>\sigma_{H2}$　　D. 以上答案都不正确

7-21 为了有效地提高齿面接触强度，可________。

A. 保持分度圆直径不变而增大模数　　B. 增大分度圆直径

C. 保持分度圆直径不变而增加齿数　　D. 以上答案都不正确

7-22 为了提高齿根抗弯强度，可________。

A. 增大模数　　B. 保持分度圆直径不变而增加齿数

C. 采用负变位齿轮　　D. 以上答案都不正确

7-23 对于闭式软齿面齿轮传动，在传动尺寸不变并满足弯曲疲劳强度要求的前提下，齿数宜适当取多些。其目的是________。

A. 提高轮齿的抗弯强度　　B. 提高齿面的接触强度

C. 提高传动平稳性　　D. 以上答案都不正确

7-24 设计开式齿轮传动时，在保证不根切的情况下，宜取较少齿数。其目的是________。

A. 增大重合度，提高传动平稳性　　B. 减小齿面发生胶合的可能性

C. 增大模数，提高轮齿的抗弯强度　　D. 提高齿面接触强度

7-25 在设计圆柱齿轮传动时，通常使小齿轮的宽度比大齿轮宽一些，其目的是________。

A. 使小齿轮和大齿轮的强度接近相等

B. 为了使传动更平稳

C. 为了补偿可能的安装误差以保证接触线长度

D. 以上答案都不正确

7-26 设计斜齿圆柱齿轮传动时，螺旋角 $\beta$ 一般在 $8°\sim20°$ 范围内选取，$\beta$ 太小斜齿轮传动的优点不明显，太大则会引起________。

A. 啮合不良　　B. 制造困难

C. 轴向力太大　　D. 传动平稳性下降

7-27 由于断齿破坏比点蚀破坏更具有严重的后果，所以通常设计齿轮时，抗弯强度的安全系数 $S_F$ 应________接触强度的安全系数 $S_H$。

A. 大于　　B. 等于

C. 小于　　D. 以上答案都不正确

7-28 $\sigma_{Hlim}$ 和 $\sigma_{Flim}$ 值是试验齿轮在持久寿命期内按________，通过长期持续重复载荷作用或经长期持续的脉动载荷作用而获得的齿面接触疲劳强度极限应力和齿根弯曲疲劳极限应力。

A. 可靠度为 90%　　B. 失效概率为 1%

C. 失效概率为 99%　　D. 可靠度为 10%

7-29 直齿锥齿轮的标准模数是________。

A. 小端模数　　B. 大端端面模数

C. 齿宽中点法向模数　　D. 齿宽中点的平均模数

7-30 直齿锥齿轮传动的强度计算方法是以________的当量圆柱齿轮为计算基础。

A. 小端　　B. 大端

C. 齿宽中点处　　D. 以上答案都不正确

7-31 在闭式减速软齿面圆锥齿轮传动中，载荷平稳，按________作为计算齿轮工作能力准则是最可能的。

A. 齿根弯曲疲劳强度　　　　B. 齿根弯曲静强度
C. 齿面接触疲劳强度　　　　D. 齿面接触静强度

## 7.5 自测题参考答案

7-1 C 7-2 D 7-3 C 7-4 A 7-5 A 7-6 B 7-7 D 7-8 B 7-9 C
7-10 B 7-11 C 7-12 C 7-13 B 7-14 A 7-15 B 7-16 C 7-17 A 7-18 C
7-19 B 7-20 B 7-21 B 7-22 A 7-23 C 7-24 C 7-25 C 7-26 C 7-27 A
7-28 B 7-29 B 7-30 C 7-31 C

# 8 蜗 杆 传 动

## 8.1 主要内容与学习要点

本章需要熟悉蜗杆传动的特点和类型，普通圆柱蜗杆传动的主要参数和几何尺寸计算，蜗杆传动的失效形式和材料选择，掌握蜗杆传动的强度计算，蜗杆传动的效率、润滑和热平衡计算，并同时了解蜗杆和蜗轮的结构设计等。

### 8.1.1 组成与功能

组成：蜗杆和蜗轮。

功能：用来传递空间互相垂直而不相交的两轴间的运动和动力的传动机构。

轴夹角：蜗轮蜗杆属于交错轴传动，两根轴的交错角等于90°。

### 8.1.2 特点

结构：从中间平面（通过蜗杆轴线，且垂直于蜗轮轴线）来看，类似于“齿条-齿轮”啮合传动；从外观整体来看，类似于螺旋传动。因此，蜗轮蜗杆传动具有齿轮传动与螺旋传动的双重特性，如图 8-1 所示。

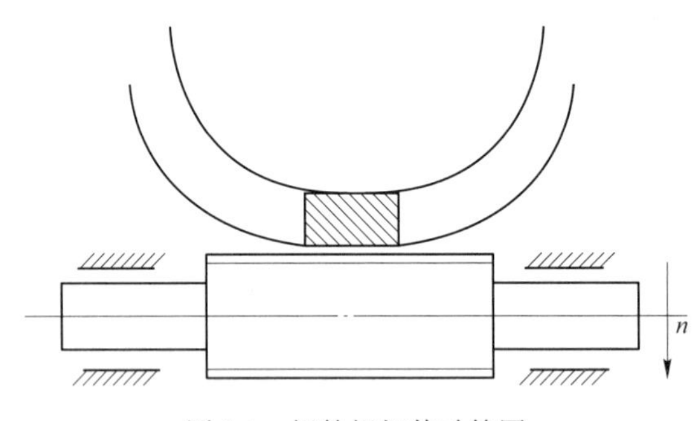


图 8-1　蜗轮蜗杆传动简图

运动：传动比恒定，$i=C$，可变位，且传动平稳、噪声低；相对滑动 $v_s$ 越大，磨损、发热就越大，传动效率 $\eta$ 就越低，通常蜗轮蜗杆的传动效率在 70%～90%之间，甚至更低。

自锁：当螺旋线升角小于当量摩擦角时，蜗杆传动便具有自锁性。

参数：蜗轮蜗杆传动的标准是蜗杆轴面模数和蜗轮端面模数。

$d_1$，$d_2$——蜗杆和蜗轮分度圆直径；

$z_1$——蜗杆头数 1～4，头数越多，传动效率越高。由于蜗轮齿数 $z_2$ 可以取得比较多，因此，可以实现比较大的传动比。

$\lambda$——蜗杆螺旋线升角。一对相啮合的蜗轮蜗杆传动，蜗杆和蜗轮的螺旋线方向一致，即蜗杆右旋，那么蜗轮也是右旋。

$q$——蜗杆的直径系数，国家标准规定了一系列标准值；$m$——模数，其计算公式如下：

$$q = \frac{d_1}{m}$$

由此可以推导出蜗杆分度圆直径：

$$d_1 = q \cdot m$$

蜗轮分度圆直径可以写成：

$$d_2 = z_2 \cdot m$$

蜗轮蜗杆传动中心距的计算公式如下：

$$a = \frac{1}{2} \cdot (q + z_2) \cdot m$$

变位：蜗轮蜗杆传动的变位目的有以下两种。

（1）凑标准中心距，变位前后蜗轮齿数不变，中心距改变。

$$a' = a + \chi \cdot m = \frac{m}{2} \cdot (q + z_2 + 2\chi)$$

因此，可以实现凑标准中心距的目的。

（2）凑传动比，变位前后中心距不变，蜗轮齿数改变。

$$a' = a$$

将变位前后中心距计算公式代入上式，可得：

$$\frac{m}{2} \cdot (q + z_2' + 2\chi) = \frac{m}{2} \cdot (q + z_2)$$

对上式进行化简，可得：

$$z_2' = z_2 - 2\chi$$

若变位系数 $x=1$，则变位前后蜗轮的齿数差为：

$$z_2' - z_2 = \pm 2$$

因此，可以实现凑传动比的目的。

### 8.1.3 普通蜗杆的传动设计

（1）受力与应力分析。蜗轮蜗杆传动受力分析如图 8-2 所示，蜗杆的轴向力判断需要利用左右手定则，左旋用左手；右旋用右手。握住蜗杆轴线，四指指向蜗杆旋转方向，大拇指所指的方向就是蜗杆的轴向力方向，其他力的判断方法与齿轮传动相类似。

蜗轮蜗杆传动所受 6 个力的对应关系如下，蜗杆圆周力 $F_{t1}$ 与蜗轮轴向力 $F_{a2}$ 是一对作用力和反作用力：

$$F_{t1} = -F_{a2}$$

蜗杆轴向力 $F_{a1}$ 与蜗轮圆周力 $F_{t2}$ 是一对作用力和反作用力：

$$F_{t2} = -F_{a1}$$

蜗杆径向力 $F_{r1}$ 与蜗轮径向力 $F_{r2}$ 是一对作用力和反作用力：

$$F_{r1} = -F_{r2}$$

蜗轮齿根弯曲应力计算公式如下：

$$\sigma_F = \frac{K \cdot F_{t2}}{b_2 \cdot m_n} \cdot Y_{Fa2} \cdot Y_{Sa2} \cdot Y_{\varepsilon} \cdot Y_{\beta}$$

蜗轮齿面接触应力计算公式如下：

$$\sigma_H = \sqrt{\frac{K \cdot F_n}{L_0 \cdot \rho_{\Sigma}}} \cdot Z_E$$

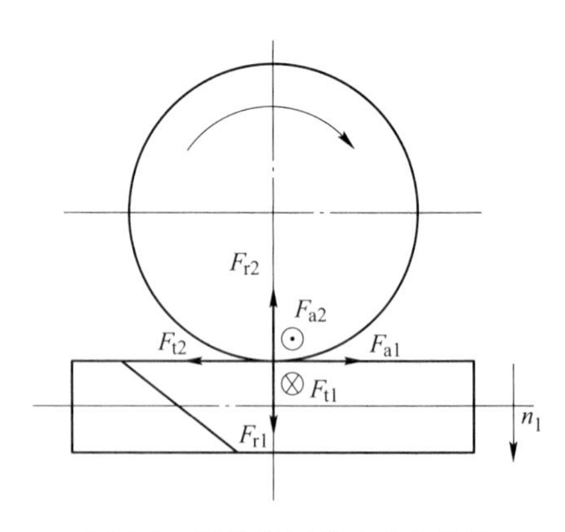

图 8-2 蜗轮蜗杆传动受力分析

（2）失效分析。主要失效形式有：磨损、胶合、点蚀和弯曲断裂。

（3）材料选择详见教材《机械设计》P161，通常选择耐磨材料，限制磨损发生。

（4）计算准则。

开式蜗杆传动的主要失效形式是磨损，次要失效形式是断齿；由于抗磨损计算准则尚不成熟，因此，按照弯曲疲劳强度设计。

闭式的主要失效形式是磨损，次要失效形式是点蚀；由于抗磨损计算准则尚不成熟，因此，按照齿面接触疲劳强度设计。

（5）效率、润滑、热平衡计算。

蜗轮蜗杆传动效率计算公式如下：

$$\eta = \eta_1 \cdot \eta_2 \cdot \eta_3$$

式中，$\eta_1$ 为啮合效率，就是螺旋传动的效率。其计算公式如下：

$$\eta_1 = \tan\lambda / \tan(\lambda + \phi_v)$$

式中，$\lambda$ 为螺旋线升角；$\phi_v$为当量摩擦角；$\eta_2$ 为轴承摩擦损失；$\eta_3$为搅油损失；轴承摩擦损失效率与搅油损失效率之积大约在以下范围内：

$$\eta_2 \cdot \eta_3 = 0.95 \sim 0.96$$

（6）蜗杆传动的热平衡计算。

单位时间的发热量应该等于单位时间的散热量，即

$$H_1(\text{发热量}) = H_2(\text{散热量})$$

单位时间发热量的计算公式如下：

$$H_1 = 1000P \cdot (1 - \eta)W$$

式中，$P$ 为蜗杆传动的功率。

单位时间散热量的计算公式如下：

$$H_2 = \alpha_d \cdot S \cdot (t_0 - t_a)W$$

式中，$\alpha_d$为箱体表面传热系数，其值在 8.15~17.45 范围内；$S$ 为箱体表面积；$t_0$为油的工作温度；$t_a$为周围空气的温度。由此可以推导出润滑油温度的计算公式：

$$t_0 = t_a + \frac{1000P \cdot (1 - \eta)}{\alpha_d \cdot S} = 80℃ \quad \text{or} \quad > 80℃$$

如果润滑油的温度超过了 80℃，则需要采取以下措施：

1）在箱体表面增加散热片，增大箱体表面散热面积；

2）在轴端加装风扇，加速空气流通；

3）在润滑油中增加蛇形冷却水管。

（7）普通圆柱蜗杆和蜗轮的结构设计。蜗轮蜗杆的结构简图如图 8-3 所示。

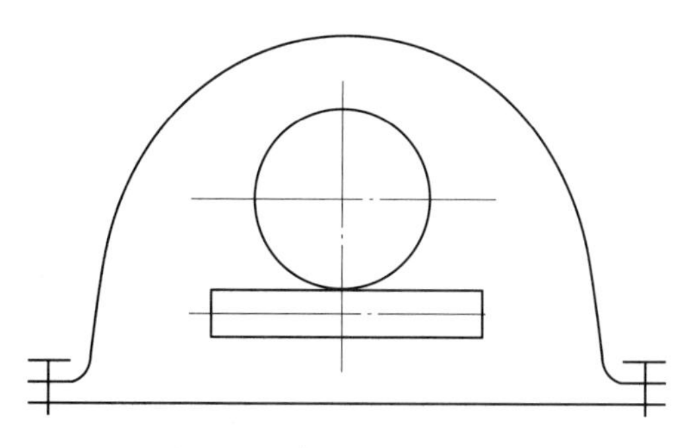

图 8-3 蜗轮蜗杆的结构简图

## 8.2 思考题与参考答案

8-1 蜗杆传动的主要失效形式是什么？

答：蜗杆传动的主要失效形式有胶合、点蚀、磨损和轮齿断裂等。

蜗杆传动在齿面间有较大的相对滑动，发热量大，会使润滑油温度升高而变稀，其中闭式传动容易产生齿面胶合，开式传动容易产生齿面磨损，一般主要是蜗轮轮齿失效。

8-2 与齿轮传动相比，蜗杆传动有何特点？

答：与齿轮传动相比，蜗杆传动具有传动比大、工作平稳、结构紧凑、可以实现自锁等优点；同时蜗杆齿与蜗轮齿相对滑动速度大、发热大并且磨损严重，传动效率低（一般为 0.7~0.9），为了减摩和散热，蜗轮齿圈常采用青铜等减磨性良好的材料，故成本较高。

8-3 影响蜗杆传动效率的主要因素有哪些？导程角 $\gamma$ 的大小对效率有何影响？

答：主要因素有啮合效率，搅油及溅油效率和轴承效率。

导程角 $\gamma$ 对啮合效率产生影响，导程角越大，啮合效率越高。

8-4 蜗杆传动变位有何特点？变位的目的如何？

答：由于蜗杆的齿廓形状和尺寸与加工配偶的蜗轮的滚刀形状和尺寸相同，为了保持刀具不变，蜗杆的尺寸是不能变动的。因此变位的只是蜗轮。变位蜗杆的尺寸虽保持不变，但节圆位置有所改变；蜗杆的尺寸变动了，但其节圆与分度圆始终重合。

目的是为了凑配中心距和传动比，使之符合荐用值，或提高蜗杆传动的承载能力及传动效率。

8-5 为什么要进行蜗杆传动的热平衡计算？

答：由于蜗杆传动中齿面间以滑动为主，且相对滑动速度较大，因而传动效率较低、发热量大。在闭式传动中，如果热量不能及时散发，将使箱体内润滑油温度不断升高、黏度下降、承载能力下降，进而导致润滑失效、磨损加剧，甚至胶合，因此对于蜗杆传动必须进行热平衡计算。

8-6 蜗杆蜗轮常用的结构有哪些？

答：蜗杆直径较小时，常用蜗杆轴；蜗杆直径较大时，蜗杆和轴分开制造。蜗轮有整体式和组合式两种。

## 8.3 习题与参考答案

8-1 在图 8-4 中，标出未注明的蜗杆（或蜗轮）的螺旋线旋向及蜗杆或蜗轮的转向，并绘出蜗杆或蜗轮啮合点作用力的方向（用三个分力表示）。

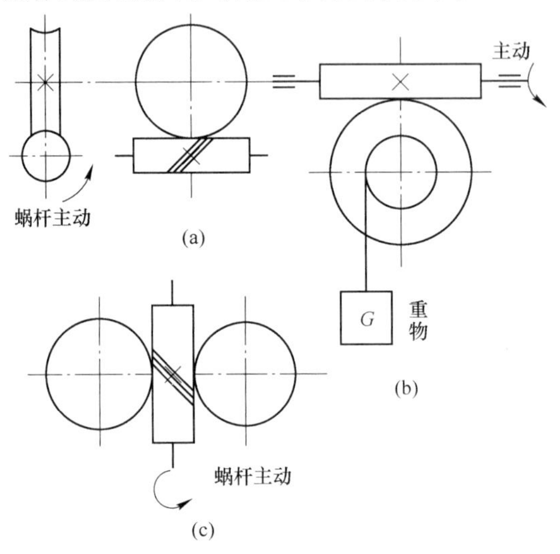


图 8-4 习题 8-1 图

解：

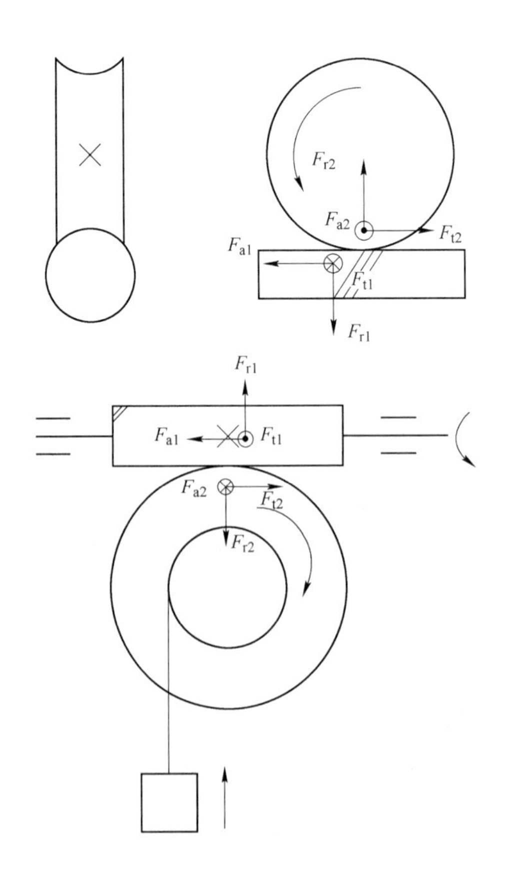

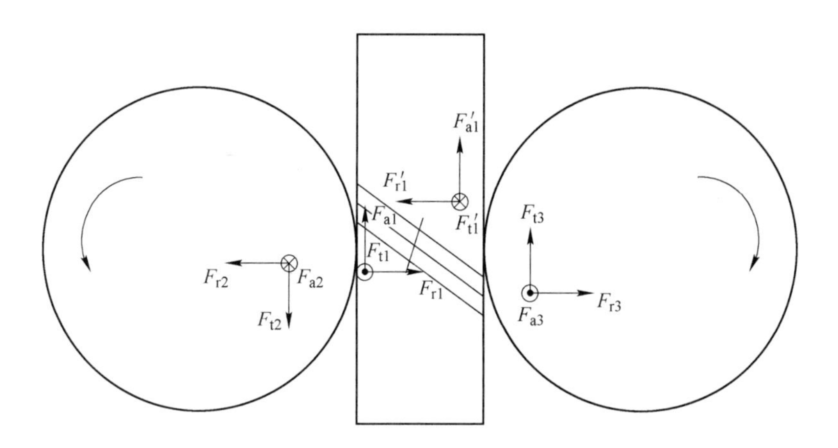


8-2　在图 8-5 所示传动系统中，1 为蜗杆，2 为蜗轮，3 和 4 为斜齿圆柱齿轮，5 和 6 为直齿锥齿轮。若蜗杆主动，要求输出齿轮 6 的回转方向如图 8-5 所示。试决定：

（1）Ⅱ、Ⅲ轴的回转方向（并在图中标示）；

（2）若要使Ⅱ、Ⅲ轴上所受轴向力互相抵消一部分，蜗杆、蜗轮及斜齿轮 3 和 4 的螺旋线方向；

（3）Ⅱ、Ⅲ轴上各轮啮合点处受力方向（$F_t$、$F_r$、$F_a$ 在图中画出）。

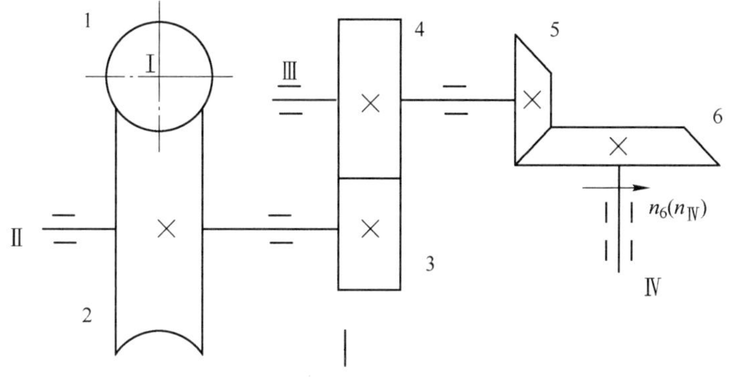


图 8-5　习题 8-2 图

解：

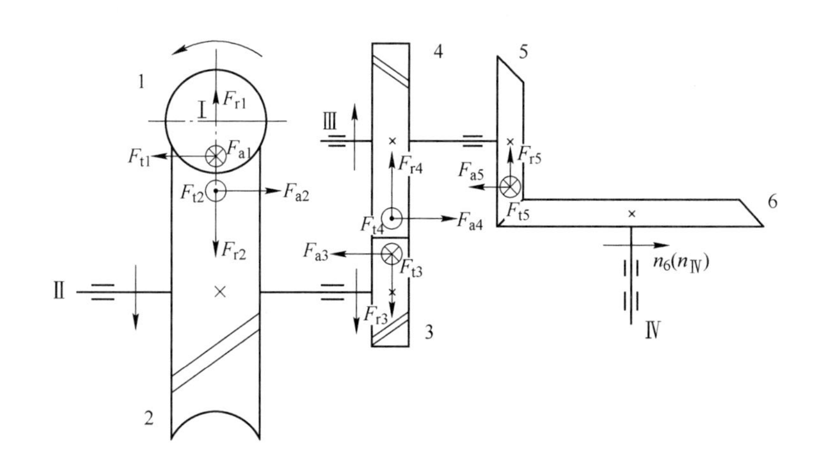

8-3 图 8-6 所示蜗杆传动均是以蜗杆为主动件。试在图 8-6 上标出蜗轮（或蜗杆）的转向，蜗轮齿的螺旋线方向，蜗杆、蜗轮所受各分力的方向。

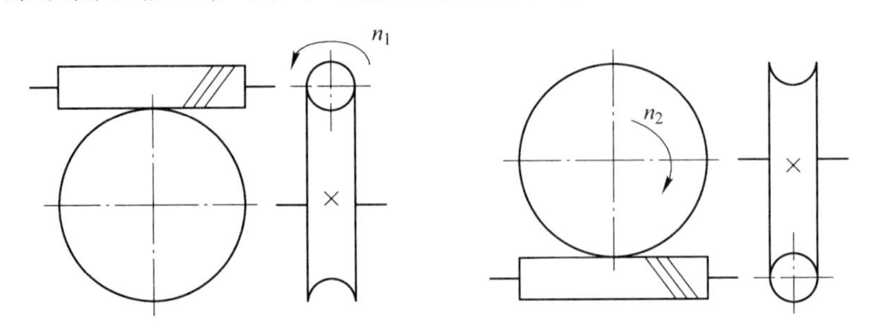


图 8-6 习题 8-3 图

解：

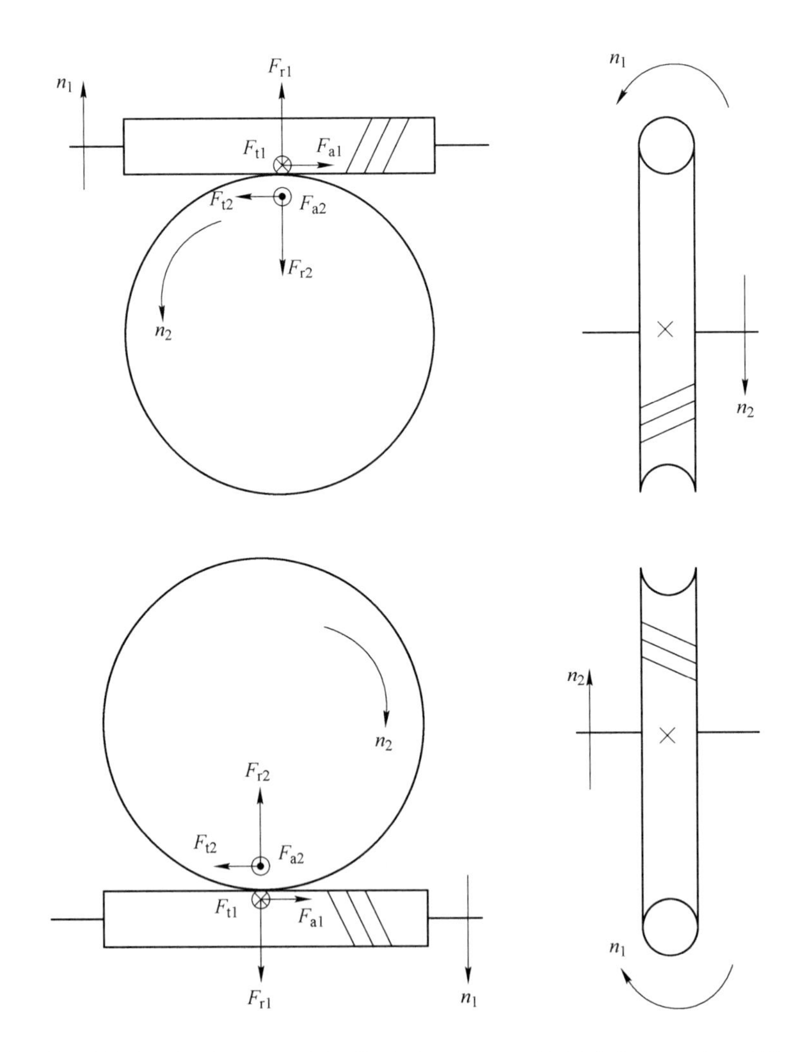


8-4 有一渐开线齿蜗杆传动，已知传动比 $i=15$，蜗杆头数 $z_1=2$，直径系数 $q=10$，分度圆直径 $d_1=80\text{mm}$。试求：（1）模数 $m$、蜗杆分度圆柱导程角 $\gamma$、蜗轮齿数 $z_2$ 及分度圆柱螺旋角 $\beta$；（2）蜗轮的分度圆直径 $d_2$ 和蜗杆传动中心距 $a$。

解：确定蜗杆传动的基本参数：

$m=\dfrac{d_1}{q}=8\text{mm}$；

$z_2=i\times z_1=15\times 2=30$；

$\gamma=\arctan\left(\dfrac{z_1}{q}\right)=\arctan\left(\dfrac{2}{10}\right)=11°18'36''$；

$\beta=\gamma=11°18'36''$；

$d_2=z_2\times m=30\times 8\text{mm}=240\text{mm}$；

$a=\dfrac{1}{2}m(q+z_2)=\dfrac{1}{2}\times 8\times(10+30)\text{mm}=160\text{mm}$。

8-5　图 8-7 所示为带式运输机中单级蜗杆减速器。已知电动机功率 $P=6.5\text{kW}$，转速 $n_1=1460\text{r/min}$，传动比 $i=15$，载荷有轻微冲击，单向连续运转，每天工作 4h，每年工作 260d，使用寿命为 8 年，设计该蜗杆传动。

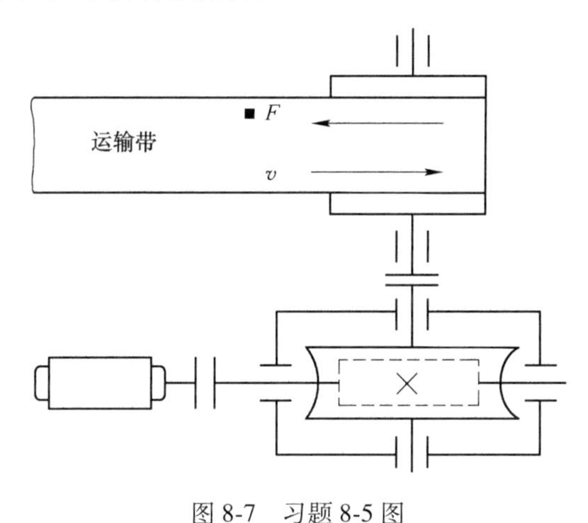


图 8-7　习题 8-5 图

解：由于是减速器中的蜗杆传动，故为闭式传动。根据设计准则，应按照接触疲劳强度确定主要尺寸，并校核弯曲疲劳强度。此外为了防止油温过高应进行热平衡计算；为保证蜗杆刚度，还应对其弹性变形进行验算。

（1）选择蜗杆传动类型及精度等级。根据题意，采用阿基米德蜗杆，7 级精度。

（2）材料选择。蜗杆选择 45 钢，淬火处理，表面硬度为 45-55HRC；蜗轮采用铸造锡青铜（ZCuSn10P1），砂型铸造。

（3）按齿面接触疲劳强度进行设计。

设计公式：

$$a\geqslant\sqrt[3]{KT_2\left(\frac{Z_E Z_\rho}{[\sigma_H]}\right)^2}$$

假定 $v_2\leqslant 3\text{m/s}$，载荷有轻微冲击，由教材《机械设计》中的表 8-5 查得载荷系数 $K=1.5$。

根据传动比 $i=15$，由教材《机械设计》中的表 8-2 取 $z_1=4$，由教材《机械设计》中的表 8-4 初选 $\eta=0.9$，则：

$$T_2 = T_1 i\eta = 9.55 \times 10^6 \frac{P_1}{n_1} i\eta = 9.55 \times 10^6 \times \frac{6.5}{1460} \times 15 \times 0.9$$
$$= 5.74 \times 10^5 \text{N} \cdot \text{mm}$$

初取 $d_1/a = 0.3$，由教材《机械设计》中的图 8-7 查得 $Z_\rho = 3.11$。

应力循环次数：

$$N = 60 j n_2 L_h = 60 \times 1 \times \frac{1460}{15} \times 4 \times 260 \times 8 = 4.86 \times 10^7$$

根据蜗轮材料为铸造锡青铜（砂型铸造），蜗杆强度>45HRC 和应力循环次数 $N$，由教材《机械设计》中的表 8-7 查得：

$$[\sigma_H] = 180\sqrt[8]{10^7/N} = 132.5\text{MPa}$$

当钢制蜗杆与铸造锡青铜配对时，取 $Z_E = 15.0\text{MPa}$。

将以上参数代入设计公式可得：

$$a \geqslant \sqrt[3]{KT_2\left(\frac{Z_E Z_\rho}{[\sigma_H]}\right)^2} = \sqrt[3]{1.5 \times 5.74 \times 10^5 \times \left(\frac{150 \times 3.11}{132.5}\right)^2} = 220.17\text{mm}$$

按标准中心距系列选取中心距 $a = 225\text{mm}$，模数 $m = 6.3\text{mm}$，蜗杆分度圆直径 $d_1 = 63\text{mm}$，蜗杆直径系数 $q = 10.000$，蜗杆头数 $z_1 = 4$，蜗轮齿数 $z_2 = i \cdot z_1 = 60$。

蜗轮的变位系数 $x_2 = \frac{a'-a}{m} = \frac{a'-(d_1+mz_2)/2}{m} = \frac{225-(63+6.3\times60)/2}{6.3} = 0.71$。

蜗轮的分度圆直径 $d_2 = mz_2 = 6.3\times60 = 378\text{mm}$。

蜗杆导程角 $\gamma = \arctan\left(\frac{z_1}{q}\right) = \arctan\left(\frac{4}{10}\right) = 21.8014°$。

根据以上有：$\frac{d_1}{a} = \frac{63}{225} = 0.28 \approx 0.3$，由教材《机械设计》中的图 8-7 查得接触系数 $Z_\rho = 3.19$。

实际圆周速度 $v_2 = \frac{\pi d_2 n_2}{60\times1000} = \frac{\pi\times3.78\times1460/15}{60\times1000} = 1.93\text{m/s}$，小于 3m/s，则符合原假设。

滑动速度：

$$v_s = \frac{\pi d_1 n_1}{60 \times 1000\cos\gamma} = \frac{\pi \times 63 \times 1460}{60 \times 1000 \times \cos 21.8014°} = 5.2\text{m/s}$$

根据 $v_s = 5.2\text{m/s}$，查教材《机械设计》中的表 8-9，可得 $\varphi_v = 1.25°$。

则效率：

$$\eta = 0.95 \times \frac{\tan 21.8014°}{\tan(21.8014° + 1.25°)} = 0.89$$

$$T_2 = T_1 i\eta = 9.55 \times 10^6 \frac{P_1}{n_1} i\eta = 9.55 \times 10^6 \times \frac{6.5}{1460} \times 15 \times 0.89$$
$$= 5.67 \times 10^5 \text{N} \cdot \text{mm}$$

将以上参数重新代入设计公式得到：

$$a \geqslant \sqrt[3]{1.5\times5.67\times10^5\times\left(\frac{150\times3.19}{132.5}\right)^2} = 223.02\text{mm} < 225\text{mm}$$，满足要求。

（4）蜗轮齿根弯曲疲劳强度校核。

校核公式：

$$\sigma_F = \frac{1.53KT_2}{d_1 d_2 m\cos\gamma} Y_{Fa2} Y_\beta \leqslant [\sigma_F]$$

由题意查教材《机械设计》中的表 8-8 得到许用弯曲疲劳强度：

$$[\sigma_F] = 40\sqrt[9]{10^6/N} = 23.59\text{MPa}$$

又蜗轮的当量齿数 $z_{v2} = z_2/\cos^3\gamma = 60/\cos^3 21.8014° = 74.96$，查教材《机械设计》中的图 8-8 可得 $Y_{Fa2} = 2.03$，螺旋角影响系数 $Y_\beta = 1 - \gamma/120° = 1 - 21.8014°/120° = 0.818$。

将以上参数代入校核公式可得：

$$\sigma_F = \frac{1.53 \times 1.5 \times 5.67 \times 10^5}{63 \times 37.8 \times 6.3 \times \cos 21.8014°} \times 2.03 \times 0.818 = 15.51 < [\sigma_F] = 23.59\text{MPa}$$

满足抗弯疲劳强度要求。

（5）蜗杆传动的热平衡计算。设周围空气适宜，通风良好，箱体有较好的散热片。

散热面积近似取：

$$A = 9 \times 10^{-5} a^{1.85} = 9 \times 10^{-5} \times 225^{1.85} = 2.02\text{m}^2$$

取箱体表面散热系数 $\alpha_d = 15\text{W}/(\text{m}^2 \cdot ℃)$，则工作油温：

$$t_0 = t_a + \frac{1000P(1-\eta)}{\alpha_d A} = 20 + \frac{1000 \times 6.5 \times (1 - 0.89)}{15 \times 2.02} = 43.6℃ < 80℃$$

工作油温符合要求。

（6）蜗杆刚度计算。

蜗杆公称转矩：

$$T_1 = 9.55 \times 10^6 \frac{P_1}{n_1} = 9.55 \times 10^6 \times \frac{6.5}{1460} = 4.2 \times 10^4 \text{N} \cdot \text{mm}$$

蜗轮公称转矩：

$$T_2 = T_1 i\eta = 9.55 \times 10^6 \frac{P_1}{n_1} i\eta = 9.55 \times 10^6 \times \frac{6.5}{1460} \times 15 \times 0.89$$
$$= 5.67 \times 10^5 \text{N} \cdot \text{mm}$$

蜗杆所受的圆周力 $F_{t1} = 2T_1/d_1 = 2\times4.2\times10^4/63 = 1333.33\text{N}$。

蜗轮所受的圆周力 $F_{t2} = 2T_2/d_2 = 2\times5.67\times10^5/378 = 3000\text{N}$。

蜗杆所受的径向力 $F_{r1} = F_{t2}\tan\alpha_a = 3000\times\tan 20° = 1091.91\text{N}$。

许用最大挠度 $[y] = d_1/1000 = 0.063\text{mm}$。

蜗杆轴承间跨距 $l = 0.9d_2 = 0.9\times378 = 340.2\text{mm}$。

钢制蜗杆材料的弹性模量 $E = 2.06\times10^5\text{MPa}$。

蜗杆危险截面的惯性矩：

$$I = \frac{\pi d_{f1}^4}{64} = \frac{\pi \times (d_1 - 2(h* + c*)m)^4}{64} = \frac{\pi \times (63 - 2 \times 1.2 \times 6.3)^4}{64}$$
$$= 2.58 \times 10^5 \text{mm}^4$$

蜗杆的最大挠度：

$$y=\frac{\sqrt{F_{t1}^2+F_{r1}^2}}{48EI}l^3=\frac{\sqrt{1333.33^2+1091.91^2}}{48\times2.06\times10^5\times2.58\times10^5}=0.026\text{mm}<[y]=0.063\text{mm}$$

满足刚度要求。

（7）综上所述，可得所设计的配对蜗杆传动主要参数为：

$m=6.3\text{mm}$，$z_1=4$，$z_2=60$，$i=15$，$a'=225\text{mm}$，$d_1=63\text{mm}$，$x_2=0.71$。

8-6　设计某起重设备中的阿基米德圆柱蜗杆传动。蜗杆由电机驱动，输入功率 $P_1=10\text{kW}$，$n_1=1460\text{r/min}$，传动比 $i=25$。工作载荷有中等冲击，每天工作 4h，预期使用寿命 10 年（每年按 260 个工作日算）。

解：（1）选择蜗杆传动类型及精度等级。根据题意，采用阿基米德蜗杆，7 级精度。

（2）材料选择。蜗杆选用 45 钢，淬火处理，表面硬度为 45~55HRC；蜗轮采用铸造锡青铜（ZCuSn10P1），砂型铸造。

（3）按齿面接触疲劳强度进行设计。设计公式 $a\geqslant\sqrt[3]{KT_2\left(\frac{Z_EZ_\rho}{[\sigma_H]}\right)^2}$。

假定 $v_2<3\text{m/s}$，有中等冲击，查表得载荷系数 $K=1.5$。

根据传动比由表取 $z_1=2$，初选 $\eta=0.8$，则：

$$T_2=T_1i\eta=9.55\times10^6\times\frac{P_1}{n_1}i\eta=9.55\times10^6\times\frac{10}{1460}\times25\times0.8$$

$$=1.308\times10^6\text{N}\cdot\text{mm}$$

初选 $d_1/a=0.4$，查表得 $Z_\rho=2.74$。

应力循环次数：

$$N=60jn_2L_h=60\times1\times\frac{1460}{25}\times10\times260\times4=3.644\times10^7$$

根据蜗轮材料铸造锡青铜（ZCuSn10P1），砂型铸造，蜗杆硬度>45HRC 和应力循环次数 $N$，由表得：

$$[\sigma_H]=180\sqrt[3]{10^7/N}=132.5\text{MPa}$$

当钢制蜗杆与铸造锡青铜配对时，取 $Z_E=150\text{MPa}^{\frac{1}{2}}$。

将以上参数代入设计公式可得：

$$a\geqslant\sqrt[3]{1.5\times1.308\times10^6\times\left(\frac{150\times2.74}{132.5}\right)^2}=266.27\text{mm}$$

按标准中心距系列选取中心距 $a'=315\text{mm}$，模数 $m=10\text{mm}$，蜗杆分度圆直径 $d_1=112\text{mm}$，蜗杆直径系数 $q=11.2$，蜗杆头数 $z_1=2$，蜗轮齿数 $z_2=50$，蜗轮的变位系数 $x_2=\frac{a'-a}{m}=0.9$，蜗轮的分度圆直径 $d_2=mz_2=10\times50=500\text{mm}$，蜗杆导程角 $\gamma=\arctan\left(\frac{z_1}{q}\right)=10.12°=10°7'29''$。根据以上基本有 $d_1/a=0.36$，由图查得接触系数 $Z_\rho=2.8$，实际圆周速度 $v_2=\frac{\pi d_2n_2}{60\times1000}=\frac{\pi\times500\times1460/25}{60\times1000}=1.53\text{m/s}$。

速度小于 3m/s，符合假设。

滑动速度：

$$v_s = \frac{\pi d_1 n_1}{60 \times 1000\cos\gamma} = \frac{\pi \times 112 \times 1460}{60 \times 1000 \times \cos 10.12^\circ} = 6.99\text{m/s}$$

根据 $v_s = 7.08\text{m/s}$，查表得 $\varphi_v = 1.08^\circ$，则效率：

$$\eta = 0.95 \times \frac{\tan 10.12^\circ}{\tan(10.12^\circ + 1.08^\circ)} = 0.85$$

$$T_2 = T_1 i\eta = 9.55 \times 10^6 \times \frac{P_1}{n_1} i\eta = 9.55 \times 10^6 \times \frac{10}{1460} \times 25 \times 0.85$$

$$= 1.39 \times 10^6 \text{N} \cdot \text{mm}$$

将以上参数重新代入设计公式得到：

$$a \geqslant \sqrt[3]{1.5 \times 1.39 \times 10^6 \times \left(\frac{150 \times 2.8}{132.5}\right)^2} = 275\text{mm} < 315\text{mm}$$

满足要求。

(4) 蜗轮齿根弯曲疲劳强度校核。校核公式：

$$\sigma_F = \frac{1.53KT_2}{d_1 d_2 m\cos\gamma} Y_{Fa2} Y_\beta \leqslant [\sigma_F]$$

查表得许用弯曲疲劳强度：

$$[\sigma_F] = 40\sqrt[9]{10^6/N} = 23.59\text{MPa}$$

又蜗轮的当量齿数 $z_{v2} = \frac{z_2}{\cos\gamma^3} = \frac{50}{\cos 10.12^\circ} = 52.41$，查表得 $Y_{Fa2} = 1.97$。

螺旋角影响系数 $Y_\beta = 1 - \frac{10.12^\circ}{120^\circ} = 0.916$。

将以上参数代入校核公式可得：

$$\sigma_F = \frac{1.53 \times 1.5 \times 1.39 \times 10^6}{112 \times 500 \times 10 \times \cos 10.12^\circ} \times 1.97 \times 0.916 = 10.44 < [\sigma_F] = 23.59\text{MPa}$$

满足抗弯疲劳强度的要求。

(5) 蜗杆传动热平衡计算。设周围空气适宜，通风良好，箱体有较好的散热片，散热面积近似取：

$$A = 9 \times 10^{-5} a^{1.85} = 9 \times 10^{-5} \times 280^{1.85} = 3.03\text{m}^2$$

取箱体表面散热系数 $\alpha_d = 15\text{W}/(\text{m}^2 \cdot ℃)$，则工作油温：

$$t_0 = t_a + \frac{1000P(1-\eta)}{\alpha_d A} = 20 + \frac{1000 \times 10 \times (1 - 0.85)}{15 \times 3.03} = 53.0℃ < 80℃$$

工作油温符合要求。

(6) 蜗杆刚度计算。

蜗杆公称转矩 $T_1 = 9.55 \times 10^6 \times \frac{P_1}{n_1} = 9.55 \times 10^6 \times \frac{10}{1460} = 6.54 \times 10^4 \text{N} \cdot \text{mm}$。

蜗轮公称转矩 $T_2 = T_1 i\eta = 9.55 \times 10^6 \times \frac{P_1}{n_1} i\eta = 9.55 \times 10^6 \times \frac{10}{1460} \times 25 \times 0.8$

$= 1.308 \times 10^6 \text{N} \cdot \text{mm}$。

蜗杆所受圆周力 $F_{t1} = \dfrac{2T_1}{d_1} = 584\text{N}$。

蜗轮所受圆周力 $F_{t2} = \dfrac{2T_2}{d_2} = 5232\text{N}$。

蜗杆所受径向力 $F_{r1} = F_{t2} \tan\alpha_a = 1904\text{N}$。

许用最大挠度 $[y] = \dfrac{d_1}{1000} = 0.112\text{mm}$。

蜗杆轴承间跨距 $l = 0.9 \times 500 = 450\text{mm}$。

钢制蜗杆材料的弹性模量 $E = 2.06 \times 10^5 \text{MPa}$。

蜗杆轴危险截面的惯性矩 $I = \dfrac{\pi d_{f1}^4}{64} = 2.81 \times 10^6 \text{mm}^4$。

其中 $d_{f1} = d_1 - 2h_{f1} = 87\text{mm}$。

蜗杆最大挠度可按公式近似计算：

$$y = \frac{\sqrt{F_{t1}^2 + F_{r1}^2}}{48EI} l^3 = 0.00653\text{mm} < [y] = 0.112\text{mm}$$

满足刚度要求。

（7）综上所述，可得所设计的配对蜗杆传动的主要参数为：

$m = 10\text{mm}$，$z_1 = 2$，$z_2 = 50$，$i = 25$，$a' = 280\text{mm}$，$d_1 = 112\text{mm}$，$x_2 = 0.9$。

## 8.4 自 测 题

8-1 当两轴线________时，可采用蜗杆传动。

A. 平行 B. 相交 C. 垂直交错 D. 以上答案都不正确

8-2 在蜗杆传动中，通常________为主动件。

A. 蜗杆 B. 蜗轮 C. 蜗杆或蜗轮都可以 D. 以上答案都不正确

8-3 在蜗杆传动中，当需要自锁时，应使蜗杆导程角________当量摩擦角。

A. 小于 B. 大于 C. 等于 D. 以上答案都不正确

8-4 起吊重物用的手动蜗杆传动装置，应用________蜗杆。

A. 单头、小导程角 B. 单头、大导程角

C. 多头、小导程角 D. 多头、大导程角

8-5 为了减少蜗轮滚刀型号，有利于刀具标准化，规定________为标准值。

A. 蜗轮齿轮 B. 蜗轮分度圆直径

C. 蜗杆头数 D. 蜗杆分度圆直径

8-6 为了凑中心距或改变传动比，可采用变位蜗杆传动，这时________。

A. 仅对蜗杆进行变位 B. 仅对蜗轮进行变位

C. 同时对蜗杆、蜗轮进行变位 D. 以上答案都不正确

8-7 蜗杆传动的失效形式与齿轮传动相类似，其中________最易发生。

A. 点蚀与磨损　　B. 胶合与磨损
C. 轮齿折断与塑性变形　　D. 以上答案都不正确

8-8 蜗杆传动中，轮齿承载能力的计算主要针对________来进行。
A. 蜗杆齿面接触强度和蜗轮齿根抗弯强度
B. 蜗轮齿面接触强度和蜗杆齿根抗弯强度
C. 蜗杆齿面接触强度和齿根抗弯强度
D. 蜗轮齿面接触强度和齿根抗弯强度

8-9 对闭式蜗杆传动进行热平衡计算，其主要目的是为了________。
A. 防止润滑油受热膨胀后外溢，造成环境污染
B. 防止润滑油温度过高而使润滑条件恶化
C. 防止蜗轮材料在高温下力学性能下降
D. 防止蜗杆蜗轮发生热变形后，正确啮合受到破坏

8-10 与齿轮传动相比，________不能作为蜗杆传动的优点。
A. 传动平稳，噪声小　　B. 传动比可以很大
C. 可以自锁　　D. 传动效率高

## 8.5 自测题参考答案

8-1 C　8-2 A　8-3 A　8-4 A　8-5 D　8-6 B　8-7 B　8-8 D　8-9 B　8-10 D

# 9 轴

## 9.1 主要内容与学习要点

本章需要熟悉轴的功用、类型及材料，轴的结构设计，轴的失效形式及强度、刚度计算等，重点掌握轴的结构设计及强度计算方法，其中包括按扭转强度条件计算、弯扭合成强度条件计算和疲劳强度条件计算等。

### 9.1.1 轴的分类

作用：轴起到支承、传递转速和扭矩的作用。

根据受力情况，可以将轴分为传动轴、心轴和转轴。

传动轴：只受转矩 $T$、不受弯矩 $M$ 作用的轴，称为传动轴，如图 9-1 所示。

心轴：只受弯矩 $M$、不受转矩 $T$ 作用的轴，称为心轴，如图 9-2 所示。

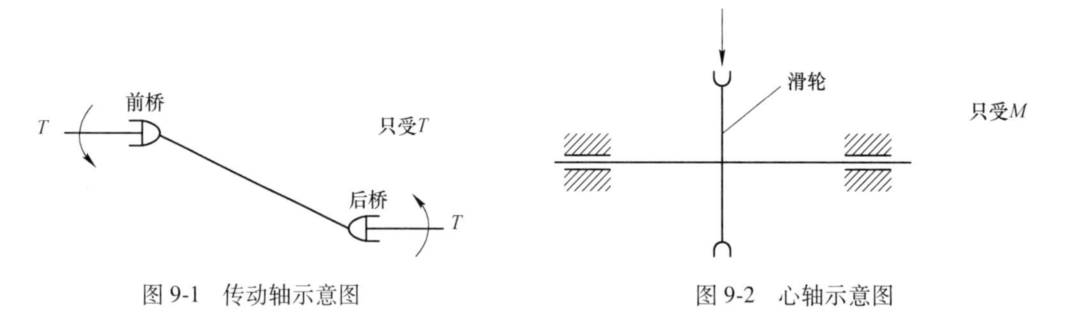


图 9-1　传动轴示意图

图 9-2　心轴示意图

转轴：既受转矩 $T$、又受弯矩 $M$ 作用的轴，称为转轴，如图 9-3 所示。

根据轴线形状，可以将轴分为刚性轴和挠性轴，刚性轴进一步又可以分为直轴和曲轴，直轴进一步又可分为光轴和阶梯轴，如图 9-4~图 9-6 所示。

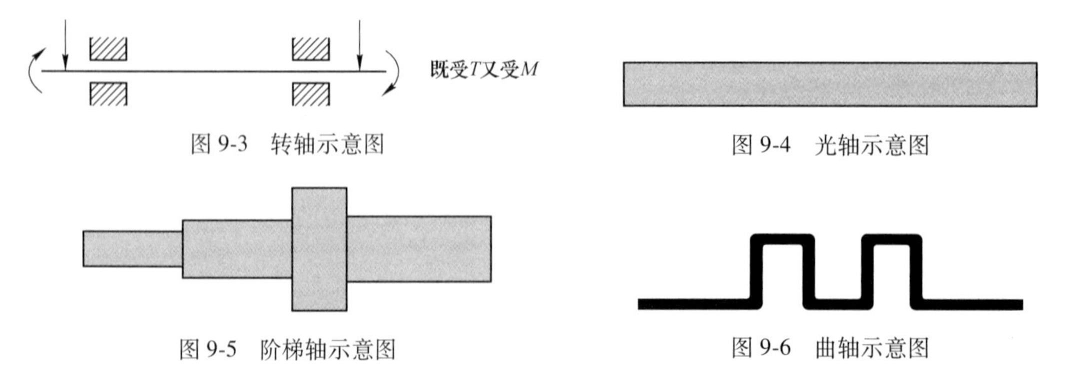


图 9-3　转轴示意图

图 9-4　光轴示意图

图 9-5　阶梯轴示意图

图 9-6　曲轴示意图

### 9.1.2 设计特点

轴的结构设计步骤如下：

（1）轴的结构设计：包括确定轴的段数，以及每段轴的直径 $d$ 和长度 $l$；

（2）选择轴的材料；

（3）对危险截面进行必要的强度校核；

（4）对于变形大或加工误差大，需要进行刚度校核；

（5）对于转速较高的工作场合，需要进行振动稳定性校核，防止共振发生。

### 9.1.3 结构设计

（1）轴上零件定位。

轴向定位：用轴肩、轴环、套筒等定位，如图 9-7 所示。

周向定位：用键连接和过盈配合等定位。

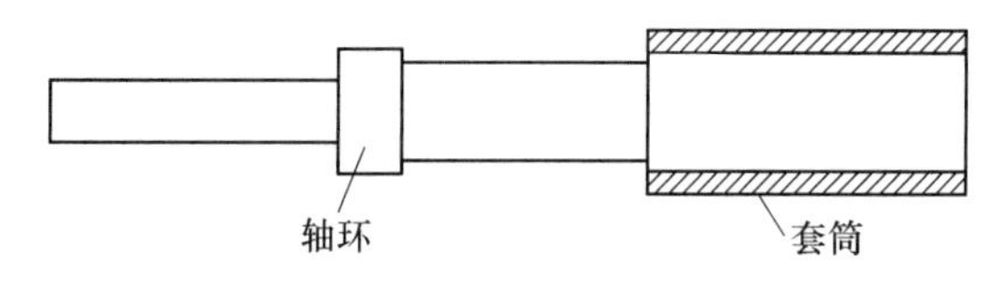


图 9-7 轴环和套筒轴向定位

轴肩包括定位轴肩和过渡轴肩，定位轴肩高度是轴径的 0.07~0.1 倍，过渡轴肩高度取 1~2mm，如图 9-8 所示。

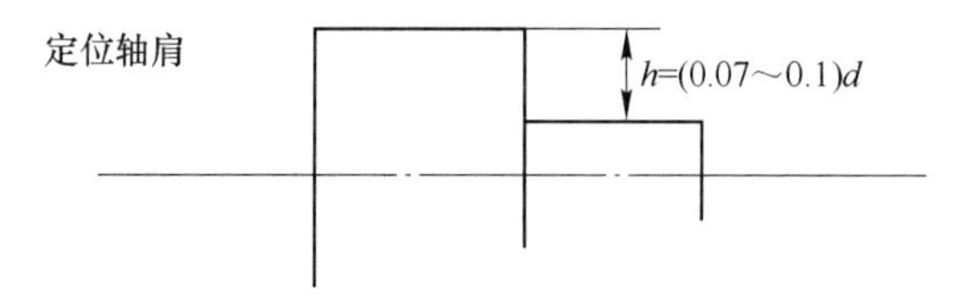


图 9-8 定位轴肩轴向定位

（2）拆装性能：需要保证轴上零件既能够装上去，又能够拆下来。

（3）配合关系（圆角）：只有轮毂圆角>轴肩圆角，定位才比较可靠，如图 9-9 所示；否则轴肩圆角>轮毂圆角，定位就不可靠，如图 9-10 所示。过渡圆角的作用是减少应力集中。

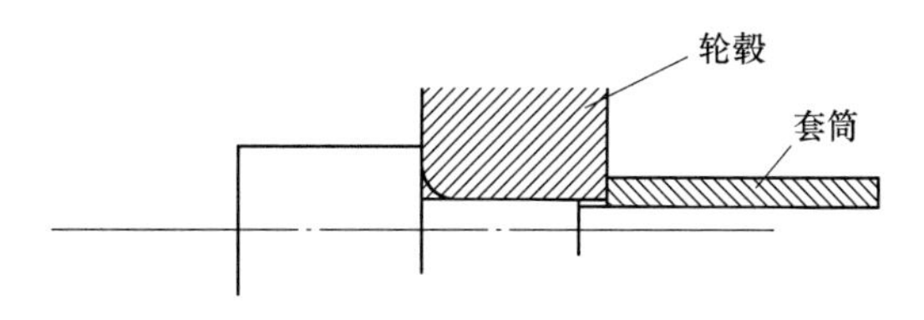


图 9-9 轮毂圆角与轴肩圆角配合关系

零件的轴向定位需要避免三面接触，否则定位不够可靠，如图 9-10 所示。

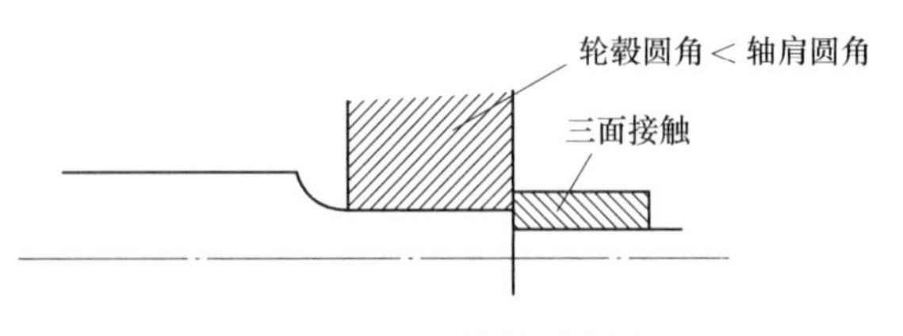

图 9-10　三面接触示意图

从等强度角度考虑，轴的设计需要满足中间粗、两头细，如图 9-11 所示，即为不等强度轴。

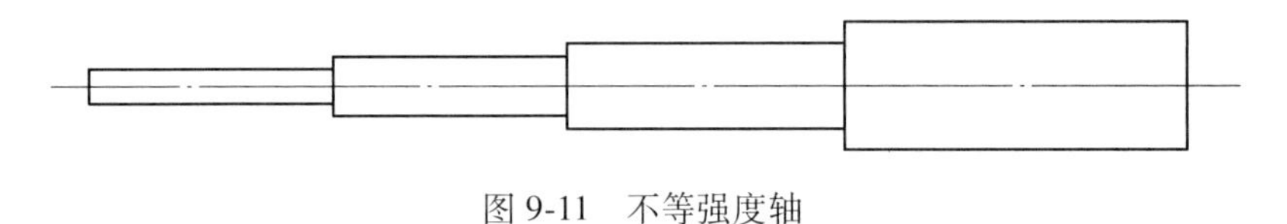
图 9-11　不等强度轴

### 9.1.4　材料的选择与失效形式

断裂：为了防止断裂失效，需要选择机械性能良好（$\sigma_B$、$\sigma_S$、$\sigma_{-1}$）的材料。

磨损：为了减小磨损，可以选用硬度比较大，并且可以通过热处理提高表面硬度的材料。

变形：为了减小变形，可以选择刚度比较大的材料，或者增大结构尺寸。

共振：为了防止共振，需要限制转速 $n$。

常用材料主要有以下几种：

碳钢包括普通碳钢和优质碳钢。

普通碳钢：Q235，机械性能好，非常容易获得，价格便宜。

优质碳钢：45 钢，机械性能比普通碳钢好，比较容易获得，价格便宜。

合金钢：机械性能比碳钢好，热处理性能也好，价格比碳钢贵。

铸铁：若有其他结构要求，例如大型轴，可以选用铸铁材料，球墨铸铁对应力集中敏感性比较差。

轴的常用材料及其对应的机械性能详见教材《机械设计》中的表 9-1。

### 9.1.5　强度计算

（1）按扭转强度计算——传动轴。只受扭矩作用的传动轴如图 9-12 所示，其扭转强度计算准则及扭转剪应力计算公式如下：

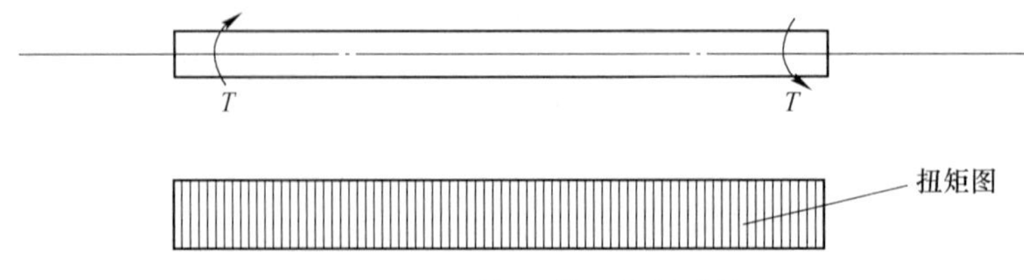

图 9-12　只受扭矩作用的传动轴

$$T \rightarrow \tau \leqslant [\tau]$$

$$\tau = \frac{T}{W_T}$$

式中，$W_T$为抗剪剖面模量。其转矩计算公式为：

$$T = 9550 \times 10^3 P/n \quad (\mathrm{N \cdot mm})$$

式中，$P$ 为轴所传递的功率；$n$ 为轴的转速。其抗扭截面模量计算公式如下：

$$W_T = 0.2d^3$$

由此可以推导出轴头的计算直径如下：

$$d \geqslant A_0 \sqrt[3]{P/n}$$

式中，$A_0$为与轴的材料有关的系数，详见教材《机械设计》中的表 9-2。

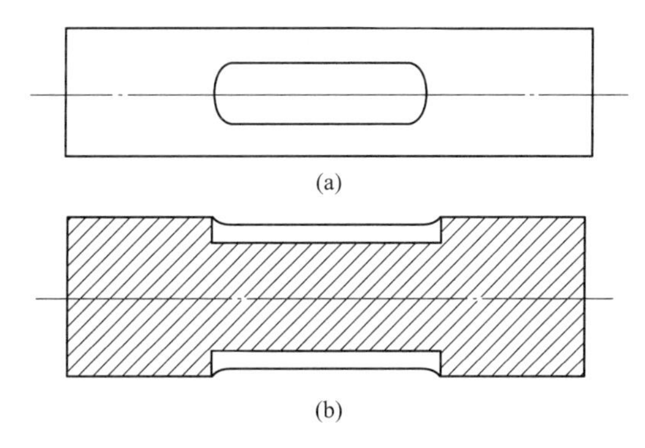


图 9-13　同一截面有一个或两个键槽
（a）同一截面有一个键槽；（b）同一截面有两个键槽

如图 9-13 所示，在同一截面上，如果有一个键槽，轴径需要加大 3%；若有两个键槽，轴径需要加大 7%。直径 $d$ 需要圆整，最好以 0 和 5 结尾，便于测量。

（2）按弯扭合成强度计算——心轴、转轴（近似）。在按照弯扭合成强度进行计算时，需要绘制轴的受力分析图、弯矩图和扭矩图，如图 9-14 所示。

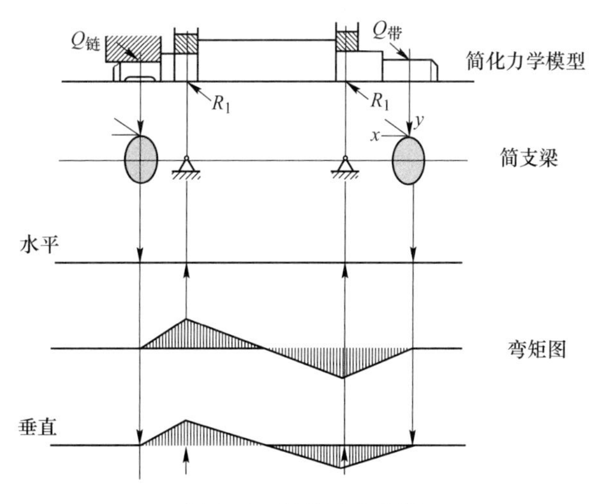


图 9-14　轴的受力分析

弯矩会产生弯曲应力，扭矩会产生扭转剪应力，对于同时承受弯曲应力和扭转剪应力的轴，需要按照第四强度理论公式计算等效应力：

$$\sigma_{ca} = \sqrt{\sigma_b^2 + 3\tau^2} \leqslant [\sigma]$$

通常危险截面在以下几个部位，弯矩最大的位置，弯矩中等、直径较小的部位，以及直径最小的位置。

对于转轴，上述方法只是一个近似计算，因为转轴受到的是变应力作用，应该应用疲劳强度理论进行计算，而第四强度理论是静强度。若考虑应力变化的情况用下式计算：

$$\sigma_{ca} = \frac{\sqrt{M^2 + (\alpha \cdot T)^2}}{W} \leqslant [\sigma_{-1}]$$

当弯曲应力作用的是对称循环，而扭转剪应力作用的是静应力，那么 $\alpha = 0.3$；当弯曲应力作用的是对称循环，而扭转剪应力作用的是脉动循环应力，例如极其频繁的启动、制动，那么 $\alpha = 0.6$。

（3）按疲劳强度计算。对于转轴可以按照疲劳强度进行精确计算，它属于受到稳定的非对称循环应力作用，对于轴来说，可以采用 $r = C$ 的情况，可以先求出只有正应力作用下的疲劳强度安全系数：

$$S_\sigma = \frac{\sigma_{-1}}{K_\sigma \cdot \sigma_a + \psi_\sigma \cdot \sigma_m}$$

然后再求出只有剪应力作用下的疲劳强度安全系数：

$$S_\tau = \frac{\tau_{-1}}{K_\tau \cdot \tau_a + \psi_\tau \cdot \tau_m}$$

最后将上面两式代入下式，可以求出弯扭复合强度安全系数：

$$S = \frac{S_\sigma \cdot S_\tau}{\sqrt{S_\sigma^2 + S_\tau^2}} \geqslant S_{min}$$

此时轴的危险截面部位，除了弯矩最大的位置，弯矩中等、直径较小的部位，以及直径最小的位置以外，还有应力集中处。

同一平面有两种以上的应力集中影响因素，分别查出 $k_\sigma$，最后取 $k_{\sigma max}$。例如按照圆角、键槽和配合来查，选取最大的 $k_{\sigma max}$。

### 9.1.6　轴的刚度计算

轴的刚度计算为自学内容，详见教材《机械设计》P182。

### 9.1.7　设计步骤

（1）轴头的设计。

按扭矩对轴头直径初估：

$$d \geqslant A_0 \cdot \sqrt{\frac{P}{n}}$$

按轮毂孔的直径初估轴头直径，取以上两者大值，需要圆整。

（2）轴的结构设计。确定轴的阶数，以及每段的直径 $d$ 和长度 $l$。

（3）强度校核。可以按照弯扭合成静强度进行近似计算，按照疲劳强度安全系数 $S$ 进行精确校核。

## 9.2　思考题与参考答案

9-1　轴按承受载荷分几类？如何判别？

答：轴按承受载荷分三类：

（1）心轴：只承受弯矩而不承受扭矩的轴，如铁路车辆的轴和自行车前轮轴。

（2）传动轴：只传递扭矩而不承受弯矩或只承受很小弯矩的轴，如汽车的传动轴和桥式起重机的传动轴。

（3）转轴：同时承受弯矩和扭矩的轴，如减速器中的轴。

9-2　轴的结构设计为什么重要？应考虑哪些问题？当采用轴肩或套筒定位时，应注意些什么问题？

答：轴的结构设计要根据轴上零件的安装、定位及轴制造工艺等方面的要求，合理确定轴的结构形式和外形尺寸，轴的结构设计完成后，也就确定了轴在箱体上的安装位置及形式、轴上零件的布置和固定方式、受力情况和加工工艺等。

进行轴的结构设计时，应注意以下几个问题：

（1）轴和轴上零件要有准确，牢固的工作位置；

（2）轴上零件应便于装拆和调整；

（3）轴应具有良好的制造工艺性；

（4）轴的受力合理，并有利于节省材料、减轻质量；

（5）尽量避免应力集中；

（6）对于刚度要求高的轴，要从结构上采取减少变形的措施。

采用轴肩定位时，定位轴的过渡圆角应小于相配合轮毂端部的倒角；应有足够的轴肩高度以有足够的强度来承受轴向力；固定滚动轴承的轴肩高度应按照滚动轴承的安装尺寸来查取。

采用套筒定位时，套筒不宜过长，并且要使得套筒的端面靠在轮毂的端面上，保证定位可靠。

9-3　指出图 9-15 中轴的结构设计有哪些不合理、不完善的地方？并画出修改后的合理结构？

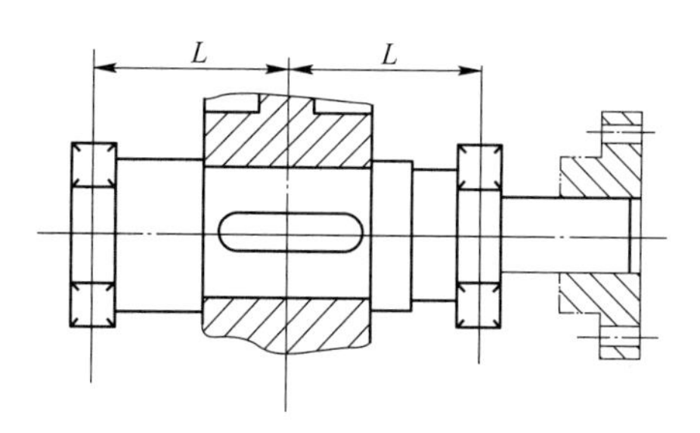


图 9-15　轴的结构改错题

答：

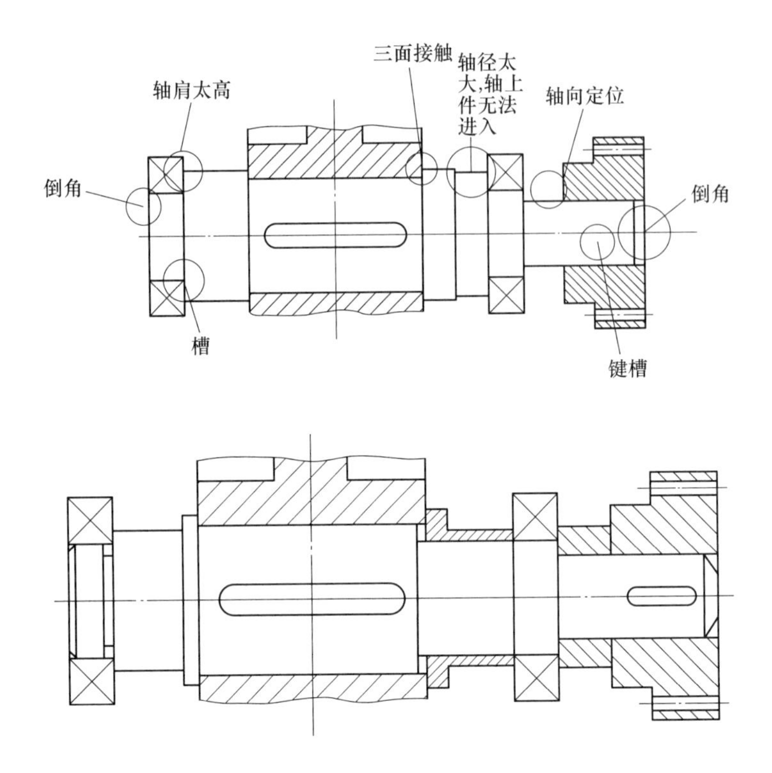


9-4　轴的强度计算方法有几种？各种方法的计算要点及适用场合。

答：轴的强度计算方法有三种，即

（1）按扭转强度计算，适用于确定轴的最小直径或传动轴的强度计算。

（2）按弯扭合成强度条件计算，适用于一般转轴的强度计算，因为这种强度计算方法虽然同时考虑了弯矩和转矩的作用，并用降低许用应力值的方法来考虑影响轴的疲劳强度的诸因素，但对影响轴疲劳强度的诸因素的考虑并不精确，故只适用于一般转轴。心轴可作为转轴的一个特例。

（3）按安全系数法进行精确的校核计算，适用于重要的轴，因为这种强度计算方法考虑了影响轴疲劳强度的诸因素，计算精确。

9-5　当量弯矩公式 $M_e=\sqrt{M^2+(\alpha T)^2}$ 中的 $\alpha$ 系数考虑什么问题？其值如何确定？

答：$\alpha$ 为考虑 $\tau_a$ 和 $\sigma_b$ 的循环特性不同而取的折算系数。对不变化的扭矩：$\alpha=\dfrac{[\sigma_{-1b}]}{[\sigma_{+1b}]}\approx 0.3$；对脉动变化的扭矩：$\alpha=\dfrac{[\sigma_{-1b}]}{[\sigma_{0b}]}\approx 0.6$；对频繁正反转的对称循环变化的扭矩：$\alpha=\dfrac{[\sigma_{-1b}]}{[\sigma_{-1b}]}\approx 1$。

9-6　如果轴的同一截面上既有过盈配合，又有键槽；或者既有过渡圆角又有过盈配合，那么该截面上的影响疲劳的综合系数应如何计算或选择？

答：若在同一截面上同时有几个应力集中源，采用其中最大有效应力集中系数进行计算。

试验证明：应力集中、零件尺寸和表面状态都只对应力幅有影响，对平均应力没有明显影响。为此，将此三个系数并为一综合影响系数。

将分别按过盈配合和键槽计算出的疲劳强度综合影响系数进行比较，取大值。

## 9.3　习题与参考答案

9-1　已知一传动轴传递的功率 $P=15\text{kW}$，转速 $n=325\text{r/min}$，轴的材料为 45 钢，试估算轴的直径。

答：材料为 45 钢，查表取 $[\tau_T]=40$。

$$d \geqslant \sqrt[3]{\frac{9.55\times10^6 P}{0.2[\tau_T]n}} = \sqrt[3]{\frac{9.55\times10^6\times15}{0.2\times40\times325}} = 38.05\text{mm}$$

9-2　一斜齿圆柱齿轮减速器主动轴的布置和转向如图 9-16 所示。已知轴传递的功率 $P=10\text{kW}$，转速 $n=960\text{r/min}$，轴的材料为 45 钢，调质处理；齿轮分度圆直径 $d=110\text{mm}$，$\beta=10°$，齿向左旋；轴端受到联轴器的附加径向力 $F'$ 为其销轴中心处的圆周力的 0.3 倍。试设计轴的结构尺寸，并校核其危险截面的疲劳安全系数［提示：$F'=0.3\times\frac{2T}{110}$（N），$T=9.55\times10^6\times\frac{10}{960}$（N·mm）］。

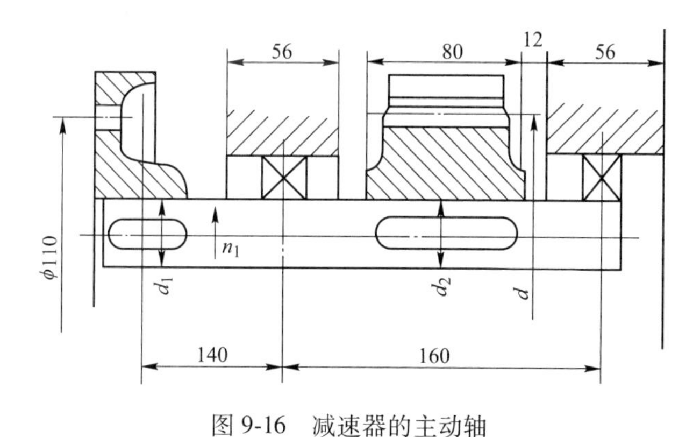


图 9-16　减速器的主动轴

答：（1）按扭矩初估直径。由已知数据求得轴传递的扭矩为

$$T = 9.55\times10^6\times\frac{10}{960} = 99479.2\text{N}\cdot\text{mm}$$

轴的材料选 45 钢，调质 217~255HBS。因弯矩较大，由教材《机械设计》中的表 9-2 查得 $A_0=110$，由此可得轴的最小直径为

$$d \geqslant A_0\sqrt[3]{\frac{P}{n}} = 110\times\sqrt[3]{\frac{10}{960}} = 24\text{mm}$$

由于外伸端有键槽，应增大 3%，所以取 $d_c=26\text{mm}$。以 $d_c$ 为基础，结合固定和安装等要求，可进行轴的结构设计，以便确定其他部位的结构和尺寸。对减速器轴来说，支点的确定还应考虑箱体结构和装配螺栓等因素。

（2）按当量弯矩设计轴径。当支点位置已经确定时，可以考虑按当量弯矩法设计轴径。步骤如下：

1）求支点反力$R_A$、$R_B$。

轴上受力图如图 9-17 所示。根据各力的所在位置和方向可知，$F'$、$F_r$、$F_a$作用在水平平面上，$F_{t1}$、$F_t$作用在竖直平面上。

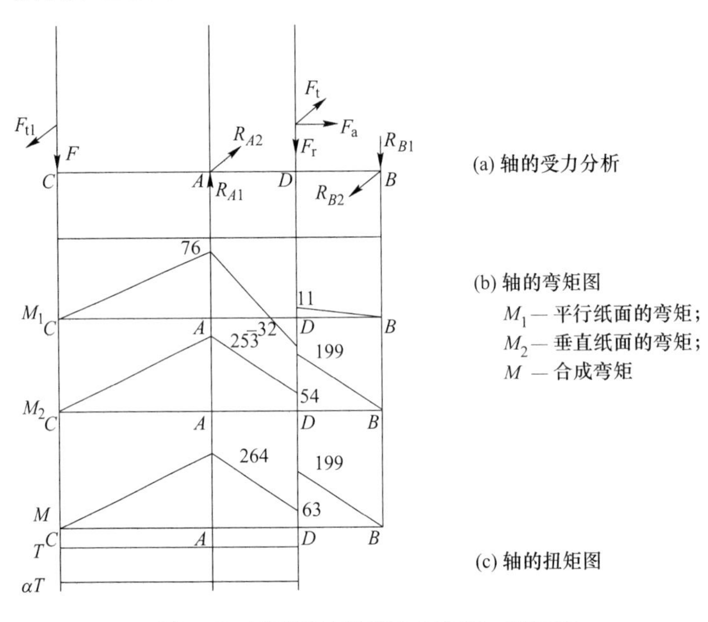


图 9-17　减速器轴及其受力和弯、扭矩图

其中，$F_t = F_{t1} = \dfrac{2T}{110} = \dfrac{2 \times 99479.2}{110} = 1808.7\text{N}$

$$F' = 0.3F_t = 0.3 \times 1808.7 = 542.6\text{N}$$

$$F_a = F_t \cdot \tan\beta = 1808.7 \times \tan10^\circ = 318.9\text{N}$$

$$F_r = \frac{F_t \cdot \tan\alpha_n}{\cos\beta} = \frac{1808.7 \times \tan20^\circ}{\cos10^\circ} = 668.5\text{N}$$

由力平衡条件可得：

$$R_{A1} = \frac{F' \cdot BC + F_r \cdot DB}{AB} = \frac{542.6 \times 300 + 668.5 \times 80}{160} = 1351.625\text{N}$$

$$R_{B1} = R_{A1} - F' - F_r = 1351.625 - 542.6 - 668.5 = 140.525\text{N}$$

$$R_{A2} = R_{B2} = \frac{F_t \cdot CD}{AB} = \frac{1808.7 \times 220}{160} = 2487.0\text{N}$$

合成支反力为　$R_A = \sqrt{R_{A1}^2 + R_{A2}^2} = \sqrt{1351.625^2 + 2487.0^2} = 2830.56\text{N}$

$$R_B = \sqrt{R_{B1}^2 + R_{B2}^2} = \sqrt{140.525^2 + 2487.0^2} = 2490.97\text{N}$$

2）画弯扭矩图。

水平平面弯矩图

$$M_{A1} = F' \cdot AC = 542.6 \times 140 = 76 \times 10^3\text{N} \cdot \text{mm}$$

$$M_{D1左} = F' \cdot AC - R_{A1} \cdot AD = 542.6 \times 140 - 1351.625 \times 80 = -32 \times 10^3 \text{N} \cdot \text{mm}$$

$$M_{D1右} = R_{B1} \cdot DB = 140.525 \times 80 = 11 \times 10^3 \text{N} \cdot \text{mm}$$

竖直平面弯矩图

$$M_{A2} = F_{t1} \cdot AC = 1808.7 \times 140 = 253 \times 10^3 \text{N} \cdot \text{mm}$$

$$M_{D2左} = F_{t1} \cdot AC - R_{A2} \cdot AD = 1808.7 \times 140 - 2487 \times 80 = 54 \times 10^3 \text{N} \cdot \text{mm}$$

$$M_{D2右} = R_{B2} \cdot DB = 2487 \times 80 = 199 \times 10^3 \text{N} \cdot \text{mm}$$

合成弯矩图

$$M_A = \sqrt{M_{A1}^2 + M_{A2}^2} = \sqrt{(76 \times 10^3)^2 + (253 \times 10^3)^2} = 264 \times 10^3 \text{N} \cdot \text{mm}$$

$$M_{D左} = \sqrt{M_{D1左}^2 + M_{D2左}^2} = \sqrt{(-32 \times 10^3)^2 + (54 \times 10^3)^2} = 63 \times 10^3 \text{N} \cdot \text{mm}$$

$$M_{D右} = \sqrt{M_{D1右}^2 + M_{D2右}^2} = \sqrt{(11 \times 10^3)^2 + (199 \times 10^3)^2} = 199 \times 10^3 \text{N} \cdot \text{mm}$$

扭矩是从联轴器处传到齿轮处，所以只有 $C$ 和 $D$ 之间有扭矩：减速器轴的扭矩变化不大，按脉动循环折算，得到折算后的扭矩为：

$$T'_{C-D} = \alpha T = 0.6 \times 99479.2 = 59687.52 \text{N} \cdot \text{mm}$$

由此可得，轴上各特征点的当量弯矩为：

$$M_{eC} = 59687.52 \text{N} \cdot \text{mm} = 60 \times 10^3 \text{N} \cdot \text{mm}$$

$$M_{eA} = \sqrt{264^2 + 60^2} \times 10^3 = 271 \times 10^3 \text{N} \cdot \text{mm}$$

$$M_{eD左} = \sqrt{63^2 + 60^2} \times 10^3 = 87 \times 10^3 \text{N} \cdot \text{mm}$$

$$M_{eD右} = \sqrt{199^2 + 60^2} \times 10^3 = 208 \times 10^3 \text{N} \cdot \text{mm}$$

$$M_{eB} = 0$$

3）各轴段直径计算。轴的材料选为 45 钢，调质处理，$\sigma_b = 640 \text{N} \cdot \text{mm}^2$，由教材《机械设计》中的表 9-3 查得 $[\sigma_{-1b}] = 60 \text{N} \cdot \text{mm}^2$，以相应的 $M_e$ 代入下式：

$$d \geqslant \sqrt[3]{\frac{M_e}{0.1 \times 60}}$$

得：$d_C = 22\text{mm}$，$d_A = 36\text{mm}$，$d_{D左} = 25\text{mm}$，$d_{D右} = 33\text{mm}$，$d_B = 0$。考虑到 $C$、$D$ 处都有键槽，轴径应增大 3%；且从装配关系来看，应满足 $d_C < d_A$，$d_A < d_D$。而轴承是成对安装的，$d_A = d_B$，所以可改取 $d_C = 24\text{mm}$，$d_A = d_B = 42\text{mm}$，联轴器右侧用轴肩定位和轴向固定，$d_D = 47\text{mm}$；齿轮左侧用套筒，右侧用轴环固定。将原图的结构按照各个轴段的直径相对大小修改如图 9-18 所示。

对于各个轴段的直径和长度如表 9-1 所示。

**表 9-1　轴的结构尺寸**

| 轴段序号 | ③ | ④ | ⑤ | ⑥ |
|---|---|---|---|---|
| 直径 $d$ | 42 | 47 | 55 | 42 |
| 长度 $l$ | 96 | 78 | 5 | 35 |

轴承部位③、⑥的直径取 $d = 42$，轴环应取 $d = 55$，③、④之间可用套筒固定，轴径略有差别即可。

（3）校核轴的疲劳安全裕度。对比轴的结构以及弯矩图，可以发现截面 A 和 D 是危

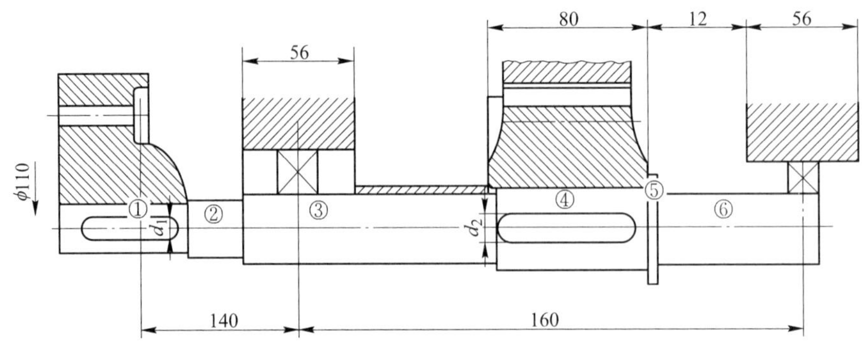


图 9-18 轴的结构

险截面。

1）计算截面 A 的疲劳安全系数。假设有弯矩产生的弯曲应力为对称循环变化，有扭转产生的扭转切应力为脉动循环变化。则

$$\sigma_a = \frac{M_A}{2W_A} = \frac{264 \times 10^3}{2 \times 0.1 \times 42^3} = 17.82\text{N} \cdot \text{mm}^2,\ \sigma_m = 0$$

$$\tau_a = \tau_m = \frac{T_A}{2Wt_A} = \frac{99479.2}{2 \times 0.2 \times 42^3} = 3.36\text{N} \cdot \text{mm}^2$$

由教材《机械设计》中的表 9-1 查得 $\sigma_{-1} = 275\text{N} \cdot \text{mm}^2$，$\tau_{-1} = 275\text{N} \cdot \text{mm}^2$，由教材《机械设计》中的表 2-1 查得 $\psi_\sigma = 0.2$，$\psi_\tau = 0.1$；由教材《机械设计》中的表 9-7 查得 $\frac{k_\sigma}{\varepsilon_\sigma} \approx 2.6$，$\frac{k_\tau}{\varepsilon_\tau} \approx 2.1$（设轴颈与轴承配合为 k6）；由教材《机械设计》中的表 2-6 查得 $\beta = 0.92$，于是疲劳强度综合影响系数 $K_\sigma = \frac{k_\sigma}{\varepsilon_\sigma \beta} \approx 2.83$，$K_\tau = \frac{k_\tau}{\varepsilon_\tau \beta} \approx 2.28$，于是

$$S_\sigma = \frac{\sigma_{-1}}{K_\sigma \sigma_a + \psi_\sigma \sigma_m} = \frac{275}{2.83 \times 17.82 + 0.2 \times 0} = 3.47$$

$$S_\tau = \frac{\tau_{-1}}{K_\tau \tau_a + \psi_\tau \tau_m} = \frac{155}{2.28 \times 3.36 + 0.1 \times 3.36} = 19.4$$

疲劳安全系数 $S = \frac{S_\sigma S_\tau}{\sqrt{S_\sigma^2 + S_\tau^2}} = \frac{3.47 \times 19.4}{\sqrt{3.47^2 + 19.4^2}} = 3.42 > [S] = 1.2 \sim 1.6$

2）计算截面 D 的疲劳安全系数。由机械设计手册，查得截面 D 上的键槽尺寸为 $b = 14\text{mm}$，$t = 5.5\text{m}$。

由教材《机械设计》中的表 9-5，查得截面 D 的抗弯截面模量 $W_D$ 和抗剪截面模量 $W_{T,D}$ 分别如下：

$$W_D = \frac{\pi d_D^3}{32} - \frac{bt(d_D - t)^2}{2d_D} = \frac{\pi \times 47^3}{32} - \frac{14 \times 5.5 \times (47 - 5.5)^2}{2 \times 47} = 8782.020\text{mm}^3$$

$$W_{T,D} = \frac{\pi d_D^3}{16} - \frac{bt(d_D - t)^2}{2d_D} = \frac{\pi \times 47^3}{16} - \frac{14 \times 5.5 \times (47 - 5.5)^2}{2 \times 47} = 18974.819\text{mm}^3$$

$$\sigma_a = \frac{M_D}{2W_D} = \frac{199 \times 10^3}{2 \times 8782.020} = 11.33\text{N} \cdot \text{mm}^2, \sigma_m = 0$$

$$\tau_a = \tau_m = \frac{T_D}{2W_{T,D}} = \frac{99479.2}{2 \times 18974.819} = 2.62\text{N} \cdot \text{mm}^2$$

由教材《机械设计》中的表 9-7，配合查得配合零件处$\frac{k_\sigma}{\varepsilon_\sigma} \approx 3.52$，$\frac{k_\tau}{\varepsilon_\tau} \approx 2.56$。设该轴段表面粗糙度$R_a = 3.2\mu\text{m}$，由教材《机械设计》中的表 2-6 查得$\beta = 0.92$，则可求得疲劳强度综合影响系数 $K_\sigma = \frac{k_\sigma}{\varepsilon_\sigma \beta} \approx 3.83$，$K_\tau = \frac{k_\tau}{\varepsilon_\tau \beta} \approx 2.78$，又因截面 D 除了有过盈配合外，还有键槽也引起应力集中，故由教材《机械设计》中的表 2-2 查得 $k_\sigma = 1.82$，$k_\tau = 1.63$；由教材《机械设计》中的表 2-5，查得 $\varepsilon_\sigma = 0.84$，$\varepsilon_\tau = 0.78$；这样，$K_\sigma = \frac{k_\sigma}{\varepsilon_\sigma \beta} = \frac{1.82}{0.92 \times 0.84} = 2.355$，$K_\tau = \frac{k_\tau}{\varepsilon_\tau \beta} = \frac{1.63}{0.92 \times 0.078} = 2.271$；将分别按过盈配合和键槽计算出的 $K_\sigma$、$K_\tau$ 相比较，取大值，即取 $K_\sigma = \frac{k_\sigma}{\varepsilon_\sigma \beta} \approx 3.83$，$K_\tau = \frac{k_\tau}{\varepsilon_\tau \beta} \approx 2.78$，于是

$$S_\sigma = \frac{\sigma_{-1}}{K_\sigma \sigma_a + \psi_\sigma \sigma_m} = \frac{275}{3.83 \times 11.33 + 0.2 \times 0} = 6.34$$

$$S_\tau = \frac{\tau_{-1}}{K_\tau \tau_a + \psi_\tau \tau_m} = \frac{155}{2.78 \times 2.62 + 0.1 \times 2.62} = 20.54$$

疲劳安全系数 $S = \frac{S_\sigma S_\tau}{\sqrt{S_\sigma^2 + S_\tau^2}} = \frac{6.34 \times 20.54}{\sqrt{6.34^2 + 20.54^2}} = 6.06 > [S] = 1.2 \sim 1.6$

## 9.4 自 测 题

9-1 工作时承受弯矩并传递转矩的轴，称为________。

A. 心轴 B. 转轴 C. 传动轴

9-2 工作时只承受弯矩，不传递转矩的轴，称为________。

A. 心轴 B. 转轴 C. 传动轴

9-3 工作时以传递转矩为主，不承受弯矩或弯矩很小的轴，称为________。

A. 心轴 B. 转轴 C. 传动轴

9-4 自行车的前轴是________。

A. 心轴 B. 转轴 C. 传动轴

9-5 图 9-19 表示起重铰车从动大齿轮 1 和卷筒 2 与轴 3 相联接的三种形式，图中（a）为齿轮与卷筒分别用键固定在轴上，轴的两端支架在机座轴承中；图中（b）为齿轮与卷筒用螺栓联接成一体，空套在轴上，轴的两端用键与机座联接；图中（c）为齿轮与卷筒用螺栓联接成一体，用键固定在轴上，轴的两端支架在机座轴承中，以上三种形式中的轴，依次为________。

A. 固定心轴、旋转心轴、转轴　　B. 固定心轴、转轴、旋转心轴
C. 旋转心轴、转轴、固定心轴　　D. 旋转心轴、固定心轴、转轴
E. 转轴、固定心轴、旋转心轴　　F. 转轴、旋转心轴、固定心轴

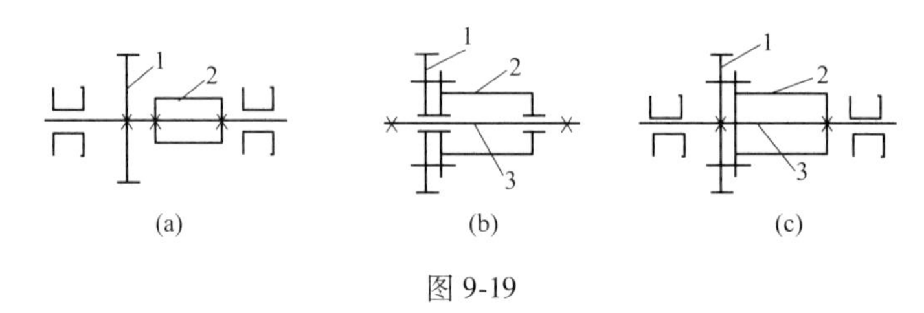


图 9-19

9-6　轴环的用途是________。
A. 作为轴加工时的定位面　　B. 提高轴的强度
C. 提高轴的刚度　　D. 使轴上零件获得轴向定位

9-7　增大轴在截面变化处的过渡圆角半径，可以________。
A. 使零件的轴向定位比较可靠
B. 降低应力集中，提高轴的疲劳强度
C. 使轴的加工方便

9-8　转轴上载荷和支点位置都已确定后，轴的直径可以根据________来进行计算或校核。
A. 抗弯强度　　B. 扭转强度　　C. 扭转刚度　　D. 复合强度

## 9.5　自测题参考答案

9-1　B　9-2　A　9-3　C　9-4　A　9-5　E　9-6　D　9-7　B　9-8　D

# 10 轴 毂 连 接

## 10.1 主要内容与学习要点

本章需要掌握轴毂连接的类型、键连接的失效形式、设计准则及平键的强度计算方法等，要求能够根据使用条件和工作场合合理选择键连接的类型以及键连接的长度、宽度及高度。

### 10.1.1 分类、作用与结构

作用：通常用来实现轴与轮毂之间的周向固定，并将转矩从轴传递到毂或从毂传递到轴，键的结构及力传递如图 10-1 所示。

分类：
- 平键：A、B、C，工作面→两侧面
- 半圆键：适用于锥形轴与轮毂联接
- 楔键：工作面为上、下表面，能承受轴向力
- 切向键：是由一对斜度为 1∶100 的楔键组成
- 花键：是平键联接在数目上的发展

平键：
- 圆头：键槽端部应力集中较大
- 方头：避免了上述缺点
- 单圆头：轴端与毂类零件的联接

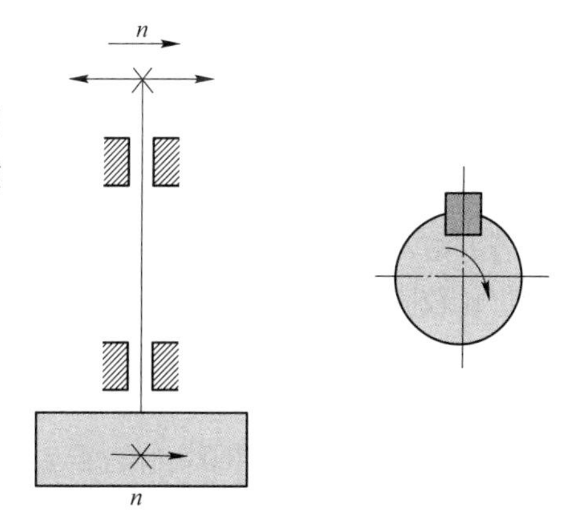

图 10-1 轴、键与轮毂之间的力传递

### 10.1.2 强度计算

轴的转矩与挤压应力关系如图 10-2 所示，其计算公式如下：

$$\sigma_{\mathrm{p}} \cdot \frac{h}{2} \cdot l \cdot \frac{d}{2} = T$$

由此可以推导出挤压应力的计算公式：

$$\sigma_{\mathrm{p}} = \frac{4T}{h \cdot l \cdot d} \leqslant [\sigma]_{\mathrm{p}}$$

由于键的剪应力很小，因此，可以将其忽略：

$$\tau \leqslant [\tau]_{\mathrm{p}} \text{—— 忽略}$$

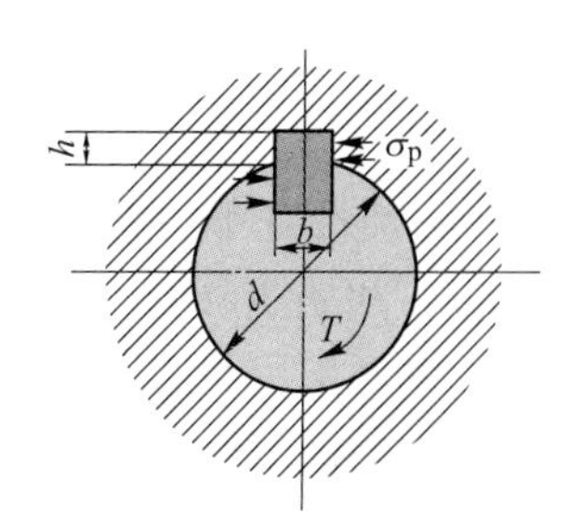

图 10-2 轴、键与轮毂之间的挤压应力

键的实际长度与有效长度关系如图 10-3 所示，图中 $b \times h$ 为截面尺寸；$L$ 为长度尺寸；$h$ 为键高；$b$ 为键宽；$l$ 为键的有效长度。

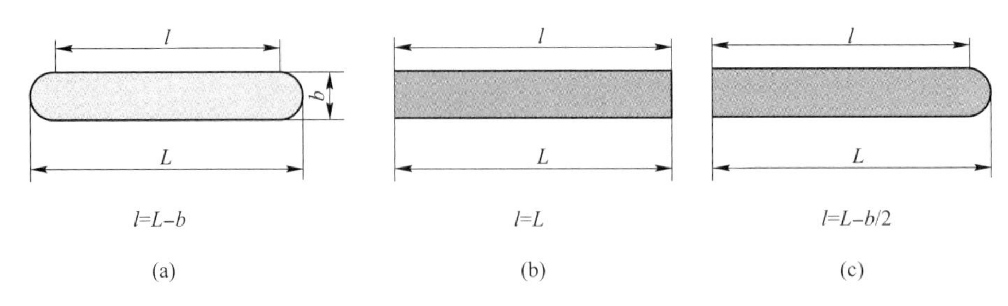


图 10-3 键的实际长度与有效长度
（a）圆头；（b）方头；（c）单圆头

### 10.1.3 设计

（1）类型的选择。

若对负载要求比较大，那么可以考虑选用花键、切向键、平键（单键、双键）。

若有对中性要求，那么可以考虑选用花键和平键等，绝对不能够选择楔键，因为它的对中性最差。

若有轴向固定要求，那么可以考虑选用楔键，可以实现单向轴向定位。

若有滑动要求，那么可以考虑选用导向键（当滑动距离比较小时）或者滑键（当滑动距离比较大时）。

若有位置要求，那么在轴的端部可以采用 C 型平键，若在中部可以选用 A 型或 B 型平键。

（2）确定普通平键的尺寸。键连接是标准件，首先可以根据轴径 $d$，查《机械设计课程设计手册》确定键的剖面尺寸 $b\times h$；其次可以根据轮毂长度确定键的长度 $L$ 初选，查手册选标准；最后对于静联接，需要对挤压强度进行校核计算：

$$\sigma_p \leqslant [\sigma]_p$$

对于动联接，需要对压强进行校核计算，限制工作面的载荷大小，防止磨损破坏。

$$p \leqslant [p]$$

## 10.2 思考题与参考答案

10-1 键连接有哪些类型？各有什么特点？

答：（1）平键连接：平键是应用最广泛的键。键的两侧是工作面，其上表面与轮毂槽留有间隙。键两端可制成圆头（A 型）、平头（B 型）、一端圆头一端平头（C 型）。圆头键在键槽中轴向固定好，但轴的键槽端部应力集中较严重。平头键是放在轴上用圆盘铣刀铣出的键槽中，因而避免了上述缺点，但常需用紧定螺钉将键固定在键槽中。单圆头键则常用在轴端的连接中，应用最广泛，加工方便，成本低，适用于中轻载的场合。

（2）半圆键连接：半圆键呈半圆形，可在轴上相应的半圆形键槽内摆动。半圆键较短，结构紧凑，但键槽较深，对轴削弱较大，多用于轻载、窄轮毂和锥形轴端的结构中，选择计算方法与平键连接类似。

平键与半圆键连接只能实现轴上零件的周向固定，而不能实现轴向固定，只能承受转矩，不能承受轴向力。但由于平键和半圆键均以侧面为工作面，上下表面与键槽留有间隙，所以传动零件在轴上定心较好。

(3) 花键连接：花键连接是在轮毂和轴上分别加工出若干均匀分布的凹槽和凸齿（键齿）所构成的连接。其特点是：(1) 键齿分别与轴或毂各自构成一个整体，且键齿较多，相当于多个平键连接的组合，所以承载能力较大；(2) 键槽较浅，对轴削弱较轻；(3) 具有较好的定心性和导向性，装拆性能好。但花键需专用设备加工，成本较高。因此，花键连接适用于定心精度要求高、载荷大或经常滑移的连接。

10-2 试说明普通平键连接中 A、B、C 三种连接形式的特点和应用场合。

答：A 型（圆头平键）。特点：圆头键在键槽中轴向固定好，但轴的键槽端部应力集中较严重，适用于轴内连接。

B 型（平头平键）。特点：避免了端部应力集中，但常需要紧定螺钉固定在键槽中，适用于两平面间的连接、定位或导向。

C 型（一端圆头一端平头）。特点：安装方便，适用于轴端部连接。

10-3 平键连接的主要失效形式是什么？

答：普通平键连接属于静连接，其主要失效形式是连接中强度较弱零件的工作面被压溃（键剪断或工作面被压馈）。

导向平键和滑键连接属于动连接，其主要失效形式是工作面过度磨损。

故强度计算时，静连接校核挤压强度，动连接校核压力强度。

10-4 花键连接有何特点？花键连接有几种类型？

答：特点：(1) 键齿分别与轴或轮毂各自构成一个整体，且键齿较多，相当于多个平键的连接的组合，所以承载能力较大。(2) 键槽较浅，对轴削弱较轻。(3) 具有较好的定心性和导向性，装拆性能好，但花键需用专用设备加工，成本较高。

类型：(1) 矩形花键；(2) 渐开线花键。

10-5 销连接有哪些类型？其功用如何？

答：类型：定位销、连接销、安全销、端部带螺纹的圆锥销、开尾圆锥销、槽销。

功用：定位、锁紧或连接，也可作为过载保护元件。

## 10.3 习题与参考答案

10-1 设计一齿轮与轴的键连接。已知轴径 $d=90\text{mm}$，轮毂宽 $B=110\text{mm}$，轴传递扭矩 $T=1800\text{N}\cdot\text{m}$，载荷平稳，轴、键材料均为钢，齿轮材料为锻钢。

答：由题意可知齿轮与轴的键连接，要求有一定的定心，故选择普通平键，圆头（A 型）。

由表查得，当 $d=90\text{mm}$ 时，键的剖面尺寸 $b=25\text{mm}$，$h=14\text{mm}$。

由轮毂宽 $B=110\text{mm}$，选键长 $L=100\text{mm}$。

因载荷平稳且轴、键的材料为钢，齿轮材料为锻钢，所以由表查得许用挤压应力 $[\sigma_p]=130\text{N/mm}^2$，键的工作长度为 $l=L-b=100-25=75\text{mm}$。

则：

$$\sigma_p=\frac{4\tau\times10^3}{dhl}=\frac{4\times1800\times10^3}{90\times14\times(100-25)}=76.19\text{N/mm}^2\leqslant[\sigma_p]$$，满足要求。

选用键 25×14×100。

## 10.4 自 测 题

10-1 普通平键联接的主要用途是使轴与轮毂之间________。

A. 沿轴向固定并传递轴向力　　B. 沿轴向可作相对滑动并具有导向作用

C. 沿周向固定并传递转矩　　D. 安装与拆卸方便

10-2 轴的键槽通常是由________加工而得到的。

A. 插削　　B. 拉削　　C. 钻及铰　　D. 铣削

10-3 平键联接如不能满足强度条件要求时，可在轴上安装一对平键，使它们沿圆周相隔________。

A. 90°　　B. 120°　　C. 135°　　D. 180°

10-4 平键联接与楔键联接相对比，它只能传递转矩，不能传递轴向力，这是因为________。

A. 楔键端部具有钩头

B. 平键摩擦力小于楔键的摩擦力

C. 楔键的工作表面有斜度，而键槽没有斜度，接触时可以卡紧

D. 在安装时，楔键可沿轴向楔紧

10-5 设计键联接的几项主要内容是：

（a）按轮毂长度选择键的长度；（b）按使用要求选择键的主要类型；（c）按轴的直径选择键的剖面尺寸；（d）对联接进行必要的强度校核。在具体设计时，一般顺序是________。

A. （b）→（a）→（c）→（d）　　B. （b）→（c）→（a）→（d）

C. （a）→（c）→（b）→（d）　　D. （c）→（d）→（b）→（a）

10-6 键的剖面尺寸通常是根据________按标准选择。

A. 传递转矩的大小　　B. 传递功率的大小

C. 轮毂的长度　　D. 轴的直径

10-7 键的长度主要是根据________来选择。

A. 传递转矩的大小

B. 轮毂的长度

C. 轴的直径

10-8 楔键连接的主要缺点是________。

A. 键的斜面加工困难　　B. 键安装时易损坏

C. 键装入键槽后，在轮毂中产生初应力

D. 轴和轴上零件对中性差

10-9 标准平键联接的承载能力，通常是取决于________。

A. 轮毂的挤压强度　　B. 键的剪切强度

C. 键的弯曲强度　　D. 键工作表面的挤压强度

10-10 半圆键的主要优点是________。

A. 对轴的强度削弱较轻　　B. 键槽的应力集中较小

C. 工艺性好、安装方便

## 10.5 自测题参考答案

10-1 C 10-2 D 10-3 D 10-4 D 10-5 B 10-6 D 10-7 B 10-8 D 10-9 A 10-10 C

# 11 滑动轴承

## 11.1 主要内容与学习要点

本章需要掌握滑动轴承的特点及应用，滑动轴承的类型、轴瓦的结构，滑动轴承的失效形式及材料，非液体摩擦滑动轴承的设计计算及参数选择和流体润滑原理等，并简要了解其他形式的滑动轴承。

### 11.1.1 概述

作用：滑动轴承起到支承和回转作用。

摩擦
- 滑动
  - 非液体
  - 液体
    - 动压——三个条件
    - 静压：油泵
- 滚动

滑动轴承无滚动体，如图 11-1 所示；滚动轴承有滚动体，如图 11-2 所示。滚动轴承的径向尺寸大于滑动轴承的径向尺寸，如图 11-3 所示。

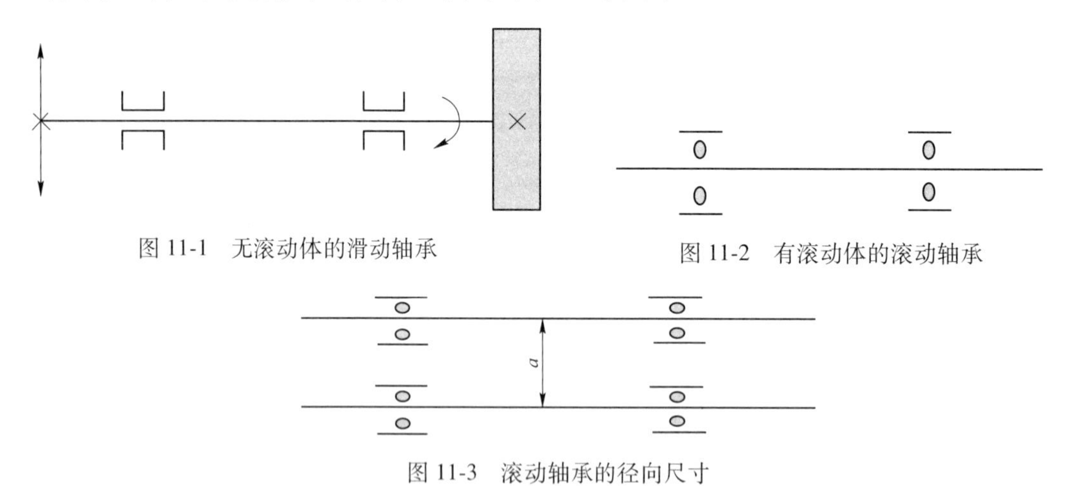


图 11-1　无滚动体的滑动轴承

图 11-2　有滚动体的滚动轴承

图 11-3　滚动轴承的径向尺寸

特点：滑动轴承径向尺寸小，具有抗冲击和减振效果，且有剖分结构，装拆方便。

滑动轴承
- 向心轴承：只受径向载荷，如链传动、带传动等压轴力
- 推力轴承：只受轴向载荷，如斜齿轮

### 11.1.2 滑动轴承的结构

（1）组成。滑动轴承是由轴瓦（瓦背和轴承衬）、轴承座（壳体）、润滑装置（油孔、

油沟、油槽、供油装置）和密封件组成。

（2）向心轴承。

剖分式：（对开式）结构复杂、装拆方便（可调隙）。

整体式：结构简单、装拆复杂（不可调隙）。

调隙式：当工作一段时间后，磨损量逐渐增加，间隙增大，届时可以调整外锥体轴瓦沿着轴向移动，实现调隙的功能。

椭圆轴承：轴瓦为椭圆形，便于形成液体动压润滑，运转平稳，动压润滑、压力油膜把轴支承起来，同心度不好，如图 11-4 所示。

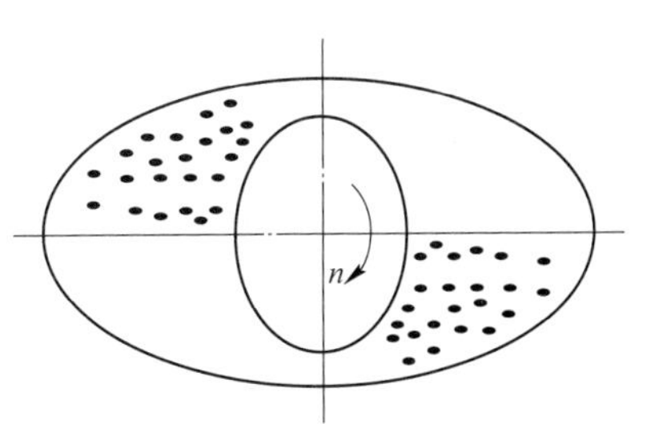

图 11-4 椭圆轴承

多油楔轴承：轴瓦内表面含有多个楔形结构，便于形成液体动压润滑，同心度好，运转稳定，承载小。

（3）推力轴承。包括固定式和可倾扇面式。

### 11.1.3 轴瓦的材料和结构

（1）对轴瓦材料的要求。

1）足够机械强度：需要具有足够高的强度 $\sigma_B$、$\sigma_S$、$\sigma_{-1}$ 和硬度 HBW。

2）抗黏着性：取轴和轴瓦互溶性比较小的材料，铁（Fe）与锡（Sn）、锑（Sb）、铅（Pb）、铟（In）、银（Ag）元素的互溶性比较小。

3）适应性（良好）：选择比较软、弹性好、硬度低的材料。轴瓦的适应性分析如图 11-5 所示。

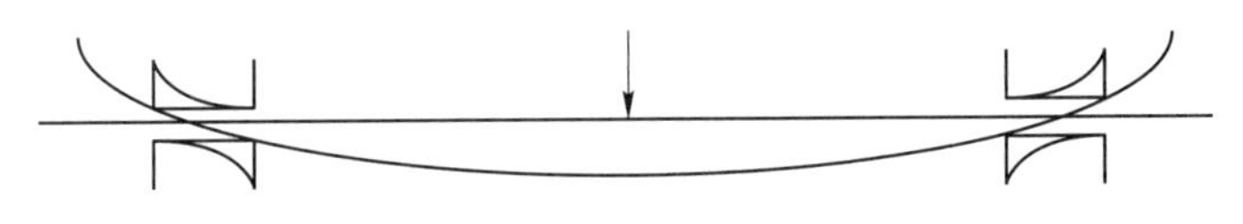
图 11-5 轴瓦的适应性分析

4）嵌藏性（又称容纳异物能力）：受载以后能够很快嵌进去，保持轴和轴瓦干净，要求选取比较软的材料，如图 11-6 所示。

图 11-6 轴瓦的嵌藏性分析

5）易得、价格：选择资源比较丰富、比较容易获得和价格低廉的材料。

（2）常用材料。

1）铸铁：所能承受的载荷较小、转速较低，但是，比较易得、价格低廉，其他性能相对差一些。

2）轴承合金 $\begin{cases}\text{锡基：以锡为主要基础材料——抗腐蚀性} \\ \text{铅基：以铅为主要基础材料}\end{cases}$

3）铜合金。

4）铝合金。

5）陶质金属（又称自润滑轴承）：通过粉末挤压成形，间隙比较大，受载后油出来；当载荷消失时，油又被吸进去，一般载荷较小。

6）石墨：是一种固体润滑剂，比较硬、脆，摩擦系数小，其适应性和嵌藏性相对差一些。

7）非金属：可以选用塑料，价格便宜、寿命短，通常用作一次性使用。

（3）结构。滑动轴承有整体式和剖分式两种结构形式。轴瓦有双金属和三金属结构形式，如图 11-7 和图 11-8 所示。

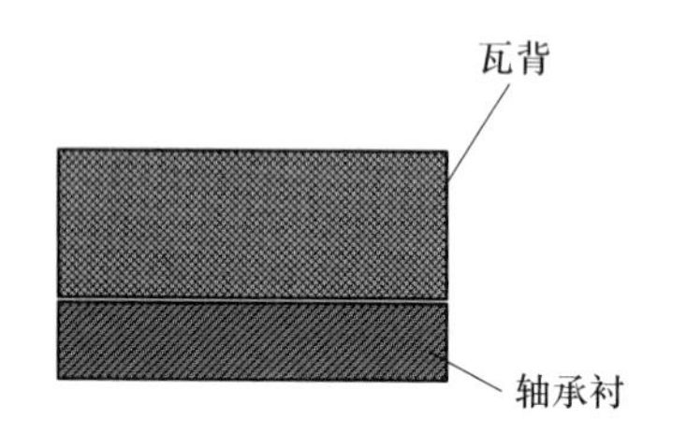


图 11-7 双金属轴瓦

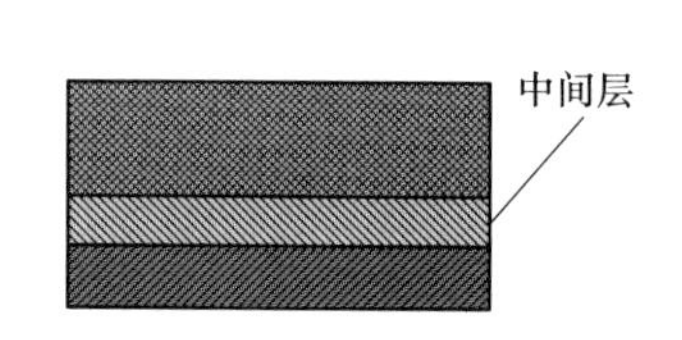


图 11-8 三金属轴瓦

滑动轴承轴瓦通常含有油孔、油沟、油槽，油孔不能开在承载区，如图 11-9 所示。

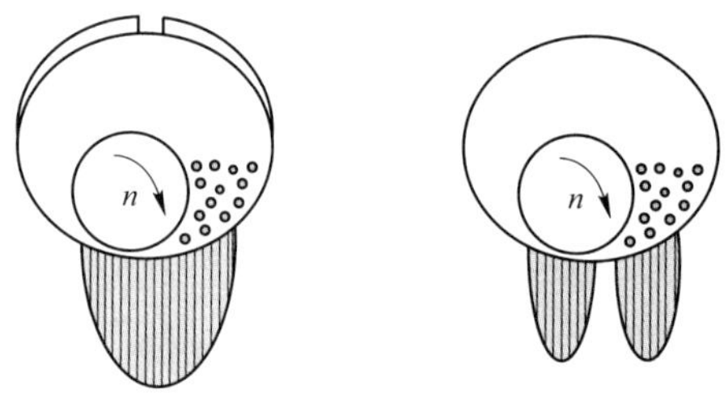

图 11-9 油孔开在承载区和非承载区油膜压力分布

### 11.1.4 润滑

（1）润滑剂：包括润滑脂和润滑油，有多重润滑方式可供选择。

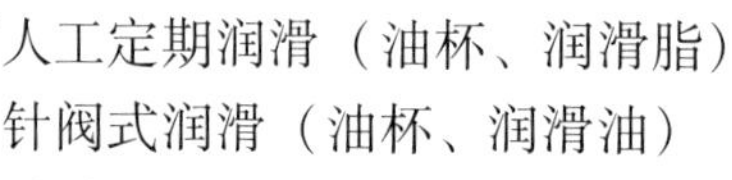

（2）方式：
- 人工定期润滑（油杯、润滑脂）
- 针阀式润滑（油杯、润滑油）
- 甩油环
- 飞溅
- 循环

当载荷较小和速度较低时，可以采用人工定期润滑或针阀式润滑；当作用中等载荷和中等速度时，可以采用甩油环或飞溅润滑；当载荷较大和速度较高时，可以采用压力循环供油方式，如图 11-10 所示，它既可以起到润滑作用，又可以起到冷却作用。

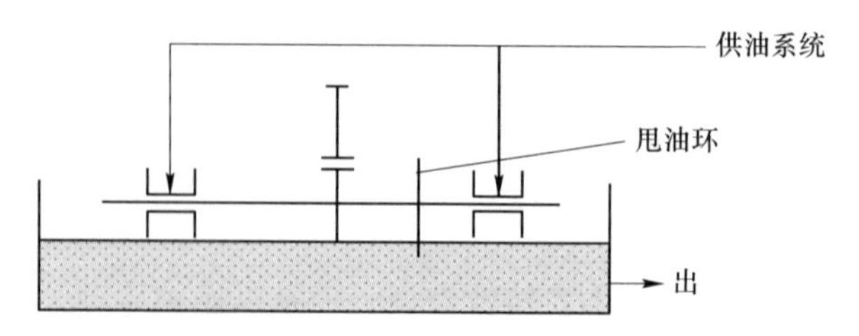


图 11-10 压力循环供油系统

（3）选择原则。

上述五种润滑方式的选用原则如下：

$$K=(p\cdot v^{3})^{0.5}$$

式中，$p$ 为压强；$v$ 为轴径的线速度。

当 $K<3$ 时，选用第一种人工定期润滑方式；

当 $K<2\sim6$ 时，选用第二种针阀式润滑方式；

当 $K<16\sim32$ 时，选用第三种甩油环或第四种飞溅润滑方式；

当 $K>32$ 时，选用第五种压力循环供油润滑方式。

### 11.1.5 非液体滑动轴承设计

（1）失效：容易产生磨损失效。

（2）计算准则如下：

为了防止润滑油被挤出，需要限制载荷，防止轴承衬过度磨损，因此，其限制条件如下：

$$p\leqslant[p]$$

为了防止过热，需要限制温升，防止轴承衬过热产生胶合，因此，其限制条件如下：

$$pv\leqslant[pv]$$

为了防止加速磨损，需要限制速度，防止轴承衬加速磨损，因此，其限制条件如下：

$$v\leqslant[v]$$

轴和轴瓦之间的压强及速度计算公式为：

$$p=\frac{P}{l\cdot d}$$

$$v=\frac{\pi\cdot d\cdot n}{60\times1000}$$

式中，$n$ 为轴颈的速度。

（3）步骤：

1）选择轴承的结构和轴瓦的材料。轴承的结构选择整体式或剖分式，注意承载区不能放在剖分面上，如图 11-11 所示。

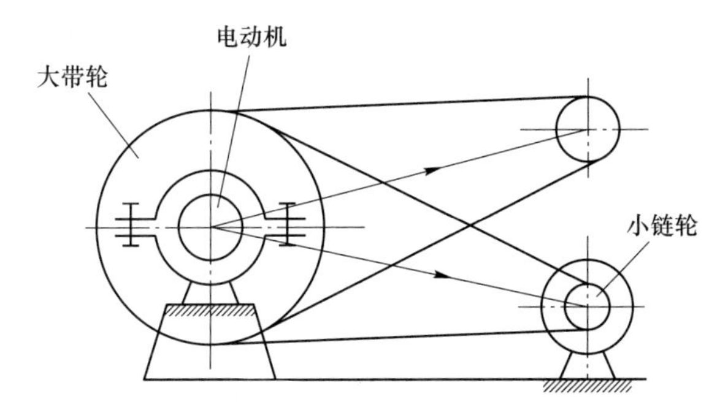


图 11-11　承载区不能开在剖分面上

2）初选轴承尺寸。包括轴承直径 $d$ 和长度 $l$，根据轴的直径选择轴承直径，根据使用场合确定轴承的宽度，通常宽径比取 1。

3）工作能力校核。根据滑动轴承计算准则，校核以下三个限制条件（限制 $p$、$v$、$pv$）

是否满足：

$$p \leqslant [p]$$
$$v \leqslant [v]$$
$$pv \leqslant [pv]$$

滑动轴承的设计步骤与常规机械零件设计步骤是不同的。

## 11.2 思考题与参考答案

11-1 根据摩擦润滑状态，滑动轴承分几类？

答：可分两类：（1）液体摩擦轴承；（2）非液体摩擦轴承。

液体摩擦轴承可分为三种：

（1）静压润滑轴承：在滑动轴承与轴颈表面之间输入高压润滑剂以承受外载荷，使运动副表面分离的润滑方法称为流体静力润滑，这类轴承称为静压滑动轴承。

（2）动压润滑轴承：利用相对运动副表面的相对运动和几何形状，借助流体黏性，把润滑剂带进摩擦面之间，依靠自然形成的流体压力油膜，将运动副表面分开的润滑方法称为流体动力润滑，这类轴承称为动压滑动轴承。

（3）动静压润滑轴承：能同时利用高压油的静压作用和轴的转动引起的动压效应来承载，称为动静压轴承。

11-2 根据结构特点，滑动轴承可分几种？

答：（1）整体式径向滑动轴承：最简单的整体式滑动轴承是圆柱孔径向滑动轴承。

（2）剖分式径向滑动轴承：剖分式轴承由轴承座、轴承盖、剖分轴瓦、轴承盖螺栓组成。

（3）自动调心式滑动轴承：对于 $B/d$ 大于 1.5 的轴承，多采用自动调心式轴承。

11-3 滑动轴承的轴瓦材料应具有什么性能？

答：（1）良好的减摩性、耐磨性和抗胶合性。

（2）良好的顺应性、嵌入性和跑合性。

（3）足够的强度（包括疲劳强度、冲击强度和抗压强度）和抗腐蚀性。

（4）良好的导热性、工艺性及经济性。

11-4 轴瓦的结构设计应注意哪些问题？

答：（1）轴瓦的结构形式：整体式轴套和剖分式轴瓦，整体式轴套用于整体式轴承，剖分式轴套用于对开式滑动轴承。

（2）轴瓦的材料：单层材料或多层材料，采用多层轴瓦结构可以显著节省价格较高的轴承合金等减摩材料。

（3）轴瓦的定位和配合：为防止轴瓦在轴承座中沿轴向和周向移动，可将轴瓦两端做成凸缘用作轴向定位。

（4）油孔、油槽和油腔：对于宽径比较小的轴承只需开一个油孔；对于宽径比较大的、可靠性要求高的轴承，需开设油槽或油腔，轴向油槽的宽度比轴承宽度稍短以免油从轴承端部大量流失，油腔一般开设在轴瓦的剖分处。油孔和油槽的位置及形状对轴承的工作能力和寿命影响很大，对于液体动力润滑滑动轴承，应将油孔和油槽开设在轴承的非承载区。

11-5 混合摩擦滑动轴承的计算依据是什么？为什么要验算它的平均压强 $p$ 和 $pv$ 值？

答：混合摩擦滑动轴承的计算依据是维持轴承的边界油膜不被破坏，包括：防止润滑油挤出、防止过热、防止加速磨损等。为了不产生过度磨损，应限制轴承的单位面积压力 $p$；$pv$ 值与轴承摩擦耗散成正比，为了防止轴承过热则应限制 $pv$ 值。

11-6 液体动压油膜形成的原理和条件是什么？

答：液体动压润滑是依靠摩擦副的两滑动表面作相对运动时把油带入两表面之间，形成具有足够压力的油膜，从而将两表面隔开。

液体动压油膜形成的条件：

（1）两个运动的表面要有楔形间隙；

（2）被油膜分开的两表面有一定相对滑动速度，且大口向小口；

（3）润滑油必须有一定的黏度；

（4）有足够充足的供油量。

11-7 保证滑动轴承获得液体动压润滑的条件是什么？

答：相对运动的两表面间必须形成收敛的楔形间隙；被油膜分开的两表面必须有足够的相对运动速度，其运动方向必须使润滑油由大口流进，从小口流出；润滑油必须有一定黏度；供油要充分。

11-8 液体静压滑动轴承的工作原理是什么？它与液体动压滑动轴承相比，有何优缺点？

答：工作原理：液体静压轴承利用专门的供油装置，把一定的润滑油送入轴承静压油腔，形成具有压力的油膜，利用静压腔间压力差平衡外载荷，保证轴承在完全液体润滑状态下工作。

优缺点：液体静压轴承从起动到停止始终在液体润滑下工作，所以没有磨损，使用寿命长，起动功率小，在极低（甚至为零）的速度下也能应用。此外，这种轴承还具有旋转精度高、油膜刚度大、能抑制油膜振荡等优点，但需要专用油箱供给压力油，高速时功耗较大。

## 11.3 习题与参考答案

11-1 有一混合摩擦润滑向心滑动轴承，轴颈直径 $d=100\text{mm}$，轴承宽度 $B=100\text{mm}$，轴的转速 $n=1200\text{r/min}$，轴承材料为 ZCuSn10P1，试问该轴承最大能承受多大的径向载荷？

解：轴承圆周速度 $v=\dfrac{\pi dn}{60\times1000}=\dfrac{\pi\times100\times1200}{60\times1000}=6.28\text{m/s}$

由轴承材料 ZCuSn10P1 可以得到：$[p]=15\text{MPa}$，$[v]=10\text{m/s}$，$[pv]=15\text{MPa}\cdot\text{m/s}$。

$$p=\frac{[pv]}{v}=\frac{15}{6.28}=2.389\text{MPa}<15$$

$$F=p\times dB=2.389\times100\times100=2.389\times10^4\text{N}$$

当 $[p]=15\text{MPa}$ 时：

$$pv=15\times6.28=94.2\text{MPa}\cdot\text{m/s}>15\text{MPa}\cdot\text{m/s}$$

不在允许范围内，不可取。所以该轴承最大能承受 $F=23890\text{N}$ 的径向载荷。

11-2 已知一起重机卷筒的滑动轴承所承受的径向载荷 $F_r=10^5\text{N}$，轴颈直径 $d=90\text{mm}$，转速 $n=9\text{r/min}$，试按混合润滑状态设计此轴承。

解：（1）选择轴承结构为剖分式，由水平剖分面单侧供油，轴承包角 $\alpha=180°$。

（2）选择轴承宽径比。根据起重机卷筒轴承常用的宽径比范围，取宽径比 $B/d=1$。

（3）计算轴承宽度。$B=d=90\text{mm}$。

（4）计算轴颈圆周速度。

$$v=\frac{\pi dn}{60\times 1000}=\frac{\pi\times 90\times 9}{60\times 1000}=0.042\text{m/s}$$

（5）计算轴承工作压力 $p$ 和 $pv$ 值。

$$p=\frac{F}{dB}=12.35\text{MPa}$$

$$pv=12.35\times 0.042=0.52\text{MPa}\cdot\text{m/s}$$

（6）选择轴瓦材料。查表选用轴瓦材料为 ZCuA19Fe4Ni4Mn2，查得 $[p]=15\text{MPa}$，$[pv]=12\text{MPa}\cdot\text{m/s}$，$[v]=4\text{m/s}$。

## 11.4 自 测 题

11-1 含油轴承是采用________制成的。

A. 硬木　B. 硬橡皮　C. 粉末冶金　D. 塑料

11-2 滑动轴承的润滑方法，可以根据________来选择。

A. 平均压强 $p$　B. $\sqrt{pv^3}$　C. 轴颈圆周速度 $v$　D. $pv$ 值

11-3 在滑动轴承中，当 $\sqrt{pv^3}>32$ 时，应采用________。

A. 油脂润滑　B. 油杯润滑　C. 油环或飞溅润滑　D. 压力循环润滑

11-4 动压向心滑动轴承中在获得液体摩擦时，轴心位置 $O_1$ 与轴承孔中心位置 $O$ 及轴承中的油压分析，将如图中________所示。

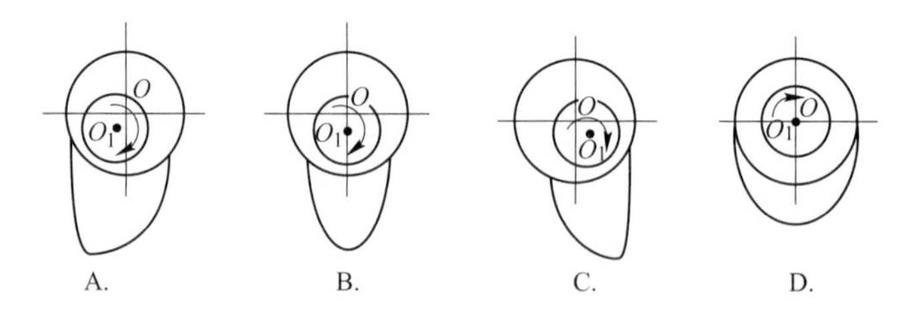


11-5 在非液体润滑滑动轴承中，限制 $p$ 值的主要目的是________。

A. 防止轴承衬材料过度磨损

B. 防止轴承衬材料发生塑性变形

C. 防止轴承衬材料因压力过大而过度发热

D. 防止出现过大的摩擦阻力矩

11-6 在非液体润滑滑动轴承设计中，限制 $pv$ 值的主要目的是________。

A. 防止轴承因过度发热而产生胶合

B. 防止轴承过度磨损

C. 防止轴承因发热而产生塑性变形

D. 以上答案都不正确

## 11.5 自测题参考答案

11-1 C 11-2 B 11-3 D 11-4 A 11-5 A 11-6 A

# 12 滚动轴承

## 12.1 主要内容与学习要点

首先必须熟悉滚动轴承的类型、尺寸和结构形式等基本知识及其代号的意义；其次还应适当掌握滚动轴承设计的基本理论和计算方法，以便对所选轴承做出评价，能否满足预期寿命、静强度和转速等要求；此外，为了保证轴承的正常工作，还要进行合理的轴承组合结构设计，解决轴系零件的固定、轴承与相关零件配合、轴承安装、调整、预紧和拆卸以及轴承的润滑与密封等。

### 12.1.1 类型与特点

组成：滚动轴承是由内圈、外圈、滚动体和保持架组成的。通常是内圈与轴、外圈与机架联在一起。

分类：

首先根据滚动体的形状可以将其分为球轴承、圆柱滚子轴承、滚针轴承、圆锥滚子轴承、球面滚子轴承和非对称球面滚子轴承等；

其次是根据受力方向可以将其分为向心轴承（承受径向力）和推力轴承（承受轴向力）；向心推力轴承是既可承受径向力，又可承受轴向力。

标准化：滚动轴承已经标准化。

轴承代号：×类型、××尺寸系列、××内径。

类型：需要熟练掌握以下5种类型，6（0）、N（2）、7（6）、3（7）、5（8），括号外为新标准，括号内为老标准。

内径：(20~480)/5所得的商值。

### 12.1.2 类型选择原则

载荷大小：滚子（大）、球（小）

方向：纯 $R$（径向力）——向心球（或滚子）6（0）、N（2）

纯 $A$（轴向力）——推力5（8）

$R$ 和 $A$（径、轴向力）——6（0）、7（6）、3（7）

性质：冲击：(5)（螺旋滚子轴承）

振动

↓

速度：$n\uparrow$→球（极限速度高）

$n\downarrow$→滚子（极限速度低）否则很快磨损，寿命低

↓

三点支承：(1)、(3) 可调心轴承

径向尺寸：紧凑（4）（滚针轴承）

### 12.1.3　滚动轴承的负载分布和失效形式

受力：滚动轴承受到的是周期循环变应力作用，通常是内圈转动、外圈固定，其滚动轴承的负载分布如图 12-1 和图 12-2 所示。

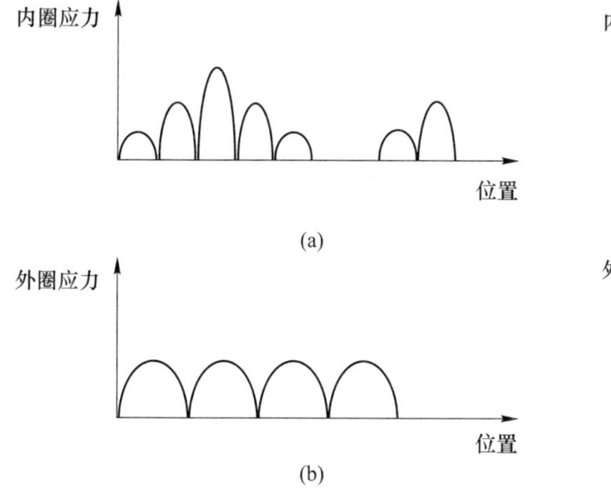


图 12-1　内圈转动与外圈固定的负载分布
（a）内圈应力；（b）外圈应力

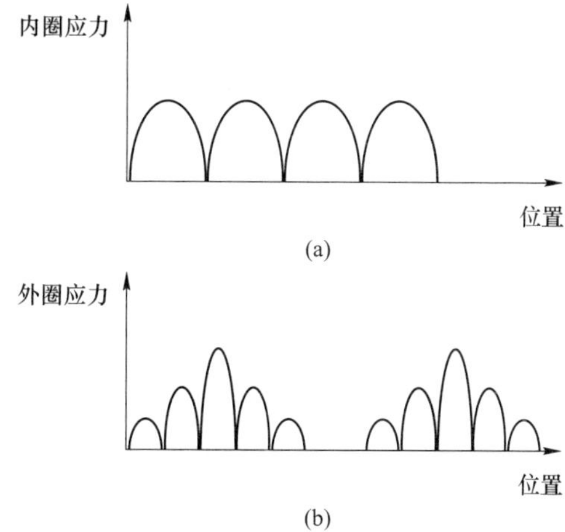


图 12-2　内圈固定与外圈转动的负载分布
（a）内圈应力；（b）外圈应力

失效形式：

点蚀：由于受到接触变应力 $\sigma_H$ 作用，因此，当接触疲劳强度不足时，会出现点蚀失效。

过载：当受载过大时，会出现塑性变形。

胶合：当转速过高时，会出现胶合失效。

### 12.1.4　计算准则

需要熟练掌握两个基本概念，即基本额定寿命 $L_{10}$ 和基本额定动载荷 $C_r$。通过大量试验数据，可以绘制得到滚动轴承的 *S-N* 曲线，如图 12-3 所示，将该曲线拟合成公式如下：

$$P^m \cdot N = C_r^m \times 10^6$$

通常螺栓和轴均是按无限寿命设计的，而滚动轴承是按有限寿命设计的。

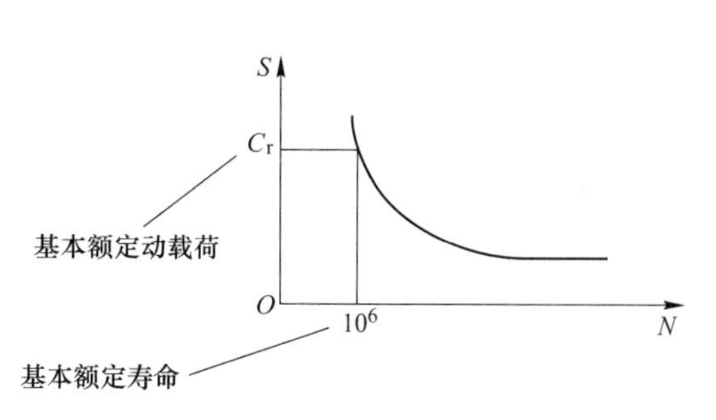


图 12-3　滚动轴承 *S-N* 曲线

### 12.1.5　当量动载荷

（1）受纯径向载荷 $R$ 作用的向心轴承。对于受纯径向载荷 $R$ 作用的向心轴承，如图12-4所示，两端轴承所受的当量动载荷如下：

$$P_1=R_1$$

$$P_2=R_2$$

（2）受纯轴向载荷 $A$ 作用的推力轴承。对于受纯轴向载荷 $A$ 作用的推力轴承，如图12-5所示，两端轴承所受的当量动载荷如下：

$$P_1=A_1$$

$$P_2=A_2$$

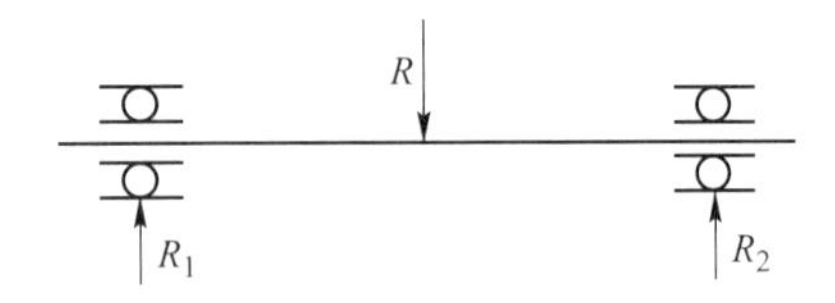

图12-4　受纯径向载荷 $R$ 作用

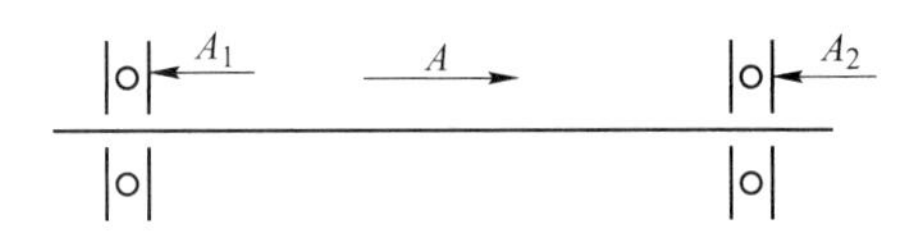

图12-5　受纯轴向载荷 $A$ 作用

（3）同时受 $R$ 和 $A$ 向心推力轴承。对于同时受径向和轴向载荷作用，如图12-6所示，两轴承所受的当量动载荷如下：

$$P=XR+YA$$

式中，$X$ 为径向系数；$Y$ 为轴向系数；$R_1$、$R_2$ 分别为两个轴承上所受的径向载荷；$A_1$、$A_2$ 分别为两个轴承上所受的轴向载荷。

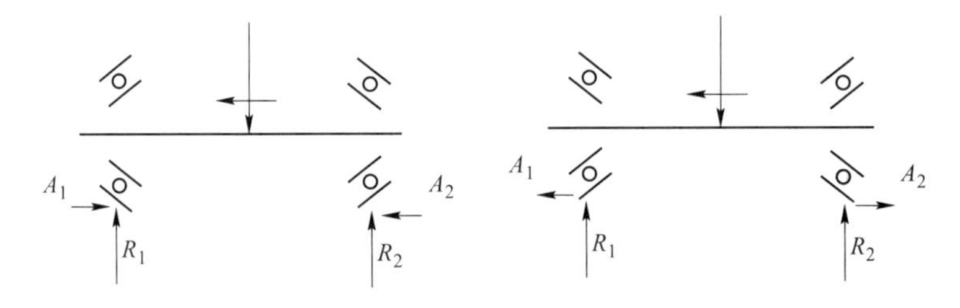

图12-6　同时受径向载荷 $R$ 和轴向载荷 $A$ 作用

### 12.1.6　向心推力轴承的轴向力计算

向心推力轴承包括角接触球轴承和圆锥滚子轴承，面对面（正装），跨度小，刚度大，如图12-7所示；反之亦然，背靠背安装（反装），跨度大，刚度小，如图12-8所示。

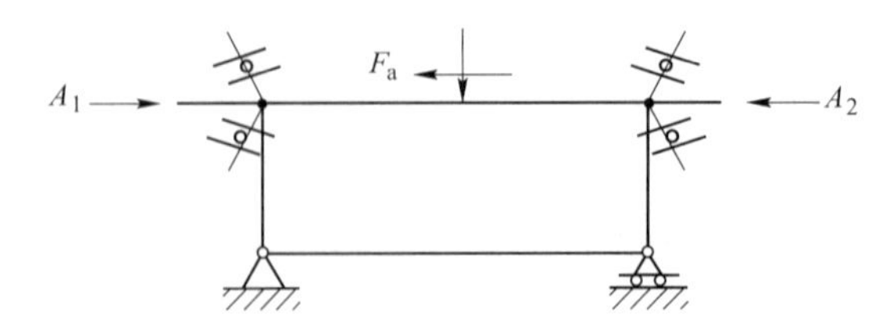

图12-7　面对面安装（正装）

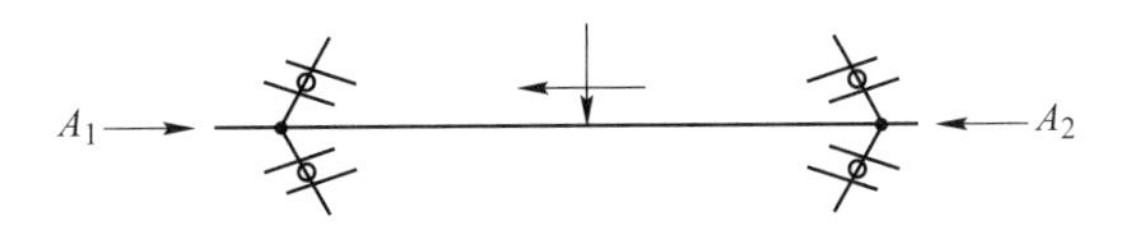

图 12-8　背靠背安装（反装）

$S$ 为内部派生轴向力，$S_1$、$S_2$ 分别为由径向载荷 $R_1$、$R_2$ 产生的内部派生轴向力，如图 12-9 所示。

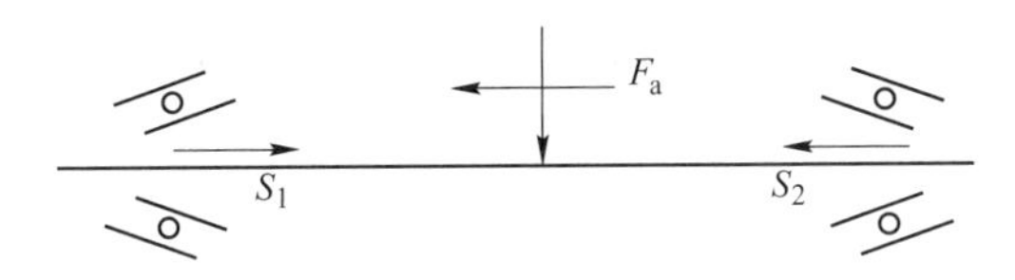

图 12-9　内部派生轴向力

当以下不等式成立时：

$$F_a + S_2 > S_1$$

那么表明轴承 1 被压紧，轴承 2 被放松，则压紧端轴承所受轴向力的计算公式如下：

$$A_1 = F_a + S_2$$

式中，$A_1$ 为轴承 1 所受的总轴向力。放松端轴承所受轴向力的计算公式如下：

$$A_2 = S_2$$

式中，$A_2$ 为轴承 2 所受的总轴向力。

当以下不等式成立时：

$$F_a + S_2 < S_1$$

那么表明轴承 2 被压紧，轴承 1 被放松，则压紧端轴承所受轴向力的计算公式如下：

$$A_2 = F_a - S_1$$

放松端轴承所受轴向力的计算公式如下：

$$A_1 = S_1$$

向心推力轴承的轴向力计算步骤如下：

（1）判断 $F_a$、$S_1$、$S_2$ 合力方向，确定“压紧”和“放松”轴承；

（2）“压紧”轴承的轴向力等于除自身派生（内部）轴向力以外的所有轴向力的代数和；

（3）“放松”轴承的轴向力就等于自身派生（内部）轴向力。

角接触球轴承内部派生轴向力的计算公式如下：

$$S = 1.14F_r \cdot \tan\alpha$$

圆锥滚子轴承内部派生轴向力的计算公式如下：

$$S = F_r/2Y$$

式中，$Y$ 为轴向系数；$F_r$ 为径向外力。

### 12.1.7　滚动轴承的设计计算

滚动轴承的预期寿命计算公式如下：

$$L_{10}=\left(\frac{C_{\mathrm{r}}}{P_{\mathrm{r}}}\right)^{\varepsilon}\quad(10^{6}\text{ 转})$$

式中，$L_{10}$为工作寿命；$P_{\mathrm{r}}$ 为当量动载荷。上式单位是"$10^6$转"，若将其转化成"小时"，则可将上式转化成如下形式：

$$L_{\mathrm{h}}=\frac{10^{6}}{60n}\cdot\left(\frac{C_{\mathrm{r}}}{P_{\mathrm{r}}}\right)^{\varepsilon}=\frac{16667}{n}\cdot\left(\frac{C_{\mathrm{r}}}{P_{\mathrm{r}}}\right)^{\varepsilon}\quad(\mathrm{h})$$

式中，$C_{\mathrm{r}}$ 为基本额定动载荷；$P_{\mathrm{r}}$ 为当量动载荷；$\varepsilon$ 为寿命指数，球轴承：$\varepsilon=3$；滚子轴承：$\varepsilon=10/3$。当预期寿命已知，选择轴承型号时，可以将上式变化成如下形式：

$$C_{\mathrm{r}}=P_{\mathrm{r}}\cdot\sqrt[6]{\frac{60n\cdot L'_{\mathrm{h}}}{10^{6}}}\Rightarrow\text{型号}$$

对于高温轴承，需要对基本额定动载荷进行修正：

$$C_{\mathrm{r}T}=C_{\mathrm{r}}\cdot f_{T}\quad\rightarrow\text{用于高温轴承}$$

式中，$f_T$ 为温度系数。当量动载荷的计算公式如下：

$$P=(XR+YA)\cdot f_{P}$$

式中，$f_P$为载荷系数。一般情况下，向心推力轴承都需要成对使用，而且只能够有两种安装方式，正装或反装，图 12-10 安装方式是不正确的，只能够起到单方向限位作用，不能够实现双向限位。

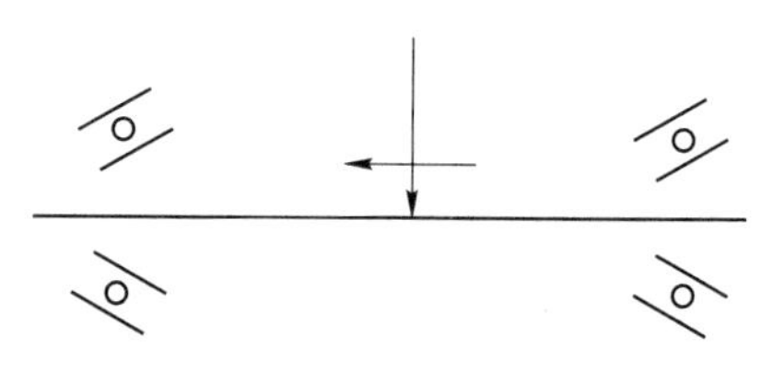

图 12-10 不正确轴承安装方式

对于静止、微小摆动或转速极低的轴承，需要按照静载荷进行计算，基本额定静载荷用 $C_{0\mathrm{r}}$、$C_{0\mathrm{a}}$来表示。其计算准则如下：

$$C_{0\mathrm{r}}\geqslant S_{0}\cdot P_{0\mathrm{r}}$$

式中，$S_0$为安全系数。当量静载荷 $P_{0\mathrm{r}}$可用下式计算：

$$P_{0\mathrm{r}}=X_{0}\cdot R+Y_{0}\cdot A$$

若滚动轴承型号确定，则查《机械设计课程设计手册》，可以获得基本额定动载荷 $C_{\mathrm{r}}$、基本额定静载荷 $C_{0\mathrm{r}}$和极限转速 $n_{\lim}$，通常使用 G 级精度。

若工作转速超过了极限转速，即 $n<n_{\lim}$，那么需要提高轴承精度、改变润滑方式、保持架结构和滚动体类型等，例如将滚子轴承改为球轴承。

### 12.1.8 滚动轴承的结构设计

要求轴上零件实现周向固定和轴向固定，包括轴承内圈和外圈轴向固定等。做结构改错题需要注意以下几个要点：

（1）轴上零件：实现周向固定和轴向固定；

（2）轴承组合结构：轴承需要成对使用；

（3）零件结构：对于铸造零件，例如齿轮和轴承盖等，需要有拔模斜度和圆角，壁后尽量要均匀等；

（4）安装、加工：要保证轴上零件既能够安装上去，又能够拆下来清洗更换，要便于加工制造；

（5）密封、润滑：轴与轴承盖之间要有间隙，轴与密封圈之间要无间隙；

（6）三面接触：需要避免三面接触，否则轴向定位不可靠。

## 12.2 思考题与参考答案

12-1 球轴承和滚子轴承各有什么优缺点，适用于什么场合？

答：球轴承转速快，噪声小，但承载能力小，用于承载力要求不大、要求经济的地方。

滚子轴承转速相对较低，承载能力较大，可用于承载力要求较高的场合。

12-2 滚动轴承的基本元件有哪些？各起什么作用？

答：有内圈、外圈、滚动体和保持架。

内圈与轴配合固定轴承，提供滚动体的一半运动轨道，传递载荷；

外圈与轴承座配合固定轴承，提供滚动体的另一半运动轨道，传递载荷；

滚动体承受内圈或外圈传递来的载荷，使轴承在载荷作用下保持转动；保持架的作用是把滚动体均匀隔开。

12-3 试画出深沟球轴承、调心球轴承、角接触球轴承、圆锥滚子轴承和推力球轴承的结构示意图。它们承受径向载荷和轴向载荷的能力如何？

答：

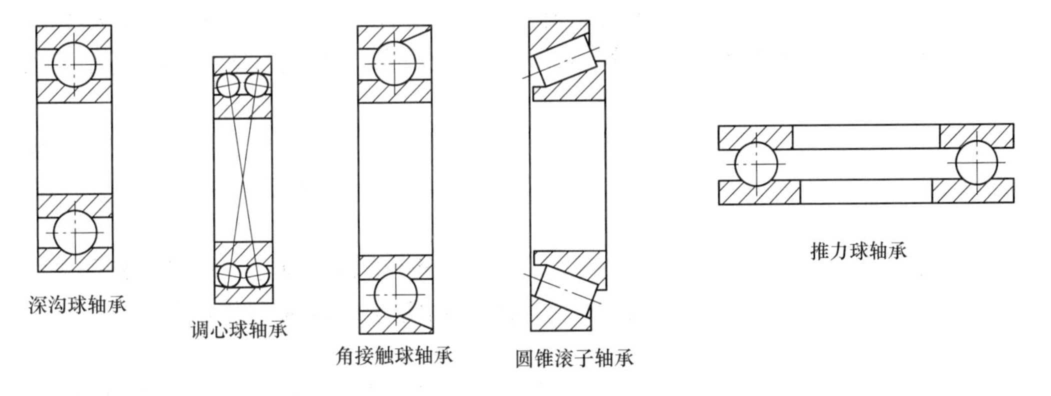


深沟球轴承：主要承受径向载荷，也能承受少量轴向载荷。

调心球轴承：主要承受径向载荷，也能承受微量轴向载荷。

角接触球轴承：承载能力较圆锥滚子轴承小，极限转速比其高。

圆锥滚子轴承：同时承受轴向和径向载荷。

推力球轴承：只能承受轴向载荷。

12-4 根据下列滚动轴承的代号，指出它们的类型、内径尺寸、公差等级、游隙组别：6210；N2218；7020AC；32307/P5。

答：6210：深沟球轴承，内径尺寸 50mm，公差等级 0，游隙组别 0；

N2218：圆柱滚子轴承，内径尺寸 90mm，公差等级 0，游隙组别 0；

7020AC：角接触球轴承，内径尺寸 100mm，公差等级 0，游隙组别 0；

32307/P5：圆锥滚子轴承，内径尺寸 35mm，公差等级 5，游隙组别 0。

12-5　选择滚动轴承的类型时，要考虑哪些因素？

答：考虑因素：

（1）载荷方向：径向载荷；轴向载荷；轴向、径向联合载荷；

（2）载荷大小：轻、中载荷；重载荷；

（3）允许空间：径向空间受限制；轴向空间受限制；

（4）对中性：有对中性误差；

（5）刚性；

（6）转速；

（7）安装拆卸。

12-6　滚动轴承工作时，各元件的受力情况如何？主要失效形式有哪些？

答：承载区内各位置的滚动体所承受的载荷大小是不同的，因而处于各位置的滚动体与内外圈之间的接触应力也是不同的。若轴承外圈固定、内圈旋转，外圈承载区上某点接触应力受脉动循环接触应力。

在安装、润滑、维护良好的条件下，由于受变化的接触应力，滚动轴承的正常失效形式是滚动体内外圈滚道点蚀。

如果滚动轴承不转动、低速转动（$n \leqslant 10\mathrm{r/min}$）或摆动，一般不会发生疲劳破坏，这时轴承元件主要失效形式是塑性变形。

此外，滚动轴承往往由于工作环境恶劣（如多灰尘、酸碱腐蚀性介质等）、密封不好、润滑不良、安装使用不当，或高速重载等原因，也可能引起轴承过度磨损、化学腐蚀、元件碎裂或胶合而失效。不过对这些失效形式只要在设计和使用时注意防止，还是可以避免的。

12-7　在什么情况下可只按动态承载能力来选择轴承型号？什么情况下可只按静态承载能力来选择轴承型号？什么情况下必须按动态承载能力和静态承载能力来选择轴承型号？

答：在安装、润滑、维护良好的条件下，由于受变化的接触应力，滚动轴承的正常失效形式是滚动体内外圈滚道点蚀，故大多数的滚动轴承按动态承载能力来选择其型号，即计算滚动轴承不发生点蚀前的疲劳寿命。

如果滚动轴承不转动、低速转动（$n \leqslant 10\mathrm{r/min}$）或摆动，一般不会发生疲劳破坏，这时轴承元件主要失效形式是塑性变形。因此，应按静态承载能力来选择轴承的尺寸（型号）。

12-8　什么是滚动轴承的基本额定寿命？在额定寿命内，一个轴承是否会发生失效？

答：是指一批相同的轴承，在相同条件下运转，其中90%轴承在发生疲劳点蚀以前能运转的总转数或在一定转速下所能运转的总工作小时数。

额定寿命内，一个轴承可能会发生失效。

12-9　什么是基本额定动载荷？在基本额定动载荷下，轴承工作寿命为$10^6$r时，其可靠度为多少？

答：使轴承的基本额定寿命恰好为一百万转时，轴承所能承受的载荷值，称为轴承的基本额定动载荷，用$C$表示。对向心轴承，指的是纯径向载荷，用$C_r$表示；对推力轴承，指的是纯轴向载荷，用$C_a$表示。

在基本额定动载荷下，轴承工作寿命为 $10^6$r 时，其可靠度为 90%。

12-10 什么是滚动轴承的当量动载荷？为什么要按当量载荷来计算滚动轴承的寿命？当量动载荷如何计算？

答：滚动轴承若同时承受径向和轴向联合载荷，为了计算轴承寿命时在相同条件下比较，在进行寿命计算时，必须把实际载荷转换为与确定基本额定动载荷的载荷条件相一致的当量动载荷，用 $P$ 表示。

方便在相同条件下比较轴承的寿命。

计算当量动载荷：

$$P = XF_r + YF_a$$

## 12.3 习题与参考答案

12-1 要求单列深沟球轴承在径向载荷 $F_r = 7000$N、转速 $n = 1480$r/min 时能工作 4000h（载荷平稳，工作温度在 100℃以下），试求此轴承必须具有的额定动载荷。

解：由公式 $L_h = \frac{10^6}{60n}\left(\frac{C_r}{P}\right)^3$ 得 $4000 = \frac{10^6}{60\times1480}\left(\frac{C_r}{7000}\right)^3$。

解上式 $C_r = \sqrt[3]{\frac{4000\times60\times1480}{10^6}}\times7000 = 49574$N。

12-2 核验 6306 轴承的承载能力。其工作条件如下：径向载荷 $F_r = 2600$N，有中等冲击，内圈转动，转速 $n = 2000$r/min，工作温度在 100℃以下，要求寿命 $L_h > 10000$h。

解：（1）计算轴承的轴向载荷。查《机械设计课程设计手册》，6306 轴承为深沟球轴承，其基本额定动载荷 $C_r = 27000$N，$C_{or} = 15200$N。

（2）由教材《机械设计》中的表 12-5，查得 $f_T = 1.0$；查教材《机械设计》中的表 12-6，取 $f_P = 1.5$，对球轴承 $\varepsilon = 3$。

（3）将以上数据代入式 $L_h = \frac{10^6}{60n}\left(\frac{f_T C_r}{f_P P}\right)^3$ 得 $L_h = \frac{10^6}{60n}\left(\frac{f_T C_r}{f_P P}\right)^3 = \frac{10^6}{60\times2000}\left(\frac{1.0\times27000}{1.5\times2600}\right)^3$ $= 2765\text{h} < 10000\text{h}$。

所以 6306 轴承不满足要求。

12-3 一轴流风机决定采用深沟球轴承，轴颈直径 $d = 40$mm，转速 $n = 2900$r/min，已知径向载荷 $F_r = 2000$N，轴向载荷 $F_a = 900$N，要求轴承寿命不少于 8000h，试选择轴承型号。

解：（1）初选轴承型号。从《机械设计课程设计手册》初步选择 6308 轴承，其主要数据如下：$d = 40$mm；$D = 90$mm；$C_{or} = 24000$N；$C_r = 40800$N。

（2）计算当量动载荷。由 $\frac{F_a}{C_{or}} = \frac{900}{24000} = 0.0375$，在教材《机械设计》中的表 12-7 中，介于 0.028~0.056 之间，对应的 $e$ 值在 0.22~0.26 之间。由于 $\frac{F_a}{F_r} = \frac{900}{2000} = 0.45 > e$，查得 $X = 0.56$，$Y$ 值在 1.71~1.99 之间，用线性插值法求 $Y$。

$$Y = 1.71 + \frac{(1.99 - 1.71)\times(0.056 - 0.0375)}{0.056 - 0.028} = 1.895$$

计算当量动载荷：

$$P = XF_r + YF_a = 0.56 \times 2000 + 1.895 \times 900 = 2825.5\text{N}$$

（3）求寿命。由于载荷平稳，查教材《机械设计》中的表 12-6，取 $f_P = 1.0$；查教材《机械设计》中的表 12-5，取 $f_T = 1.0$，对球轴承 $\varepsilon = 3$。

$$L_h = \frac{10^6}{60n}\left(\frac{f_T C_r}{f_P P}\right)^3 = \frac{10^6}{60 \times 2900}\left(\frac{1.0 \times 40800}{1.0 \times 2825.5}\right)^3 = 17303\text{h} > 8000\text{h}$$

所以 6306 型轴承满足要求。

12-4 一轴的支承结构如教材《机械设计》中的图 12-8（b）所示。轴承 1 的径向载荷 $F_{R1} = 2000\text{N}$，轴承 2 的径向载荷 $F_{R2} = 1600\text{N}$，轴向力 $F_a = 500\text{N}$，轴的转速 $n = 1470\text{r/min}$，工作温度在 100℃以下，载荷平稳，要求寿命 $L_h \geqslant 8000\text{h}$，试选择轴承型号。

解：（1）初选轴承型号。从《机械设计课程设计手册》初步选择 30308 轴承，其主要数据如下：$d = 40\text{mm}$；$D = 90\text{mm}$；$C_{or} = 108000\text{N}$；$C_r = 90800\text{N}$；$e = 0.35$；$Y = 1.7$。查教材《机械设计》中的表 12-8，两轴承的派生轴向力分别为：

$$F_{S1} = \frac{1}{2Y}F_{R1} = \frac{1}{2 \times 1.7} \times 2000 = 588.2\text{N}; F_{S2} = \frac{1}{2Y}F_{R2} = \frac{1}{2 \times 1.7} \times 1600 = 470\text{N}$$

$F_{S1}$ 和 $F_{S2}$ 方向都指向轴内。由于 $F_{S2} + F_a = 470 + 588 > F_{S1}$，所以轴有向左移动的趋势，即轴承 1 被压紧，轴承 2 被放松。所以：

$$F_{A1} = F_a + F_{S2} = 970\text{N}, F_{A2} = F_{S2} = 470\text{N}$$

（2）计算当量动载荷。由于 $\frac{F_{A1}}{F_{R1}} = \frac{970}{2000} = 0.485 > e$，$\frac{F_{A2}}{F_{R2}} = \frac{470}{1600} = 0.29 < e$，由教材《机械设计》中的表 12-7 得：

$$X_1 = 0.4, Y_1 = 1.7, X_2 = 1.0, Y_2 = 0$$

$$P_1 = X_1 F_{R1} + Y_1 F_{A1} = 0.4 \times 2000 + 1.7 \times 970 = 2449\text{N}$$

$$P_2 = X_2 F_{R2} + Y_2 F_{A2} = 1.0 \times 1600 + 0 = 1600\text{N}$$

$P_1 > P_2$，所以只需校核轴承 1 的寿命。

（3）求轴承 1 寿命。由于载荷平稳，查教材《机械设计》中的表 12-6，取 $f_P = 1.0$；查教材《机械设计》中的表 12-5，取 $f_T = 1.0$，$\varepsilon = 10/3$。

$$L_{h2} = \frac{10^6}{60n}\left(\frac{f_T C_r}{f_P P_1}\right)^{10/3} = \frac{10^6}{60 \times 1470}\left(\frac{1.0 \times 90800}{1.0 \times 2449}\right)^{10/3} > 8000\text{h}$$

所以 30308 型轴承满足要求。

12-5 某减速器高速轴用两个圆锥滚子轴承支承，见图 12-11。齿轮所受载荷：径向力 $F_{r1} = 433\text{N}$，圆周力 $F_{t1} = 1160\text{N}$，轴向力 $F_{a1} = 267.8\text{N}$，方向如图所示，转速 $n = 960\text{r/min}$，工作时有轻微冲击，轴承工作温度允许达到 120℃，要求寿命 $L_h \geqslant 15000\text{h}$，试选择轴承型号（可认为轴承宽度的中点即为轴承载荷作用点）。

解：（1）初选轴承型号。从《机械设计课程设计手册》初步选择 30307 轴承，其主要数据如下：$d = 35\text{mm}$；$D = 80\text{mm}$；$C_{or} = 82500\text{N}$；$C_r = 75200\text{N}$；$e = 0.31$；$Y = 1.9$。

$$F_{R1} = \frac{F_{r1} \times 110 + F_{a1} \times 75}{185} = \frac{433 \times 110 + 267.8 \times 75}{185} = 366\text{N}, \quad F_{R2} = F_{r1} - F_{R1} = 433 - 366 = 67\text{N}$$

$$F_{T1} = F_{T2} = \frac{1}{2}F_{t1} = 580\text{N}$$

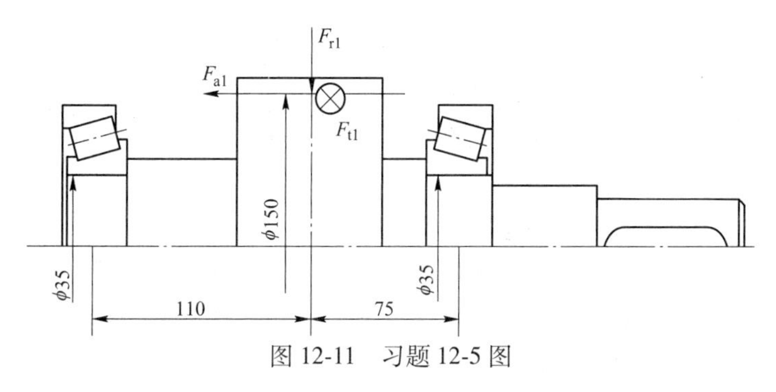

图 12-11 习题 12-5 图

$R_1=\sqrt[2]{F_{R1}^2+F_{T1}^2}=686N$，$R_2=\sqrt[2]{F_{R2}^2+F_{T2}^2}=584N$。

查表 12-8 两轴承的派生轴向力分别为：

$F_{S1}=\frac{1}{2Y}R_1=\frac{1}{2\times1.9}\times686=181N$，$F_{S2}=\frac{1}{2Y}R_2=\frac{1}{2\times1.9}\times584=154N$。

$F_{S1}$和 $F_{S2}$方向都指向轴内。由于 $F_{S2}+F_a=154+267.8>F_{S1}$，所以轴有向左移动的趋势，即轴承 1 被压紧，轴承 2 被放松。所以：

$F_{A1}=F_a+F_{S2}=422N$，$F_{A2}=F_{S2}=154N$。

（2）计算当量动载荷。由于$\frac{F_{A1}}{R_1}=\frac{422}{686}>e$，$\frac{F_{A2}}{R_2}=\frac{154}{584}<e$，由教材《机械设计》中的表 12-7 得：

$X_1=0.4$，$Y_1=1.7$，$X_2=1.0$，$Y_2=0$。

$P_1=X_1R_1+Y_1F_{A1}=0.4\times686+1.7\times422=991.8N$。

$P_2=X_2R_2+Y_2F_{A2}=1.0\times584+0=584N$。

$P_1>P_2$，所以只需校核轴承 1 的寿命。

（3）求轴承 1 寿命。由于有轻微冲击，查教材《机械设计》中的表 12-6，取$f_P=1.2$；查教材《机械设计》中的表 12-5，取$f_T=0.98$，$\varepsilon=10/3$。

$$L_{h1}=\frac{10^6}{60n}\left(\frac{f_TC_r}{f_PP_1}\right)^{10/3}=\frac{10^6}{60\times960}\left(\frac{0.98\times75200}{1.2\times991.8}\right)^{10/3}>15000h$$

所以 30307 型轴承满足要求。

12-6 把 12-5 题图中圆锥滚子轴承换成角接触球轴承，试选择轴承型号。

解：（1）初选轴承型号。从《机械设计课程设计手册》初步选择 7307AC 轴承，其主要数据如下：$d=35mm$；$D=80mm$；$C_{or}=24800N$；$C_r=32800N$；$e=0.68$；$a=24.5mm$。

$F_{R1}=\frac{F_{r1}\times110+F_{a1}\times75}{195}=\frac{433\times110+267.8\times75}{195}=366N$，$F_{R2}=F_{r1}-F_{R1}=433-366=67N$。

$$F_{T1}=F_{T2}=\frac{1}{2}F_{t1}=580N$$

$$R_1=\sqrt[2]{F_{R1}^2+F_{T1}^2}=686N，R_2=\sqrt[2]{F_{R2}^2+F_{T2}^2}=584N。$$

查教材《机械设计》中的表 12-8，两轴承的派生轴向力分别为：

$F_{S1}=0.68R_1=0.68\times686=466N$，$F_{S2}=0.68R_2=0.68\times584=397N$。

$F_{S1}$和 $F_{S2}$方向都指向轴内。由于 $F_{S2}+F_a=397+267.8>F_{S1}$，所以轴有向左移动的趋势，即轴承 1 被压紧，轴承 2 被放松。所以：

$$F_{A1}=F_a+F_{S2}=664\text{N},F_{A2}=F_{S2}=154\text{N}$$

（2）计算当量动载荷。由于$\dfrac{F_{A1}}{R_1}=\dfrac{664}{686}>e$，$\dfrac{F_{A2}}{R_2}=\dfrac{154}{584}<e$，由教材《机械设计》中的表12-7得：

$$X_1=1,Y_1=0.92,X_2=0.67,Y_2=1.41$$

$$P_1=X_1R_1+Y_1F_{A1}=1\times686+0.92\times664=1297\text{N}$$

$$P_2=X_2R_2+Y_2F_{A2}=0.67\times584+1.41\times154=608\text{N}$$

$P_1>P_2$，所以只需校核轴承1的寿命。

（3）求轴承1寿命。由于有轻微冲击，查教材《机械设计》中的表12-6，取$f_P=1.2$；查教材《机械设计》中的表12-5，取$f_T=0.98$，$\varepsilon=10/3$。

$$L_{h1}=\frac{10^6}{60n}\left(\frac{f_TC_r}{f_PP_1}\right)^3=\frac{10^6}{60\times960}\left(\frac{0.98\times32800}{1.2\times1297}\right)^3>15000\text{h}$$

所以7307AC型轴承满足要求。

## 12.4　自　测　题

12-1　滚动轴承的代号由前置代号、基本代号及后置代号组成，其中基本代号表示________。

A. 轴承的类型、结构和尺寸

B. 轴承组件

C. 轴承内部结构的变化和轴承公差等级

D. 轴承游隙和配置

12-2　代号为N1024的轴承内径应该是________。

A. 20　　B. 24　　C. 40　　D. 120

12-3　角接触球轴承的类型代号为________。

A. 1　　B. 2　　C. 3　　D. 7

12-4　推力球轴承的类型代号为________。

A. 5　　B. 6　　C. 7　　D. 8

12-5　在正常工作条件下，滚动轴承的主要失效形式是________。

A. 滚动体破裂

B. 滚道磨损

C. 滚动体与滚道工作表面上产生疲劳点蚀

D. 滚动体与外圈间产生胶合

12-6　一批在同样载荷和同样工作条件下运转的型号相同的滚动轴承，________。

A. 它们的寿命应该相同

B. 它们的寿命不相同

C. 90%轴承的寿命应该相同

D. 它们的最低寿命应该相同

12-7　滚动轴承的额定寿命是指________。

A. 在额定动负荷作用下，轴承所能达到的寿命

B. 在额定工况和额定动负荷作用下，轴承所能达到的寿命

C. 在额定工况和额定动负荷作用下，90%轴承所能达到的寿命

D. 同一批轴承进行试验中，90%轴承所能达到的寿命

12-8 滚动轴承的额定寿命是指________。

A. 在额定动负荷作用下，轴承所能达到的寿命

B. 在标准试验负荷作用下，轴承所能达到的寿命

C. 同一批轴承进行寿命试验中，95%的轴承所能达到的寿命

D. 同一批轴承进行寿命试验中，破坏率达 10%时所对应的寿命

12-9 一个滚动轴承的额定动负荷是指________。

A. 该轴承的使用寿命为 $10^6$ 转动，所承受的负荷

B. 该轴承使用寿命为 $10^6$h 时，所能承受的负荷

C. 该型号轴承额定寿命为 $10^6$ 转时，所能承受的最大负荷

12-10 滚动轴承额定寿命与额定动负荷之间具有一定关系，其中 $\varepsilon$ 称为寿命指数，对于滚子轴承和球轴承分别为________。

A. 3/10 和 3　　B. 3/10 和 10/3

C. 10/3 和 3/10　　D. 10/3 和 3

12-11 如教材图 12-8（b）中，已知轴承 1 和轴承 2 的派生轴向力分别为 $S_2=1200$N，$S_1=600$N，外部轴向力 $F_a=800$N，则轴承 1 和轴承 2 所受总轴向力 $A_1$、$A_2$ 分别为________N。

A. 1400，1200　　B. 2000，600

C. 1400，600　　D. 2000；1200

12-12 滚动轴承的类型代号由________表示。

A. 数字　　B. 数字或字母

C. 字母　　D. 数字加字母

12-13 以下列代号表示的滚动轴承，________是深沟球轴承。

A. N2208　B. 30308　C. 6208　D. 7208AC

12-14 若一滚动轴承的基本额定寿命为 537000 转，则该轴承所受的当量动载荷________基本额定动载荷。

A. 大于　B. 等于　C. 小于

12-15 滚动轴承都有不同的直径系列（如：特轻、轻、中、重等）。当两向心轴承代号中仅直径系列不同时，这两轴承的区别在于________处。

A. 内、外径都相同，滚动体数目不同

B. 内径相同，外径和宽度不同

C. 内、外径都相同，滚动体大小不同

D. 外径相同，内径和宽度不同

## 12.5 自测题参考答案

12-1 A　12-2 D　12-3 D　12-4 A　12-5 C　12-6 B　12-7 D　12-8 D　12-9 D　12-10 D　12-11 C　12-12 B　12-13 C　12-14 A　12-15 B

# 参考文献

[1] 濮良贵，纪名刚. 机械设计 [M]. 8 版. 北京：高等教育出版社，2006.
[2] 邱宣怀. 机械设计 [M]. 4 版. 北京：高等教育出版社，2006.
[3] 曹仁政. 机械零件 [M]. 北京：冶金工业出版社，1985.
[4] 余俊，等. 机械设计 [M]. 2 版. 北京：高等教育出版社，1986.
[5] 刘莹，吴宗泽. 机械设计教程 [M]. 3 版. 北京：机械工业出版社，2019.
[6] 吴宗泽. 机械设计教程 [M]. 北京：高等教育出版社，2001.
[7] 吴宗泽，罗圣国，高志，等. 机械设计课程设计手册 [M]. 5 版. 北京：高等教育出版社，2018.
[8] 许尚贤. 机械零部件的现代设计方法 [M]. 北京：高等教育出版社，1994.
[9] 谈嘉祯. 机械设计 [M]. 北京：中国标准出版社，2001.
[10] 吴宗泽. 机械设计实用手册 [M]. 3 版. 北京：化学工业出版社，2010.
[11] 齐毓霖. 摩擦与磨损 [M]. 北京：高等教育出版社，1986.
[12] 吴克坚，于晓红，钱瑞明. 机械设计 [M]. 北京：高等教育出版社，2003.
[13] 吴宗泽. 机械结构设计准则与实例 [M]. 北京：机械工业出版社，2006.
[14] 张鹏顺，陆思聪. 弹性流体动力润滑及其应用 [M]. 北京：高等教育出版社，1995.
[15] 张有忱，赵芸芸. 机械设计 [M]. 北京：化学工业出版社，2011.
[16] 吴宗泽. 机械设计禁忌 800 例 [M]. 北京：机械工业出版社，2006.
[17] 温诗铸，等. 摩擦学原理 [M]. 北京：清华大学出版社，2002.
[18] 宋宝玉，王黎钦. 机械设计 [M]. 北京：高等教育出版社，2010.
[19] 杨可桢，等. 机械设计基础 [M]. 5 版. 北京：高等教育出版社，2006.
[20] 朱孝录，鄂中凯. 齿轮承载能力分析 [M]. 北京：高等教育出版社，1992.
[21] 朱孝录. 机械传动设计手册 [M]. 北京：电子工业出版社，2007.
[22] 朱孝录. 齿轮传动设计手册 [M]. 北京：化学工业出版社，2005.
[23] 吴宗泽，吴鹿鸣. 机械设计 [M]. 北京：中国铁道出版社，2016.
[24] 陈长生，霍振生. 机械基础 [M]. 北京：机械工业出版社，2003.
[25] 庞志成，等. 液体动静压轴承 [M]. 哈尔滨：哈尔滨工业大学出版社，1991.
[26] 吴宗泽. 高等机械设计 [M]. 北京：清华大学出版社，1991.
[27] 李铁成. 机械力学与设计基础 [M]. 北京：机械工业出版社，2005.
[28] 吴宗泽. 机械结构设计 [M]. 北京：机械工业出版社，1988.
[29] 张直明. 滑动轴承的流体动力润滑理论 [M]. 北京：高等教育出版社，1988.
[30] 吴宗泽. 机械设计师手册 [M]. 北京：机械工业出版社，2002.
[31] 张展. 机械设计通用手册 [M]. 北京：机械工业出版社，2008.
[32] Joseph E S, Charles R M. Mechanical engineering design [M]. New York: McGraw-Hill Companies, Inc., 2001.
[33] 张剑，金映丽，马先贵，等. 现代润滑技术 [M]. 北京：冶金工业出版社，2008.
[34] Esposito, Anthony, Thrower, et al. Machine design [M]. New York: Delmar Publishers, 1991.
[35] 中国机械工程学会. 中国机械设计大典 [M]. 南昌：江西科学技术出版社，2002.
[36] Bernard J H, Bo Jaconson, Sreven R S. Fundamentals of machine elements, Int. ed [M]. Singapore: McGraw-Hill Book Company, 1999.
[37] 胡世炎. 机械失效分析手册 [M]. 成都：四川科学技术出版社，1989.
[38] Robert L M. Machine elements in mechanical design [M]. 4rd ed. London: Prentice-Hall, Inc., 2004.
[39] 王大康. 机械设计基础 [M]. 北京：中国铁道出版社，2015.

[40] 张英会，等．弹簧手册 [M].2 版．北京：机械工业出版社，2010.
[41] Homer D E. Kinematic design of machines and mechanisms [M]. New York: McGraw-Hill Companies, Inc, 1998.
[42] 蔡春源．新编机械设计手册 [M]. 沈阳：辽宁科学技术出版社，1996.
[43] 张策．机械原理与机械设计 [M].3 版．北京：机械工业出版社，2018.
[44] 吴宗泽，吴鹿鸣．机械设计 [M]. 北京：中国铁道出版社，2016.
[45] 门艳忠．机械设计 [M]. 北京：北京大学出版社，2010.
[46] 李威，王小群．机械设计基础 [M].2 版．北京：机械工业出版社，2009.
[47] 吴宗泽，于亚杰．机械设计与节能减排 [M]. 北京：机械工业出版社，2012.

# 冶金工业出版社部分图书推荐

| 书　　名 | 作　者 | 定价（元） |
| --- | --- | --- |
| 机械设计基础（本科教材） | 侯长来 | 42.00 |
| 机械设计基础课程设计（本科教材） | 侯长来 | 30.00 |
| 现代机械设计方法（本科教材） | 臧　勇 | 22.00 |
| 冶金机械安装与维护（本科教材） | 谷士强 | 24.00 |
| 机械可靠性设计（本科教材） | 孟宪铎 | 25.00 |
| 金属压力加工原理及工艺实验教程（本科教材） | 魏立群 | 28.00 |
| 金属材料工程实习实训教程（本科教材） | 范培耕 | 33.00 |
| 材料科学基础（本科教材） | 王亚男 | 33.00 |
| 机械工程材料（本科教材） | 王廷和 | 22.00 |
| 机械制造工艺及专用夹具设计指导（本科教材）（第2版） | 孙丽媛 | 20.00 |
| 通用机械设备（高职高专教材）（第2版） | 张庭祥 | 26.00 |
| 起重与运输机械（高等学校教材） | 纪　宏 | 35.00 |
| 机械制图（高职高专教材） | 阎　霞 | 30.00 |
| 机械制图习题集（高职高专教材） | 阎　霞 | 28.00 |
| 机械维修与安装（高职高专教材） | 周师圣 | 29.00 |
| 机械设备维修基础（高职高专教材） | 闫嘉琪 | 28.00 |
| 采掘机械（高职高专教材） | 苑忠国 | 38.00 |
| 矿冶液压设备使用与维护（高职高专教材） | 苑忠国 | 27.00 |
| 金属热处理生产技术（高职高专教材） | 张文莉 | 35.00 |
| 矿山固定机械使用与维护（高职高专教材） | 万佳萍 | 39.00 |
| 机械工程控制基础（高职高专教材） | 刘玉山 | 23.00 |
| 机械制造工艺与实施（高职高专教材） | 胡运林 | 39.00 |
| 矿山提升与运输（高职高专教材） | 陈国山 | 39.00 |
| 工程力学（高职高专教材） | 战忠秋 | 28.00 |
| 冶金通用机械与冶炼设备（职业技术学校用书） | 王庆春 | 45.00 |
| 轧钢机械设备（中职教材） | 边金生 | 45.00 |
| 轧钢车间机械设备（中职教材） | 潘慧勤 | 32.00 |
| 机械安装与维护（职业培训教材） | 张树海 | 22.00 |
| 机械基础知识（职业培训教材） | 马保振 | 26.00 |
| 液压可靠性与故障诊断（第2版） | 湛从昌 | 49.00 |
| 机械制造装备设计 | 王启义 | 35.00 |
| 真空镀膜设备 | 张以忱 | 26.00 |
| 液力偶合器使用与维护500问 | 刘应诚 | 49.00 |
| 液力偶合器选型匹配500问 | 刘应诚 | 49.00 |